高职高专"十二五"规划教材

物 理 化 学

汤瑞湖　李　莉　主编

化学工业出版社

·北京·

本教材在框架上打破了传统的结构，根据实际应用和需要组合了章节。遵循以"必需、够用"为度的原则，摒弃了繁杂的数学推导，突出了理论的实际应用。语言简洁，内容简明扼要，概念清晰，便于学生自主学习。对吉布斯等科学家的严谨求实的科学态度及卓越的科学贡献作了简介，意在激励、鞭策青年学生求真务实、刻苦学习。书中的单位和物理量严格执行国家标准。除绪言外，全书共分为八章。内容包含：热力学基础、能量的转化及计算、过程变化方向判断和平衡限度计算、物质分离提纯基础、电化学、表面现象与胶体、化学动力学基础、物理化学实验。每章（实验除外）均配有学习目的与要求、思考题和习题。

　　本书可作为高职高专化学化工、医药、冶金、轻工、材料、环保类专业教材，亦可作为厂矿企业相关专业的工程技术人员的参考书。

图书在版编目（CIP）数据

　　物理化学/汤瑞湖，李莉主编. —北京：化学工业出版
社，2008.7（2021.9重印）
　　高职高专"十二五"规划教材
　　ISBN 978-7-122-02853-2

　　Ⅰ. 物…　Ⅱ. ①汤…②李…　Ⅲ. 物理化学-高等学校：
技术学院-教材　Ⅳ. O64

　　中国版本图书馆 CIP 数据核字（2008）第 097361 号

责任编辑：旷英姿　　　　　　　　　　文字编辑：杨欣欣
责任校对：吴　静　　　　　　　　　　装帧设计：史利平

出版发行：化学工业出版社（北京市东城区青年湖南街 13 号　邮政编码 100011）
印　　装：北京七彩京通数码快印有限公司
787mm×1092mm　1/16　印张 15½　字数 380 千字　2021 年 9 月北京第 1 版第 10 次印刷

购书咨询：010-64518888　　　　　　　售后服务：010-64518899
网　　址：http://www.cip.com.cn
凡购买本书，如有缺损质量问题，本社销售中心负责调换。

定　　价：38.00 元

前　言

物理化学是从物质的物理现象和化学现象的联系入手来探求化学变化基本规律的一门学科。

化学变化表面上千变万化，错综复杂，究其本质都是原子或原子团的重新组合，旧的化学键断裂，形成新的化学键。变化过程也并非杂乱无章，而是遵循了一定的规律性。化学与物理学之间有着密切的联系：化学运动中包含或伴随有物理运动，物理因素的变化也可能引起化学变化，粒子的微观物理运动状态则直接决定了物质的性质及化学反应能力。

物理化学是劳动人民通过长期的生产实践，积累了大量的生产经验，同时提出了不少需要解决的问题，再经科学家对经验进行总结，对科学实验进行理论概括所创立的。作为一门独立的学科分支，一般认为其研究内容大致包括三个方面：

① 化学体系的宏观平衡性质　以热力学三个基本定律为理论基础，研究宏观化学体系在气态、液态、固态、溶解态以及高分散状态的平衡物理化学性质及其规律性。主要研究体系在变化过程中的能量转换，以及过程变化的方向和限度。对热力学平衡体系，时间是一个不变的量。属于这方面的内容有化学热力学、溶液、胶体和表面化学。

② 化学体系的动态性质　研究由于化学或物理因素的扰动而引起体系中发生的化学变化过程的速率和变化机理。与热力学平衡体系不同，此处时间是重要的变量。属于这方面的内容有化学动力学、催化、光化学和电化学（介于热力学和动力学之间）。

③ 化学体系的微观结构和性质　以量子理论为理论基础，研究原子和分子的结构，物体的体相中原子和分子的空间结构、表面相的结构，以及结构与物性的规律性。属于这方面的内容有结构化学和量子化学。

组成物理化学的这三大部分，相互之间密切联系，相互补充和完善。

物理化学也是一门实验的科学，它建立在大量实验事实的基础上，离开实验也就无从谈起物理化学。

本书的教学内容包括：热力学基础、能量的转化及计算、过程变化方向判断和平衡限度计算、物质分离提纯基础、电化学、表面现象与胶体、化学动力学基础、物理化学实验。

物理化学是高职化工、冶金、医药、环保等类专业学生一门重要的主干课程。通过物理化学学习，对化学反应的本质、规律会有更深入的了解，并为后续课程的学习奠定坚实的基础。其学习目的是：

① 进一步扩大知识面，打好专业基础。了解化学变化过程中的一些基本规律，掌握处理热力学问题的方法。

② 学习前人提出问题、考虑问题和解决问题的科学方法，逐步培养学生独立思考和解决问题的能力，以便于自己在今后的工作和生产实践中碰到类似问题时，能从中得到启发和帮助。

③ 通过实验，了解物理化学的一些实验方法，掌握一些基本操作技能、数据处理及相图绘制，熟悉所使用的仪器设备，以便在将来的工作中加以选择应用。

物理化学属于交叉学科，所涉及的知识面极为广泛，内容非常丰富，相对而言是一门比较难学的课程。难就难在它涉及面广、概念性强，条条框框多、公式多。所以，学习本门课程必须讲究方法。

① 抓主线。学习时要明确每一章节的主要内容是什么，要解决什么问题，得出了什么结论，公式的适用条件是什么。只有抓住了每一章的骨架，学完之后才会做到心中有数，条理清楚。

② 事先做好预习，带着问题学习，听老师释疑解惑，或在参考书中、在网上寻找问题的答案。

③ 注意知识的衔接，把新学的知识与已掌握的知识有机联系起来，弄清来龙去脉。同时要理解性的记忆，不要强记，要融会贯通。

④ 重视习题的训练。做习题是培养学生独立思考和独立分析问题、解决问题能力的一个重要环节。通过习题训练可以检验自己对学习内容的把握、理解程度，发现自己哪些地方需要加强，同时调整自己的学习方法。

⑤ 重视物理化学实验。物理化学实验就是一个小小的课题，通过实验训练自己的操作技能，加深对所学知识的理解，掌握实验的方法和仪器的操作使用，掌握实验数据的处理和图表的绘制。

本教材由湖南工程职业技术学院汤瑞湖、河北化工医药职业技术学院李莉主编。第1～3章由李莉编写；第4～7章及附录由汤瑞湖编写，第8章物理化学实验由李莉和湖南化工职业技术学院陈东旭编写。全书由汤瑞湖统稿。在本书编写过程中，长沙环境保护职业技术学院的张桂军提出了许多宝贵的建议，在此表示感谢。本书适用于高职高专化学化工类专业，也可作为相关专业的教学用书及参考书。本书中标有"*"号的部分为选学内容，各校可结合专业需要选择讲授。

由于编者水平有限，时间仓促，不足之处在所难免，敬请同行、读者批评指正。

编者
2008 年 4 月

目　录

第1章　热力学基础

学习目的与要求

① 理解理想气体的概念，掌握理想气体状态方程及其应用，掌握外推作图法及其应用。

② 掌握道尔顿分压定律及其应用和阿玛格分体积定律。

③ 明确实际气体与理想气体的差别，理解范德华方程的两个修正项，掌握范德华方程的应用，掌握气体的液化及其临界特性，掌握压缩因子图及其应用。

④ 理解热力学基本概念，包括体系、环境、状态、状态函数、体系性质、变化过程与途径、热力学平衡状态、功、热量、热力学能等。

⑤ 明确热和功不是状态函数，只有指明过程才有意义；熟悉热与功符号的规定。

物质的聚集状态一般可分为三种，即气态、液态和固态。气体和液体由于具有良好的流动性，统称为流体。液体和固体常称为凝聚态，在一定条件下这三种状态可以互相转化。液体和固体两种凝聚态，其体积随压力和温度的变化均较小，故在通常的物理化学计算中常忽略其体积随压力和温度的变化。与凝聚态相比，气体体积受温度和压力影响变化较大，因此一般的物理化学中只讨论气体的状态方程。

热力学是物理化学的重要内容之一，对于热力学函数变化值计算的理论依据是状态函数法，即状态函数的变化值只取决于过程的始、末态而与中间所经历的途径无关。因此本章要求，掌握理想气体的 pVT 行为、理想气体的模型；理解真实气体的范德华方程；掌握热力学基本概念。应用本章所学的理论可解决化工生产过程中的有关问题。

1.1　理想气体

1.1.1　理想气体概念

通常情况下，分子总是不停地以很高的速度无规则运动着，同时分子间存在着相互作用，相互作用包括分子之间的相互吸引与相互排斥。液体和固体的存在正是由于分子之间的相互吸引，而其难于压缩，又证明了分子间在近距离时表现出的排斥作用；而气体分子之间的距离较大，故分子间的相互作用较小。

气体随着分子间距离增大，即体积的增大（压力减小），分子之间的作用力减小，在极低的压力下，分子之间的距离非常大，分子之间的作用力非常小，分子本身所占的体积与此时气体所具有的非常大的体积相比可忽略不计，因而气体分子可近似被看作是没有体积的质点。于是从极低压力下气体的行为出发，抽象提出理想气体的概念，理想气体在微观上具有两个特征：一是分子间无相互作用力；二是分子本身不占有体积。

理想气体是一个科学的抽象的概念，实际上绝对的理想气体是不存在的，它只能看作是真实气体在压力趋于零时的极限情况。严格来讲，只有符合理想气体模型的气体才能在任何温度和压力下均服从理想气体状态方程，因此把在任何温度、压力下均服从理想气体状态方程的气体称为理想气体。

1.1.2 理想气体状态方程

1）气体经验定律

（1）波义耳（Boyle）定律　在温度不变的条件下，一定量气体的体积与压力成反比。即

$$pV = k_1 \quad (n, T \text{ 一定}) \tag{1.1}$$

或
$$p_1 V_1 = p_2 V_2$$

式中，k_1 为常数；p_1、p_2 分别为状态 1、2 时的压力，Pa；V_1、V_2 分别为状态 1、2 时的体积，m^3。

（2）盖·吕萨克（Gay lussac）定律　在压力不变的条件下，一定量气体的体积与热力学温度成正比。即

$$V = k_2 T \quad (n, p \text{ 一定}) \tag{1.2}$$

或
$$\frac{V_1}{T_1} = \frac{V_2}{T_2}$$

在体积不变的条件下，一定量气体的压力与热力学温度成正比。即

$$p = k_3 T \quad (n, V \text{ 一定}) \tag{1.3}$$

或
$$\frac{p_1}{T_1} = \frac{p_2}{T_2}$$

式中，k_2、k_3 为常数；T_1、T_2 分别为状态 1、2 时的热力学温度，K。

（3）阿伏加德罗（Avogadro）定律　在相同的温度、压力下，1mol 任何气体占有相同的体积。即

$$V = k_4 n = V_m n \quad (T, p \text{ 一定}) \tag{1.4}$$

式中，k_4 为常数；n 为气体的物质的量，mol；V_m 为气体的摩尔体积，$m^3 \cdot mol^{-1}$。

上述三个定律分别给出了气体 p、V、T、n 四个宏观性质中两个不变时，另两个的变化规律。将上述三个经验定律相结合，得出了理想气体状态方程。

2）理想气体状态方程

$$pV = nRT \tag{1.5}$$

上式称为理想气体状态方程。式中，p 的单位为 Pa；V 的单位为 m^3；n 的单位为 mol；T 的单位为 K；R 称为摩尔气体常数，经过实验测定其值为

$$R = 8.314510 J \cdot mol^{-1} \cdot K^{-1}$$

在一般计算中，可取 $R = 8.314 J \cdot mol^{-1} \cdot K^{-1}$。

因为 $n = \frac{m}{M}$，则式(1.5)可表示为

$$pV = \frac{m}{M} RT \tag{1.6}$$

式中，m 为气体的质量，kg；M 为气体的摩尔质量，$kg \cdot mol^{-1}$。

又因为密度 $\rho = \frac{m}{V}$，故式(1.6)可写成

$$pV = \left(\frac{\rho V}{M}\right)RT$$

所以
$$\rho = \frac{pM}{RT} \qquad\qquad (1.7)$$

式中，ρ 为密度，$kg \cdot m^{-3}$。

理想气体状态方程适用于理想气体，但是，绝对的理想气体是不存在的，真实气体只有在高温、低压下才可近似地看作理想气体。因为低压时，气体分子间距离较大，其分子本身的体积与气体体积相比较可忽略不计；而高温时，分子运动速度较快，分子间作用力很小，也可忽略不计。

理想气体状态方程中 R 是由作图外推法求得的。即在低压下取一定量（1mol）气体在一定温度（273.15K）时，测出 p、V_m 数据，然后以 pV_m 为纵坐标，以 p 为横坐标作图，将直线外推至 $p=0$ 处，得到 $2271.1Pa \cdot m^3 \cdot mol^{-1}$（见图1.1）。再由 pV_m/T 便可得到 R 值。

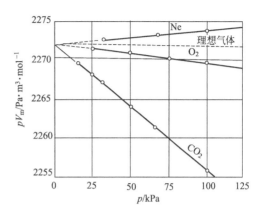

图 1.1　273.15K 时一些气体的 pV_m-p 图

【例1.1】　用管道输送天然气，（天然气可看作是纯的甲烷），当输送压力为 200kPa，温度为 25℃ 时，管道内天然气的密度为多少？

解　因甲烷的摩尔质量 $M = 16.04 \times 10^{-3} kg \cdot mol^{-1}$，由式（1.7）可得

$$\rho = \frac{pM}{RT}$$
$$= \frac{200kPa \times 10^3 \times 16.04 \times 10^{-3} kg \cdot mol^{-1}}{8.314 J \cdot mol^{-1} \cdot K^{-1} \times (25+273.15) K}$$
$$= 1.294 kg \cdot m^{-3}$$

1.1.3　混合理想气体性质

将几种不同的纯理想气体混合在一起，即形成了理想气体混合物，由于理想气体分子之间没有相互作用，分子本身又没有体积，故理想气体的 pVT 性质与气体的种类无关，一种理想气体的部分分子被另一种理想气体的分子所置换，形成理想气体混合物，其 pVT 的性质并不改变，此时

$$pV = nRT = \left(\sum_B n_B\right)RT$$

1）道尔顿定律

对于混合气体，无论是理想的还是非理想的，都可用分压力的概念来描述其中某一种气体所产生的压强，即混合气体中某一组分 B 的分压 p_B 等于它的摩尔分数 y_B 与总压 p 的乘积，分压力的数学表达式为

$$p_B = y_B p \qquad\qquad (1.8)$$

因为混合气体中各种气体的摩尔分数之和 $\sum_B y_B = 1$，所以各种气体的分压之和等于总压

$$p = \sum_B p_B \qquad\qquad (1.9)$$

式（1.8）及式（1.9）对所有混合气体都适用。

对于理想气体混合物，因为 $pV = \left(\sum_B n_B\right)RT$，将 $y_B = \dfrac{n_B}{\sum\limits_B n_B}$ 及式(1.8)代入，可得

$$p_B = \frac{n_B RT}{V} \tag{1.10}$$

即理想混合气体中某一组分 B 的分压等于该组分 B 单独存在于混合气体的温度 T、总体积 V 的条件下所具有的压力，而混合气体的总压等于各组分气体的分压之和，称为道尔顿定律。显然，从原则上讲道尔顿定律只适用于理想气体混合物，不过对于低压下的真实气体混合物也可以近似适用。式(1.10)常用来近似计算低压下真实气体混合物中某一组分的分压，高压下不再适用。

*道尔顿（Dalton）：英国化学家，把古代、模糊的原子假说发展为科学的原子理论，为近代化学的发展奠定了重要的基础。伟大革命导师恩格斯誉称他为近代化学之父。

道尔顿是依靠不懈的努力而自学成才的，他坦言："如果我比我周围的人获得更多成就的话，那主要——不，我可以说，几乎单纯地——是由于不懈的努力。一些人比另外一些人获得更多的成就，主要是由于他们对放在他们面前的问题比起一般人能够更加专注和坚持，而不是由于他们的天赋比别人高多少。"这是道尔顿切身的体会，也是他成功的经验总结。

1766 年 9 月 6 日，道尔顿出生在英格兰北部一个穷乡僻壤。父亲是一位兼种一点薄地的纺织工人，母亲生了 6 个孩子，有 3 个因生活贫困而夭折。道尔顿 6 岁就在村里教会办的小学读书。刚读完小学，就因家境困难而辍学。但是他酷爱读书，在干农活的空隙还坚持自学。他那勤奋好学的态度得到了村里一个叫鲁宾逊的亲戚的赞赏。鲁宾逊主动利用晚上的时间来教他数学和物理。到 15 岁时，道尔顿的学识已有很大提高，于是他离家来到附近的肯达尔镇上，在他表兄任校长的教会学校里担任助理教师。在这所学校里，他仍坚持一边努力工作，一边发愤读书，无论是数学、自然科学，还是哲学、文学类的书籍，他都广泛涉猎。据说在这所学校的 12 年中，他读的书比以后的 50 年的还多。正是这种勤奋学习为他当时的教学和以后的科研奠定了坚实的基础。

在肯达尔镇，有个名叫约翰·豪夫的盲人学者，他 2 岁时因患天花而失明。他凭着坚强的毅力和出众的才智，通过自学先后掌握了拉丁文、希腊文和法文，还获得了数学、天文、医学、植物学等学科的丰富知识，成为远近闻名的学者。道尔顿从他身上找到了学习的榜样，主动登门拜豪夫为师，跟他学习数学、哲学和拉丁文、希腊文。

1793 年，道尔顿经豪夫推荐，来到了曼彻斯特，受聘于一所新学院担任数学和物理学讲师。后来他还开设了化学课程，他系统地学习化学知识就是从这里开始的。

在学习中，道尔顿有一种可贵的韧劲。上小学时，每当遇到较难的运算题，他总是坚持把难题解出。为此常常是同学们都放学回家了，他却还坐在教室里，埋头解题。在鲁宾逊的感染下，他很早就开始进行气象观测。在肯达尔，豪夫的指导又使他掌握了如何记录气象日记。从 21 岁起，道尔顿开始记气象日记，坚持了整整 57 年，直到临终的前一天，他还记下一段气象观察。就是这股学习的韧劲使他攻下了一个又一个的学习难关。虚心地求教和不倦地自学终于使道尔顿成为一位知识渊博的学者。

曼彻斯特是英国产业革命中兴起的纺织工业中心之一，也是新兴的资产阶级和无产阶级的重要活动堡垒。一些来自中下阶层的新型科学家、企业家、商人、工程师、医生及文学家、哲学家，自发地组织了以提倡科学和工艺为宗旨的民间科学团体——曼彻斯特文学与哲学学会。他们定期聚会，宣读论文，讨论自然科学、哲学、文学、民法、商业及各种工艺问题，思想很活跃。在产业革命中做出突出贡献的一些企业家、科学家、思想家都参加到这一学会中来，学会

实际上成为产业革命的参谋部。道尔顿到曼彻斯特后不久，很快参加了这一学会的活动。他的研究成果大都在这个学会的例会上宣读，这个学会的刊物发表了他多达百余篇的论文，道尔顿的科研活动与该学会有着密切的联系。由于他知识渊博，待人诚恳、作风朴实，大家都很尊重他，1808 年推选他为学会的副会长，1817 年任会长，直到去世。

学识的增加，使道尔顿感到要深入研究，解决几个科学难题，必须付出更多的时间和精力。为此，1799 年他果断地辞去了学院的繁忙教职，开始了他清贫的以科研为主的新生活。"午夜方眠，黎明即起"成为道尔顿勤奋治学生活的真实写照。功夫不负有心人，勤奋学习、刻苦钻研使道尔顿在攀登科学的山路上取得了一个又一个的成果。他陆续完成了如"论水蒸气的力"、"论蒸发"、"论气体受热膨胀"等论文，此后不久，又提出了关于混合气体的道尔顿分压定律。

2）阿玛格定律

对于理想气体混合物，除有道尔顿分压定律外，还有与之相应的阿玛格分体积定律。该定律为：理想气体混合物的总体积 V 等于各组分分体积 V_B 之和，其数学表达式为

$$V = \sum_B V_B \tag{1.11}$$

可由理想气体混合物的状态方程得出阿玛格定律：

$$V = \frac{nRT}{p} = \frac{\left(\sum\limits_B n_B\right)RT}{p} = \sum_B \left(\frac{n_B RT}{p}\right) = \sum_B V_B$$

其中

$$V_B = \frac{n_B RT}{p} \tag{1.12}$$

表明理想气体混合物中物质 B 的分体积等于该组分 B 在混合气体的温度 T、总压 p 的条件下所具有的体积。

因为

$$y_B = \frac{n_B}{\sum\limits_B n_B}$$

所以

$$\frac{V_B}{V} = \frac{n_B RT/p}{\sum\limits_B n_B RT/p} = \frac{n_B}{\sum\limits_B n_B} = y_B$$

因此

$$y_B = \frac{n_B}{\sum\limits_B n_B} = \frac{V_B}{V} = \frac{p_B}{p} \tag{1.13}$$

即摩尔分数等于体积分数等于压力分数。原则上讲，阿玛格定律只适用于理想气体混合物，但对低压下的真实混合气体也近似适用。

3）混合物的平均摩尔质量

理想气体状态方程应用于气体混合物时，常常会需要计算混合物的摩尔质量。

设有 A、B 二组分气体混合物，其摩尔质量分别为 M_A、M_B，气体混合物的物质的量 n 为

$$n = n_A + n_B$$

若气体混合物的质量为 m，则气体混合物的平均摩尔质量 $\overline{M}$ 为

$$\overline{M} = \frac{m}{n} = \frac{n_A M_A + n_B M_B}{n} = y_A M_A + y_B M_B$$

气体混合物的平均摩尔质量 $\overline{M}$ 等于各组分摩分数 y_B 与它们的摩尔质量 M_B 乘积的总和。

通式为

$$\overline{M} = \sum_B y_B M_B \tag{1.14}$$

式(1.14)不仅适用于气体混合物,也适用于液体及固体混合物。

【例 1.2】 设有一混合气体,压强为 101.325kPa,取样气体体积为 0.100dm³,用气体分析仪进行分析。首先用 NaOH 溶液吸收 CO_2,吸收后剩余气体体积为 0.097dm³;接着用焦性没食子酸溶液吸收 O_2,吸收后余下气体体积为 0.096dm³;再用浓硫酸吸收乙烯,最后剩余气体的体积为 0.063dm³,已知混合气体有 CO_2、O_2、C_2H_4、H_2 四个组分,试求 (1) 各组分的摩尔分数;(2) 各组分的分压。

解 (1) CO_2 吸收前,气体体积为 0.100dm³,吸收后为 0.097dm³,显然 CO_2 的体积为 (0.100−0.097) dm³=0.003dm³,其他气体的体积以此类推。按式(1.13)得各气体的摩尔分数为

$$y(CO_2)=\frac{V(CO_2)}{V}=\frac{0.100-0.097}{0.100}=0.030$$

$$y(O_2)=\frac{V(O_2)}{V}=\frac{0.097-0.096}{0.100}=0.010$$

$$y(C_2H_4)=\frac{V(C_2H_4)}{V}=\frac{0.096-0.063}{0.100}=0.330$$

$$y(H_2)=\frac{V(H_2)}{V}=\frac{0.063}{0.100}=0.630$$

所以 $y(CO_2)=0.030$,$y(O_2)=0.010$,$y(C_2H_4)=0.330$,$y(H_2)=0.630$

(2) 由式(1.8)得各气体的分压为

$$p(CO_2)=y(CO_2)\times p=0.030\times101.325kPa=3.040kPa$$

$$p(O_2)=y(O_2)\times p=0.010\times101.325kPa=1.013kPa$$

$$p(C_2H_4)=y(C_2H_4)\times p=0.330\times101.325kPa=33.437kPa$$

$$p(H_2)=y(H_2)\times p=0.630\times101.325kPa=63.835kPa$$

【例 1.3】 已知某混合气体的体积分数为:C_2H_3Cl 90%,HCl 8.0%,及 C_2H_4 2.0%,在始终保持压力为 101.3kPa 不变的条件下,经水洗除去 HCl 气体,求剩余干气体(不考虑所含水蒸气)中各组分的分压力。

解 由题给条件,各组分分压力可由 $p_B=y_Bp$ 求得,这里总压 p 已知,y_B 需由 $y_B=\frac{V_B}{V}$ 算出。所以此题分为两步。

第一步:由 $y_B=\frac{V_B}{V}$ 计算 y_B。

这里总体积 V 可取 100m³ 混合气体为计算基准,则 $V(C_2H_3Cl)=90m^3$,$V(HCl)=8.0m^3$,$V(C_2H_4)=2.0m^3$。除去 HCl 后 气体总体积为:

$$V=V(C_2H_3Cl)+V(C_2H_4)=90m^3+2.0m^3=92m^3$$

则

$$y(C_2H_4)=\frac{V(C_2H_4)}{V}=\frac{2.0}{92}m^3=0.022$$

$$y(C_2H_3Cl)=1-0.022=0.978$$

第二步:由 $p_B=y_Bp$ 求 p_B。

$$p(C_2H_4)=y(C_2H_4)p=0.022\times101.3kPa=2.23kPa$$

$$p(C_2H_3Cl)=y(C_2H_3Cl)p=0.978\times101.3kPa=99.07kPa$$

【例 1.4】 水煤气的体积分数分别为 H_2O 0.5;CO 0.38;N_2 0.06;CO_2 0.05;CH_4 0.01,

在 25℃，100kPa 下，(1) 求各组分的分压；(2) 计算水煤气的平均摩尔质量和在该条件下的密度。

解 (1) 依据式(1.13)可得水煤气中各组分的摩尔分数为

$y(H_2O)=0.50$；$y(CO)=0.38$；$y(N_2)=0.06$；$y(CO_2)=0.05$；$y(CH_4)=0.01$

据式(1.8)可得各组分的分压分别为

$$p(H_2O)=y(H_2O)\times p=0.50\times100kPa=50.0kPa$$
$$p(CO)=y(CO)\times p=0.38\times100kPa=38.0kPa$$
$$p(N_2)=y(N_2)\times p=0.06\times100kPa=6.0kPa$$
$$p(CO_2)=y(CO_2)\times p=0.05\times100kPa=5.0kPa$$
$$p(CH_4)=y(CH_4)\times p=0.01\times100kPa=1.0kPa$$

(2) 按式(1.10)可得水煤气的平均摩尔质量为：

$$\overline{M}=y(H_2O)M(H_2O)+y(CO)M(CO)+y(N_2)M(N_2)+y(CO_2)M(CO_2)+y(CH_4)M(CH_4)$$
$$=(0.5\times18+0.38\times28+0.06\times28+0.05\times44+0.01\times16)\times10^{-3}kg\cdot mol^{-1}$$
$$=23.68\times10^{-3}kg\cdot mol^{-1}$$

$$\rho=\frac{pM}{RT}=\frac{100\times10^3Pa\times23.68\times10^{-3}kg\cdot mol^{-1}}{8.314J\cdot mol^{-1}\cdot K^{-1}\times298K}=0.956kg\cdot m^{-3}$$

1.2 真 实 气 体

在化工生产中，许多过程都是在较高的压力下进行的。例如石油气体的深度冷冻分离、氨和甲醇的合成等都是在高压下完成的。显然在比较高的压力条件下，前面讲述的理想气体状态方程、分压定律和分体积定律对实际气体已经不能适用，需要进一步研究比较高的压力条件下，真实气体的 p、V、T 关系。

1.2.1 真实气体对理想气体的偏差

真实气体只有在高温、低压条件下，才能遵守理想气体的状态方程，而在压力较高的条件下，将理想气体状态方程用于真实气体将产生偏差。

对于理想气体，在一定温度时，pV_m（V_m 为 1mol 气体的体积）为一定值（RT），如果以 pV_m 为纵轴，以 p 为横轴作图，则理想气体的 pV_m-p 恒温线为平行于横轴的直线，而真实气体的 pV_m-p 恒温线则不同，如图 1.2 所示。图中线条是一些真实气体在 0℃ 时的 pV_m-p 恒温线。从图中可以看出，真实气体的 pV_m-p 对理想气体的 pV_m-p 产生了明显的偏差。当压力升高时，CH_4、CO、H_2、He 的恒温线明显偏离理想气体的水平线，且不同种类的气体，在相同的温度、压力时偏离程度

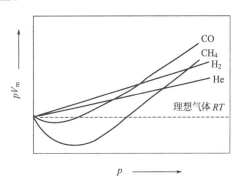

图 1.2 一些真实气体的 pV_m-p 恒温线

不同；同一种气体压力不同时，偏离程度也不同。这是由于各种真实气体分子间存在着作用力，分子本身也具有体积。一方面在通常的分子平均距离下，分子间力表现为引力，使真实气体比理想气体易于压缩，即在相同的温度、压力时，真实气体的 V_m 应小于理想气体的 V_m 值。另一方面，真实气体分子本身有体积，因而会减少气体所占体积中可以压缩的空间，这将使真实气体较理想气体难于压缩，即在相同温度、压力的条件下，真实气体的

V_m 比理想气体的 V_m 大。上述两种相反的因素同时存在,真实气体 V_m 值与相同温度、压力条件下理想气体 V_m 值的差别是这两个因素共同作用的结果。总之,真实气体对理想气体产生偏差,同一种类气体在不同的条件下对理想气体偏差不同;不同种类的气体,由于性质的差异,导致相同条件下的偏差也不相同。

1.2.2 真实气体状态方程

真实气体对理想气体产生偏差,为了描述真实气体的 pVT 性质,科学家们曾提出过 200 多个实际气体的状态方程。这里主要介绍范德华方程,并简述维里方程。真实气体的状态方程都有一个共同的特点,就是在理想气体状态方程的基础上,经过修正得出,在压力趋于零时,可还原为理想气体状态方程。

1)范德华方程

1873 年范德华(van der Waals,荷兰科学家)从真实气体与理想气体的差别出发,提出了压力修正项(a/V_m^2)及体积修正项 b,得出了适用于中低压力下的真实气体状态方程。理想气体的压力是分子间无作用力时表现的压力,理想气体的摩尔体积是每摩尔气体分子自由活动的空间。范德华认为真实气体处在实际的 p、V_m、T 条件时,如果分子间的相互吸引力不复存在,则表现出的压力应高于压力 p,为($p+a/V_m^2$);由于分子本身占有体积,所以每摩尔气体分子的自由活动空间应小于它的摩尔体积 V_m,为(V_m-b)。将修正后的压力、摩尔体积代入理想气体状态方程得对应项,即得

$$\left(p+\frac{a}{V_m^2}\right)(V_m-b)=RT \tag{1.15}$$

该式为著名的范德华方程,将 $V_m=V/n$ 代入上式,可得适用于气体物质的量为 n 的范德华方程

$$\left(p+\frac{an^2}{V^2}\right)(V-nb)=nRT \tag{1.16}$$

式中,a、b 称为范德华常数,是与气体种类有关的特性常数。

真实气体当压力 $p\to 0$ 时,$V_m\to\infty$,此时范德华方程中 $\left(p+\dfrac{a}{V_m^2}\right)$ 及(V_m-b)两项分别化简为 p 及 V_m,还原为理想气体状态方程。

各种真实气体的范德华常数 a 与 b,可由实验测定,也可通过气体的临界参数求得。a 与分子间引力有关,b 与分子体积有关。表 1.1 列出了一些常见气体的范德华常数。

表 1.1 常见气体的范德华常数

气体	$a/m^6 \cdot Pa \cdot mol^{-2}$	$b/m^3 \cdot mol^{-1}$	气体	$a/m^6 \cdot Pa \cdot mol^{-2}$	$b/m^3 \cdot mol^{-1}$
He	3.44×10^{-3}	2.37×10^{-5}	NH_3	4.22×10^{-1}	3.71×10^{-5}
H_2	2.47×10^{-2}	2.66×10^{-5}	C_2H_2	4.45×10^{-1}	5.14×10^{-5}
NO	1.35×10^{-1}	2.79×10^{-5}	C_2H_4	4.53×10^{-1}	5.71×10^{-5}
O_2	1.38×10^{-1}	3.18×10^{-5}	NO_2	5.35×10^{-1}	4.22×10^{-5}
N_2	1.41×10^{-1}	3.91×10^{-5}	H_2O	5.53×10^{-1}	3.05×10^{-5}
CO	1.51×10^{-1}	3.09×10^{-6}	C_2H_6	5.56×10^{-1}	6.38×10^{-5}
CH_4	2.28×10^{-1}	4.28×10^{-5}	Cl_2	6.57×10^{-1}	5.62×10^{-5}
CO_2	3.64×10^{-1}	4.27×10^{-5}	SO_2	6.80×10^{-1}	5.64×10^{-5}

范德华方程从理论上分析了真实气体与理想气体的区别,是处理真实气体的经典方程。实践表明,许多真实气体在几个兆帕的中压范围内,其 pVT 性质能较好地服从范德华方程,

但由于范德华方程未考虑温度对 a、b 的影响，故在压力较高时，还不能满足工程计算上的需要。值得指出的是，范德华提出的从气体分子间相互作用力与分子本身体积两方面来修正其 pVT 行为的思想与方法，为以后建立更准确的真实气体状态方程奠定了一定的基础。

【例 1.5】　10.0molC_2H_6 在 300K 充入 4.86×10^{-3} m^3 的容器中，测得其压力为 3.445MPa。试用（1）理想气体状态方程、（2）范德华方程计算容器内气体的压力。

解　（1）根据理想气体状态方程计算

$$p=\frac{nRT}{V}=\left(\frac{10.0\times8.314\times300}{4.86\times10^{-3}}\right)Pa=5.13MPa$$

（2）根据范德华方程式计算

从本书附录 6 中查出 C_2H_6 的范德华常数 $a=0.5562m^6\cdot Pa\cdot mol^{-2}$，$b=6.380\times10^{-5}$ $m^3\cdot mol^{-1}$。根据式(1.16)

$$
\begin{aligned}
p &=\frac{nRT}{V-nb}-\frac{n^2a}{V^2}\\
&=\left[\frac{10.00\times8.314\times300}{4.86\times10^{-3}-10.00\times6.380\times10^{-5}}-\frac{10.00^2\times0.5562}{(4.86\times10^{-3})^2}\right]Pa\\
&=3.55MPa
\end{aligned}
$$

由上述例题看出，在中压范围内，实际气体按范德华方程计算的结果比按理想气体状态方程计算的结果更准确。

2）维里方程

维里一词来源于拉丁文 virial，是"力"的意思，维里方程是经验方程，用无穷级数表示。有两种形式：

$$pV_m=RT\left(1+\frac{B}{V_m}+\frac{C}{V_m^2}+\frac{D}{V_m^3}+\cdots\right) \tag{1.17}$$

$$pV_m=RT(1+B'p+C'p^2+D'p^3+\cdots) \tag{1.18}$$

式中，$B(B')$、$C(C')$、$D(D')$……分别称为第二、第三、第四……维里系数，它们都是温度的函数，并与气体的本性有关。两式中对应的维里系数的数值和单位均不相同。某些维里系数可由表查出。维里方程可用统计力学的方法推导出来，因此有坚实的理论基础。

维里方程的适用范围是几兆帕的中压范围。在计算中压以下的实际气体时，一般将第三维里系数以后的高次项略去。使用压力越高，需要截取的项数越多。在较高压力下，维里方程也不适用。

除了范德华方程、维里方程以外，工程上还发展了许多其他的双参数和多参数方程，都只适用于一部分气体和一定的温度压力范围。一般方程所包含的物性参数越多，计算精确度越高，适用范围越大，但计算越麻烦。适用范围较宽、计算较方便的当数压缩因子法。

1.2.3　气体的液化

1）液体的饱和蒸气压

理想气体分子间没有相互作用力，所以在任何温度、压力下都不可能使其液化。而真实气体则不同，其分子间存在作用力，降低温度和增加压力使分子间距减小，分子间引力增加，最终导致气体变为液体。

在一个密封容器中，当温度一定时，某一物质的气体和液体可达成一种动态平衡。一方面液体中一部分动能较大的分子，要挣脱分子间引力进入气相中而蒸发；另一方面，气相中一部分蒸气分子在运动中受到液面分子的吸引，重新回到液体中凝聚或液化。当气相中密度达一定值时，液体蒸发与蒸气凝结的速率相等，就达到气液平衡。此时蒸发与凝结仍在不断进行，只是两者速率相等，所以是一种动态平衡。处于气液平衡时的气体称为饱和蒸气，液体称为饱和液体，在一定温度下，与液体成平衡的饱和蒸气所具有的压力称为饱和蒸气压。

不同物质在同一温度下具有不同的饱和蒸气压，所以饱和蒸气压是由物质的本性决定的。而对于任一种物质来说，不同温度下具有不同的饱和蒸气压，所以饱和蒸气压是温度的函数。温度升高，分子热运动加剧，液体中具有较高动能的分子增多，单位时间内足以摆脱分子间引力而逸出的分子数增加，蒸发速率加快，建立起新的气液相平衡时，冷凝速率也加快，饱和蒸气压增大。当液体的蒸气压与外压相等时，液体就开始沸腾，此时的温度称为沸点。习惯将 101.325kPa 外压下的沸点称为正常沸点。如水的正常沸点为 100℃，苯的正常沸点为 80.1℃。

2）真实气体的 p-V_m 图及气体的液化

气体液化有两条途径，一条是降温，另一条是加压。但实践表明，单凭降温可以使气体液化，但单凭加压不一定能使气体液化，要视加压时的温度而定。这说明气体的液化是有条件的。

对于理想气体在恒温条件下，$pV_m = RT$，如果以压力为纵坐标，体积为横坐标作图为双曲线。而实际气体因为不服从理想气体状态方程，且在某些条件下能够液化，故实际气体的 p-V_m 等温线对波义耳定律会有一定的偏差。

以 CO_2 的恒温线来说明真实气体的液化过程，如图 1.3 所示。

CO_2 的恒温线分为三类，即 $t > 31.1℃$、$t = 31.1℃$、$t < 31.1℃$。

① $t > 31.1℃$ 的恒温线 例如 40℃时，CO_2 的恒温线与理想气体的恒温线相似，近似于双曲线。

② $t < 31.1℃$ 的恒温线 由图 1.3 可看出，温度低于 31.1℃ 的恒温线（如 13.1℃ 和 20℃）都反映出相同的规律：低压时 p-V 关系曲线光滑，近似于双曲线，CO_2 为气态；随着压力升高，曲线出现明显的转折点，进而出现一水平线段。开始出现转折点时对应的压力就是该温度下 CO_2 的饱和蒸气压。如 CO_2 在 13.1℃时的恒温线，AB 段表示 CO_2 完全是气体，B 点表示 CO_2 开始液化，水平线段 BC 则为气、液共存，C 点是 CO_2 全部液化，自右至左液体量逐渐增多，气体量逐渐减少，水平线段所对应的压力为 CO_2 在 13.1℃时的饱和蒸气压。CD 段为一条极陡的曲线，这证明了液体的难以压缩。

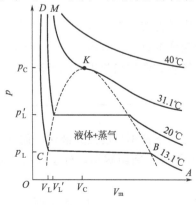

图 1.3 CO_2 的恒温线

由于液体的饱和蒸气压随温度升高而增大，所以在 $t < 31.1℃$ 的条件下，不同温度的恒温线上的水平部分对应的压力随温度升高而上升，同时由于温度升高压力增大，饱和液体和饱和气体的密度也逐渐接近，其摩尔体积也逐渐接近，所以水平线的长度也随温度的升高而逐渐缩短，如图中 20℃时的水平线段比 13.1℃时的短。当温度达到某一数值时，饱和液体和饱和气体的摩尔体积相等。如图 1.3 中的 K 点所示。

③ $t = 31.1℃$ 的恒温线 当 $t = 31.1℃$时恒温线上的水平线段缩短为一点 K（如图 1.3 所示），即恒温线上出现一转折点，在这一点上气体和液体的差别消失。在

液化过程中不再出现明显的气液分界面。此点称为临界点。

3）临界参数及液化条件

临界点所对应的温度就是临界温度 T_c，临界温度是使气体能够液化所允许的最高温度，如 CO_2 的临界温度为 31.1℃，超过临界温度气体将不能液化，因此，低于临界温度是气体液化的必要条件。气体处于临界温度下，使气体液化所需的最小压力称为临界压力 p_c；处于临界温度和临界压力下，气体的摩尔体积称为临界摩尔体积 V_c。p_c、T_c、V_c 统称为临界参数，是物质的特征数值。表 1.2 给出了一些常见气体的临界参数。

表 1.2　常见气体的临界常数

气　体	T_c/K	p_c/MPa	$V_c/10^{-5}\ m^3 \cdot mol^{-1}$	Z_c
He	5.3	0.299	5.76	0.299
Ne	44.4	2.76	4.17	0.312
Ar	150.8	4.87	7.49	0.291
H_2	33	1.30	6.50	0.308
N_2	126.2	3.39	8.95	0.289
O_2	153.4	5.04	7.44	0.294
CO	134.0	3.55	9.00	0.288
CO_2	304.2	7.38	9.40	0.274
H_2O	647.1	22.05	5.60	0.230
HCl	324.6	8.31	8.1	0.249
H_2S	373.2	8.94	9.85	0.284
NH_3	405.6	11.30	7.24	0.243
CH_4	190.7	4.596	9.88	0.298
C_2H_6	305.4	4.88	14.8	0.284

真实气体状态方程中的物性常数都可以用临界参数来表达。如范德华常数可由下式得到：

$$a = \frac{27RT_c^2}{64p_c}; \quad b = \frac{RT_c}{8p_c} \tag{1.19}$$

由表 1.2 可以看出不同种类气体的临界常数值不同，这反映了真实气体的个性，但所有气体在临界条件下都能被液化，这是气体的共性。实验中还发现不同种类气体的 p_cV_c/RT_c 值非常接近，如表 1.3 所示，这为我们进一步获取真实气体 pVT 行为的一些普遍化规律奠定了基础。

表 1.3　部分气体的 p_cV_c/RT_c

气体	H_2	N_2	He	O_2	CH_4	C_2H_4	C_2H_6	C_6H_6	Cl_2
p_cV_c/RT_c	0.303	0.290	0.298	0.293	0.286	0.281	0.283	0.268	0.275

1.2.4　压缩因子

1）压缩因子

描述真实气体的 pVT 性质中，最简单、最直接、最准确、适用的压力范围也最广的状态方程，是将理想气体状态方程用压缩因子 Z 加以修正，得到

$$pV = ZnRT \tag{1.20}$$

$$pV_m = ZRT \tag{1.21}$$

式(1.20)、式(1.21)基本上保持了 $pV = nRT$ 的简单形式，应用简单，由此压缩因子的定

义为：

$$Z = \frac{pV}{nRT} = \frac{pV_m}{RT} \tag{1.22}$$

显然，Z 的大小反映出真实气体对理想气体的偏差程度，即 $Z = \dfrac{V_m（真实）}{V_m（理想）}$。对于理想气体，在任何温度及压力下 $Z=1$；对于真实气体分子间引力的存在，使得实际气体比理想气体容易压缩 $Z<1$；分子体积的存在，使得真实气体可压缩的空间减小，当气体压缩到一定程度时，分子间距离很近，会产生对抗性的斥力，造成实际气体比理想气体难于压缩 $Z>1$。由于 Z 反映出真实气体压缩的难易程度，所以将它称为压缩因子。

2）对应状态原理及压缩因子图

各种真实气体虽然性质不同，但在临界点时却有共同的性质，即临界点处的饱和蒸气与饱和液体无区别。而且 $p_c V_c / RT_c$ 值非常接近，以临界参数为基准，引入对比参数

$$p_r = \frac{p}{p_c}; \quad V_r = \frac{V}{V_c}; \quad T_r = \frac{T}{T_c} \tag{1.23}$$

式中，p_r、V_r、T_r 分别称为对比压力、对比体积和对比温度，统称为气体的对比参数。范德华指出，各种真实气体只要两个对比参数相同，则第三个对比参数必定（大致）相同，此时气体处于同一对应状态，这一原理称为对应状态原理。

把对比参数的表达式(1.23)引入压缩因子的定义式(1.22)，可得：

$$Z = \frac{pV_m}{RT} = \frac{p_c V_c}{RT_c} \times \frac{p_r V_r}{T_r}$$

令

$$Z_c = \frac{p_c V_c}{RT_c}$$

则

$$Z = Z_c \frac{p_r V_r}{T_r}$$

式中，Z_c 称为临界压缩因子，为一近似常数，上式说明无论气体的性质如何，处在相同对应状态的气体，具有相同的压缩因子。根据这一结论以及某些气体的实验数据，得出适用于各种不同气体的双参数普遍化压缩因子图。

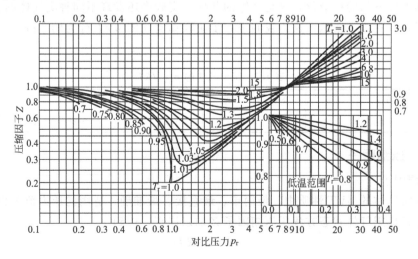

图 1.4　普遍化压缩因子图

由于普遍化压缩因子图适用于各种真实气体，故由图中查到的压缩因子的准确性并不高，但可满足工业上的应用，有很大的实用价值。对于氢（H_2）、氦（He）、氖（Ne）三种气体误差较大，可采用下式计算对比压力和对比温度：

$$p_r = \frac{p}{p_c + 8 \times 10^5 \, Pa}$$

$$T_r = \frac{T}{T_c + 8K}$$

【例 1.6】　40℃和 6060kPa 下 1000molCO_2 气体的体积是多少？分别用（1）理想气体状态方程、（2）压缩因子图计算。已知实验值为 0.304m^3，试比较两种方法的计算误差。

解　（1）按理想气体状态方程计算，得

$$V = \frac{nRT}{p} = \left[\frac{1000 \times 8.314 \times (273.15 + 40)}{6060 \times 10^3} \right] m^3 = 0.429 m^3$$

（2）用压缩因子图计算

查表 1.2 可得 CO_2 的
$$p_c = 7.38 \times 10^6 \, Pa$$
$$T_c = 304.2K$$

按式（1.23）得
$$p_r = \frac{p}{p_c} = \frac{6060 \times 10^3}{7.38 \times 10^6} = 0.82$$

$$T_r = \frac{T}{T_c} = \frac{313.5}{304.2} = 1.03$$

由图 1.4 查得
$$Z = 0.66$$

由式（1.22）得
$$V' = \frac{ZnRT}{p} = ZV = 0.66 \times 0.429 = 0.283 m^3$$

若实验值为 0.304m^3，第一种方法的相对误差为

$$\frac{0.429 m^3 - 0.304 m^3}{0.304 m^3} \times 100\% = 41.12\%$$

第二种方法的相对误差为

$$\frac{0.283 m^3 - 0.304 m^3}{0.304 m^3} \times 100\% = -6.91\%$$

可见，在 6060kPa 下，用压缩因子图比理想气体状态方程要精确得多。

1.3　热力学基本概念

热力学概念很多，本节集中介绍一些最基本的重要概念：体系、环境、体系性质、状态、状态函数、过程、途径、热、功及热力学能等，其余概念将在以后有关章节中陆续引入。

1.3.1　体系与环境

在热力学中，体系是指我们所要研究的物质对象，体系也称物系或系统。环境则是体系以外而与体系有密切联系的部分。体系与环境之间的界面，可以是实际存在的，也可以是想象的。例如研究反应器内发生的化学变化时，反应器内的全部物质就是体系，而反应器壁及周围的空间就是环境。再如研究 H_2、N_2 混合气中的 H_2 时，H_2 为体系，而 N_2 则为环境。体系与环境的划分完全是人为的，并不是体系与环境有什么本质的区别。体系一经选定，就

不要随意更改。

根据体系与环境之间物质和能量交换情况的不同,将热力学体系分为三类:

① 封闭体系　体系与环境之间有能量交换而无物质交换的系统称为封闭体系。封闭体系是我们最常遇到的体系,因而是研究的重点。本书中若不加以特别说明,体系均指封闭体系。

② 敞开体系　体系与环境之间既有物质交换又有能量交换的系统称为敞开体系。

③ 隔离体系　体系与环境之间既无能量交换也无物质交换的体系为隔离体系,又称孤立体系。严格来讲,真正的隔离体系是不存在的,因自然界中一切事物都是相互联系的,真实体系不可能完全与环境隔绝,在热力学研究中,有时把体系和环境作为一个整体来对待,把这个整体当成隔离体系。

这种划分也是人为的。例如一个保温瓶中装有热水,若以水作为体系,当保温瓶口敞开时,水既可以蒸发又可以通过空气传热,这时保温瓶中的水是敞开体系;当保温瓶的保温性能较差但盖子密闭性很好时,此时水虽不能从保温瓶中逸出,但可通过瓶壁向外传热,这时保温瓶中的水是封闭体系;如果保温瓶完全隔热且盖子密闭性很好,这时保温瓶中的水是隔离体系。

1.3.2　体系性质

物质的性质分为宏观性质和微观性质。微观性质则是指原子、分子等粒子的结构、运动状况、它们之间的相互作用等。宏观性质与微观性质有关,是微观粒子的综合表现。热力学讨论的是体系的宏观性质,通常简称为体系性质。体系的热力学性质按其数值是否与物质的数量有关可分为两大类:

1) 广延性质

广延性质与物质的数量成正比,也称容量性质,具有加和性,如体积、质量等。当体系分割成若干部分时,总量等于各部分量之和。

2) 强度性质

强度性质与物质的数量无关,不具有加和性。如温度、压力、密度等。

两个广延性质的比值为一强度性质,如气体的质量(广延性质)与气体的体积(广延性质)的比值为气体的密度(强度性质)。广延性质与强度性质之间可相互转化。

1.3.3　状态与状态函数

状态函数是热力学中非常重要的概念,热力学计算中主要是状态函数变化值的计算。

体系宏观性质的综合表现称为状态。体系的热力学性质又称为状态函数,或者说,描述体系状态的宏观物理量称为状态函数。例如 T、p、V 等。当状态函数确定后体系的状态就随之而定;反之,当体系的状态确定后,状态函数就随之有确定的数值。可见,状态函数与状态间存在着单值对应的关系,即状态函数为状态的单值函数。当体系的状态发生变化时,必然会引起一个甚至几个状态函数发生变化。状态函数之间是相互联系的,所以确定一个系统的状态,并不需要确定所有的状态函数,例如 $pV=nRT$,确定理想气体的状态,只需要确定三个状态函数。

状态函数具有以下特征。

① 体系的状态确定后,所有状态函数都具有确定值,如水在温度 T 时处于气液平衡状态,其对应于温度 T 的饱和蒸气压具有唯一数值。

② 状态函数的变化值只与体系的始态和终态有关，而与变化所经历的具体过程无关。如将一杯水自 0℃加热到 100℃，其 $\Delta T = T_2 - T_1 = 100K$。$\Delta T$ 的数值与水用什么热源来加热以及如何加热等具体步骤无关。

用数学方法来表示这两个特征，则可以说，状态函数的微小变化量可写成全微分。

1.3.4　热力学平衡态

在没有外界条件影响下，体系中所有状态函数均不随时间而变化的状态，称为热力学平衡态（简称平衡态）。体系处于热力学平衡态时，应包括下列四个平衡。

① 热平衡　指体系内部各部分温度相等，即体系有单一的温度。若体系不是绝热的，则体系与环境的温度也应相等。

② 力平衡　指体系内部各部分压力相等，即体系有单一的压力。

③ 相平衡　指体系中各相的组成及数量不随时间而改变，即体系内宏观上没有任何一种物质从一个相转移到另一个相。

④ 化学平衡　系指体系中各组分间的化学反应达到平衡，体系的组成不再随时间而改变，即宏观上体系内的化学反应已经停止。

当体系处于热力学平衡态时，各状态函数才具有唯一的定值。

1.3.5　过程与途径

在一定条件下，体系状态所发生的变化均称为热力学过程，简称过程，过程开始的状态称为初态或始态，过程终了的状态称为终态或末态。实现过程的具体步骤称为途径。例如

$$① \quad C + O_2 \longrightarrow CO_2$$

$$② \quad C + O_2 \longrightarrow CO + \frac{1}{2}O_2 \longrightarrow CO_2$$

①、②是同一过程的两条不同途径。再如图 1.5，A 为始态，B 为终态，从 A 到 B 这一过程可有①、②两条不同的途径。

按照变化的性质，可将过程分为三类：化学反应过程、相变过程和单纯 pVT 变化过程（又称物理变化过程）。

根据过程进行的条件，可分为以下几种典型的过程。

1）恒温过程（也称等温过程）

体系与环境的温度相等且恒定不变的过程，即 $T_1 = T_2 = T$（环境）＝常数 。

2）恒外压过程

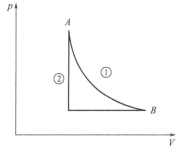

图 1.5　pVT 变化过程的
两条不同途径

环境的压力（也称为外压）保持不变的过程，即 p（环境）＝常数。在此过程中，体系的压力可以变化。

3）恒压过程（也称等压过程）

体系与环境的压力相等且恒定不变的过程，即 $p_1 = p_2 = p$（环境）＝常数。

4）恒容过程（也称等容过程）

体系的体积始终不变的过程，即 V＝常数。

5）绝热过程

体系和环境之间没有热交换的过程。实际绝热过程尚不存在，如果过程（如燃烧反应、中和反应、核反应等）进行得极为迅速，使得体系来不及与环境进行热交换，则可近似视为

绝热过程。

6）循环过程

体系由某一状态出发，经过一系列变化又回到原来状态的过程。在循环过程中，所有状态函数的改变量均为零，如 $\Delta p=0$、$\Delta V=0$ 等。

1.3.6　热

体系与环境之间由于存在温度差而交换的能量称为热，以符号 Q 表示，其单位为 J 或 kJ。热力学规定：体系从环境吸热，$Q>0$；体系向环境放热，$Q<0$。因为热是体系在变化过程中而与环境交换的能量，故热总是与体系所进行的过程相联系，所以热不是状态函数，是过程函数或途径函数。无限小的热以 δQ 表示，δQ 不是全微分。因此，只有指明了过程，谈热才有意义。

在热力学中，主要讨论三种热：体系发生化学反应时吸收或放出的热，称为化学反应热；体系发生相变化时吸收或放出的热，称为相变热，相变热和化学反应热统称为潜热（体系与环境交换热时温度保持不变）；体系仅仅发生物理状态变化时吸收或放出的热，称为显热（体系与环境交换热时温度发生变化）。

1.3.7　功

体系与环境之间交换的能量有两种形式，即热和功。除热以外，所有能量的传递形式统称为功，用符号 W 表示，其单位为 J 或 kJ。热力学规定：环境对体系做功，$W>0$；体系对环境做功，$W<0$。功与热一样，也是与过程相关的量，不是状态函数，因此，不能说体系在某一状态有多少功，只有当体系进行某一过程时才能说该过程与环境交换了多少功，功是过程函数或途径函数。无限小功以 δW 表示，同样 δW 也不是全微分。

功可分为两大类：体积功和非体积功。体系在反抗外压作用，发生体积变化而与环境交换的功称为体积功。除体积功以外的其他形式的功统称为非体积功（或称为其他功），用 W' 表示。例如电功、表面功等。

体积功的定义式为

$$\delta W=-p_{外}\mathrm{d}V \tag{1.24}$$

若体系的体积从 V_1 变化到 V_2，则所做的功需要对体积功的定义式作定积分：

$$W=-\int_{V_1}^{V_2}p_{外}\mathrm{d}V \tag{1.25}$$

1.3.8　热力学能

体系的总能量包括：体系运动的动能、体系处于外力场中的势能以及体系的热力学能。热力学研究的体系是，无外界力场存在时的宏观静止的系统，所以不考虑动能和势能，只注重其热力学能。

热力学能是体系内部各种能量的总和。用"U"表示，由以下三个部分组成：

① 分子运动的动能，包括平动、振动、转动等，是温度的函数。

② 分子间相互作用力产生的势能，是体积的函数。

③ 分子内部的能量。是分子内部各种微粒运动的能量与微粒间相互作用的能量之和，在系统无化学反应和相变化的情况下，此部分能量不变。

热力学能是体系内部各种能量的综合表现，当体系的状态确定后，热力学能就具有确定的数值。可见，热力学能是体系的状态函数，其数值的大小与构成体系的粒子数目有关，具有加和性，因此，热力学能是体系的广延性质。到目前为止还无法求算出热力学能的绝对值，也没有一台仪器或设备能测量热力学能的绝对值，通常只能计算体系状态发生变化时热力学能的改变量 ΔU。

当体系内物质的种类、组成及物质的量一定时热力学能可看成是温度和体积的函数，即 $U = f(T, V)$，对于理想气体，热力学能只是温度的函数，即 $U = f(T)$。

思考题

1. 凡是符合理想气体状态方程的气体就是理想气体吗？
2. 实际气体在什么情况下可以近似看作理想气体？
3. 分别根据式(1.1)、式(1.2)、式(1.3) 画出 p-V、V-T、p-T 图，图上的点和线分别表示什么物理意义？
4. 分压定律与分体积定律的应用条件是什么？
5. 真实气体与理想气体产生偏差的原因何在？范德华方程式是根据哪两个因素来修正理想气体状态方程的？
6. 若压缩因子 Z 大于 1，说明实际气体比理想气体易压缩还是难压缩？
7. 气体液化的必要条件是什么？
8. 气体液化的途径有哪些？为什么气体在临界温度以上无论加多大压力也不能使其液化？
9. 为什么说压缩因子图具有普遍化的意义？
10. 体系与环境是如何进行划分的？
11. 什么是状态函数？状态函数的基本特征是什么？
12. 热、功、热力学能都是状态函数吗？为什么说理想气体的热力学能仅是温度的函数？
13. 物质能以液态形式存在的最高温度是什么温度？

习题

1. 已知在体积为 10^{-3} m^3 的容器内，含有 1.5×10^{-3} kg 的 N_2（设为理想气体），计算 20℃时的压力。

2. 在 0℃ 和 101.325kPa 下，CO_2 的密度是 1.96kg·m^{-3}，试求 CO_2 气体在 86.66kPa 和 25℃时的密度。

3. 设储存 H_2 的气柜容积为 $2000m^3$，气柜中压力保持在 104.0kPa。若夏季的最高温度为 42℃，冬季的最低温度为 −38℃，问在冬季最低温度时比夏季最高温度时气柜多装多少千克氢气。

4. 23℃，100.3kPa 时，3.24×10^{-4} kg 理想气体的体积为 2.8×10^{-4} m^3，试求该气体在 101.3kPa，100℃时密度。

5. 27℃、100kPa 下，$0.1dm^3$ 的含有 N_2、H_2、NH_3 的混合气体，经用 H_2SO_4 溶液吸收 NH_3 后，混合气体的体积减少到 $0.086dm^3$，试求混合气体中 NH_3 的物质的量及分压 。

6. 某空气压缩机每分钟吸入 101.3kPa，303.2K 的空气 $41.2m^3$，而排出 363.2K 的空气 $26.0m^3$，已知稳定操作时，压缩机每分钟吸入与排出空气的物质的量相同。试求压缩后的空气的压力为多少？

7. 合成氨生产中，以氮气和氢气的体积比为 1:3 的比例进行混合，混合气体的压力为 30.4MPa，试求氮气和氢气的分压力。

8. 容器 A 与 B 分别盛有 O_2 与 N_2，两容器用旋塞连接，温度均为 25℃，容器 A 的体积为 5×

$10^{-4}m^3$，O_2 的压力为 100kPa；容器 B 的体积为 $1.5 \times 10^{-3}m^3$，N_2 的压力为 50kPa，旋塞打开后，两气体即混合，温度仍为 25℃，计算气体的总压及 O_2 与 N_2 的分压。

9. 体积为 $5.00 \times 10^{-3}m^3$ 的高压锅内有 0.142kg 的氯气，温度为 350K，试用范德华方程式计算氯气的压力。

10. 试用压缩因子图求温度为 291.2K、压力为 15.0MPa 时甲烷的密度。

11. 1mol N_2 在 0℃ 时体积为 $70.3 \times 10^{-6}m^3$，分别按：（1）理想气体状态方程、（2）范德华方程计算压力；（3）已知实验值为 40.53MPa，分别计算两方程式的百分误差。

12. 计算温度为 573K，压力为 20.26MPa 时，3kmol 甲醇气体的体积。实验测得在该条件下甲醇气体的体积为 $0.342m^3$。（1）用理想气体状态方程计算；（2）试用压缩因子图计算，并与实测值进行比较。

13. 在一个 $0.02m^3$ 能承受最高压力为 15.2MPa 的储氧钢瓶内，装有 1.64kg 的氧，试用范德华方程计算出最高允许温度为多少？

14. 300K 时 $0.0400m^3$ 钢瓶中储存 C_2H_4 压力为 14.7MPa，提取 101.3kPa，300K 时的 C_2H_4 气体 $12.0m^3$，试求钢瓶中剩余乙烯气体的压力（提示：综合应用各种方法）。

第2章 能量转化及计算

学习目的与要求

① 理解热力学第一定律及其数学表达式，领会热力学第一定律的内在含义。

② 掌握热、功、热力学能三者之间的定量转换关系。

③ 掌握焦耳实验的内容及其所得出的结论。

④ 掌握两个特殊过程热 Q_V、Q_p 及其 $Q_V = \Delta U$、$Q_p = \Delta H$ 的意义，明确焓的性质及意义。

⑤ 弄清标准摩尔反应焓、标准摩尔生成焓、标准摩尔燃烧焓等概念及其相互关系；掌握用标准摩尔生成焓、标准摩尔燃烧焓计算标准摩尔反应焓及标准摩尔反应焓与温度的关系（基尔霍夫公式）；掌握化学反应 $Q_{V,m}$ 与 $Q_{p,m}$ 的关系。

⑥ 理解可逆过程及其引入可逆过程意义，理解功与过程的关系，掌握理想气体绝热可逆过程的过程方程，掌握各种过程体积功的计算。

⑦ 掌握热力学第一定律对各种过程的应用。

化学热力学是以热力学第一、第二两个经验定律为基础，是人类实践经验的科学总结，具有极大的普遍性与可靠性。以这些定律为基础进行演绎、推理而得到的热力学关系与结论，显然也具有高度的普遍性和可靠性。

本章主要介绍热力学第一定律及其在化学、化工领域中的一些应用。要求掌握热力学第一定律的文字表述及数学表达式，并运用热力学数据计算系统在 pVT 变化、相变化和化学变化中能量的转换。

2.1 热力学第一定律

2.1.1 热力学第一定律的数学表达式

1）热力学第一定律的文字表述

热力学第一定律确定于 19 世纪中叶，它的本质是能量守恒定律，是人类长期实践经验的总结，其表述方法主要有以下两种：

① 第一类永动机是不可能造成的。不消耗外界能量而可连续不断做功的机器，称为第一类永动机。

② 自然界中的一切物质都具有能量，能量有不同的形式，可以相互转化，但不能凭空产生，也不能自行消失。

无论何种表述，其本质是相同的，都表示能量是守恒的。

2）热力学第一定律的数学表达式

根据能量守恒与转化定律，在任何过程中，封闭体系中热力学能的增加值 ΔU 一定等于体系从环境吸收的热 Q 与从环境得到的功 W 之和，即

$$\Delta U = Q + W \tag{2.1}$$

式中，W 是总功，即是体积功与非体积功之和。

对于封闭体系中的微小变化过程，则有

$$dU = \delta Q + \delta W \tag{2.2}$$

式(2.1)、式(2.2)为热力学第一定律的数学表达式

【例 2.1】 某干电池做电功 100J，同时放热 20J，求其热力学能变。

解 $W = -100\text{J}$，$Q = -20\text{J}$。

根据式(2.1)

$$\Delta U = Q + W = -20\text{J} - 100\text{J} = -120\text{J}$$

即在这个过程中，电池的能量减少了 120J。

2.1.2 焦耳实验

焦耳（Joule）在 1843 年作了如下实验，将两个中间以旋塞相连的容器浸入水浴中，右边容器抽成真空，左边容器内充满低压气体，如图 2.1 所示。

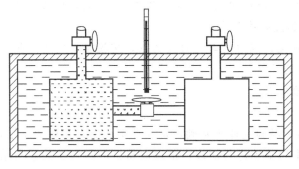

打开旋塞，气体由左边容器膨胀到右边直到两边压力相同。实验测得气体膨胀前后，水浴的温度没有变化。以气体为体系，由于是向真空膨胀又无非体积功，根据热力学第一定律，一定量气体的热力学能，可表示为温度 T 和体积 V 的函数，即 $U = f(T, V)$，所以：

图 2.1 焦耳实验示意图

$$dU = (\partial U/\partial T)_V dT + (\partial U/\partial V)_T dV$$

根据焦耳实验，$dT = 0$，$dU = 0$ 而 $dV \neq 0$，所以：

$$(\partial U/\partial V)_T = 0$$

因此可得出以下结论：焦耳实验中气体的热力学能仅为温度的函数，与体积和压力无关。

但是这一结论是不准确的。因为焦耳实验所用气体的压力较低，水的热容又较大，气体自由膨胀后，即使与环境水交换了少量的热，也无法用温度计测出水温的变化。

然而，由于实验气体的压力较低，可近似看作理想气体，故焦耳实验的结论对于理想气体仍是适用的，即一定量理想气体的热力学能只是温度的函数，与气体的体积和压力无关，亦即：

$$U = f(T)$$

与前面热力学能的分析是一致的。

2.2 过程热的计算

2.2.1 两个特殊过程热

1）恒容热

体系在恒容无非体积功的过程中与环境交换的热，称为恒容热，用"Q_V"表示。下标 V 表示两层意思，即恒容和无非体积功。

根据式(2.2)，对于不做非体积功的恒容过程，因 $dV=0$，故 $\delta W=0$

则有
$$\delta Q_V = dU \tag{2.3a}$$

或
$$Q_V = \Delta U \tag{2.3b}$$

式(2.3a) 或式(2.3b) 表明体系在恒容无非体积功的条件下与环境所交换之热在数值上等于体系热力学能的改变值。

2) 恒压热

体系在恒压无非体积功的条件下与环境交换的热，称为恒压热，用"Q_p"表示。同样下标 p 表示恒压、无非体积功。

根据式(2.1)，对于不做非体积功的恒压过程，体积功为 $W=-p_{外}(V_2-V_1)$，则有
$$\Delta U = Q_p - p_{外}(V_2-V_1)$$

又因为恒压　$p_1=p_2=p_{外}=$ 恒定值

故
$$\Delta U = Q_p - p_2V_2 + p_1V_1$$

则
$$Q_p = \Delta U + p_2V_2 - p_1V_1 = (U_2+p_2V_2)-(U_1+p_1V_1)$$

3) 焓

定义
$$H = U + pV \tag{2.4}$$

H 称为焓，于是有
$$Q_p = \Delta H \tag{2.5a}$$

或
$$\delta Q_p = dH \tag{2.5b}$$

式(2.5a) 或式(2.5b) 表明体系在恒压无非体积功条件下与环境交换之热在数值上就等于体系焓的改变值。

由式(2.4) 可知，体系的焓值等于热力学能与压力同体积乘积之和。但要注意这里压力与体积的乘积 pV 不是体积功。

因为 U、p、V 都是状态函数，所以焓是状态函数。也就是说，当体系状态一定时，体系的焓具有唯一确定的值。当状态变化时，系统的焓变仅取决于始、终态而与变化途径无关。又因为 U、V 都是广延性质，所以焓也是广延性质，由于体系的热力学能绝对值无法知道，所以焓的绝对值也无法知道。虽然焓具有能量单位（J 或 kJ），但不是能量。与热力学能一样，对一定量理想气体焓也只是温度的函数，与体积或压力无关。

值得注意的是，焓只有在恒压无非体积功过程时才有明确的物理意义，焓的改变值等于过程吸收或放出之热。在其他条件下，焓的物理意义不明确，并且焓和热彼此之间无任何联系。

由式(2.4) 可得
$$\Delta H = \Delta U + \Delta(pV) \tag{2.6}$$
$$\Delta(pV) = p_2V_2 - p_1V_1$$

对于凝聚体系，不论发生 pVT 状态变化或是相变化和化学变化，一般可以认为 $\Delta(pV) \approx 0$。

热不是状态函数，即从确定的始态变化到确定的终态，若途径不同，体系吸收或放出的热也不相同。但 $Q_V=\Delta U$ 及 $Q_p=\Delta H$ 表明，当不同途径均满足恒容非体积功为零或恒压非体积功为零的特定条件时，不同条件的热已经分别与过程的热力学能变、焓变相等，故不同

途径的恒容热相等，不同途径的恒压热相等，而与途径无关。

2.2.2 *pVT* 变化过程热的计算

1）摩尔热容

在不发生相变化、化学变化和非体积功为零的条件下，一定量的均相物质温度升高 1K 所需的显热称为该物质的热容，通常用符号 C 表示。

一定量的物质的温度由 T_1 升高到 T_2 时吸收显热 Q，则在此温度范围内，每升高 1K 平均所吸收的显热，称为平均热容，用符号 $\overline{C}$ 表示，其定义式为：

$$\overline{C} = \frac{Q}{T_2 - T_1} = \frac{Q}{\Delta T} \tag{2.7}$$

温差趋于零时的平均热容称为真热容，简称热容，用符号 C 表示。即

$$C = \lim_{\Delta T \to 0} \frac{Q}{\Delta T} = \frac{\delta Q}{dT} \tag{2.8}$$

1mol 物质所具有的热容，称为摩尔热容，用符号 "C_m" 表示。

$$C_m = \frac{C}{n} = \frac{1}{n} \times \frac{\delta Q}{dT} = \frac{\delta Q_m}{dT} \tag{2.9}$$

2）恒容摩尔热容与恒压摩尔热容

由于热不是状态函数，与具体过程有关，故热容也与过程有关。常用的摩尔热容有两种：恒容摩尔热容和恒压摩尔热容。

恒容过程中，1mol 物质的热容称为恒容摩尔热容，用 "$C_{V,m}$" 表示，即

$$C_{V,m} = \frac{1}{n} \times \frac{\delta Q_V}{dT} = \left(\frac{\partial U_m}{\partial T} \right)_V \tag{2.10}$$

表明，在恒容条件下，体系的摩尔热力学能随温度的变化率即为体系的恒容热容。

恒压过程中，1mol 物质的热容称为恒压摩尔热容，用 "$C_{p,m}$" 表示，即

$$C_{p,m} = \left(\frac{\delta Q}{ndT} \right)_p = \left(\frac{\partial H_m}{\partial T} \right)_p \tag{2.11}$$

表明，在恒压条件下，体系的摩尔焓随温度的变化率即为体系的恒压热容。

3）理想气体的摩尔热容

由式（2.10）可得

$$dU_m = C_{V,m} dT$$

由式（2.11）可得

$$dH_m = C_{p,m} dT$$

根据焓的定义 $H_m = U_m + pV_m$，微分可得

$$dH_m = dU_m + d(pV_m)$$

所以

$$C_{p,m} dT = C_{V,m} dT + RdT$$

即

$$C_{p,m} = C_{V,m} + R \tag{2.12}$$

统计热力学证明，通常温度下，对单原子分子理想气体

$$C_{V,m} = \frac{3}{2} R \quad C_{p,m} = \frac{5}{2} R$$

双原子分子理想气体

$$C_{V,m} = \frac{5}{2}R \quad C_{p,m} = \frac{7}{2}R$$

对于固、液态物质，因其体积随温度变化可忽略，故有

$$C_{p,m} \approx C_{V,m}$$

4）热容与温度的关系

真实气体、液体和固体的热容与压力的关系不大，但都与温度有关，且随温度升高而增大。我们可从物理化学手册和本书附录 7 中查到各种物质的 $C_{p,m}$ 与温度的经验关系式。最常用的 $C_{p,m}$ 与温度的经验关系式有下列两种形式：

$$C_{p,m} = a + bT + cT^2 \tag{2.13}$$

或

$$C_{p,m} = a + bT + c'T^{-2} \tag{2.14}$$

式中，a、b、c、c' 是经验常数，与物种、物态及适用温度范围有关。

5）过程热的计算

对式（2.10）积分，得

$$Q_V = \Delta U = \int_{T_1}^{T_2} nC_{V,m} dT \tag{2.15a}$$

若 $C_{V,m}$ 不随温度发生变化，则

$$Q_V = \Delta U = nC_{V,m}(T_2 - T_1) \tag{2.15b}$$

对于理想气体的变温过程，可用下式计算热力学能的改变值：

$$\Delta U = \int_{T_1}^{T_2} nC_{V,m} dT \tag{2.15c}$$

对式（2.11）积分，得

$$Q_p = \Delta H = \int_{T_1}^{T_2} nC_{p,m} dT \tag{2.16a}$$

若 $C_{p,m}$ 不随温度发生变化，则

$$Q_p = \Delta H = nC_{p,m}(T_2 - T_1) \tag{2.16b}$$

对于理想气体的变温过程，可用下式计算焓的改变值：

$$\Delta H = \int_{T_1}^{T_2} nC_{p,m} dT \tag{2.16c}$$

与过程是否恒压、无非体积功无关。若过程恒压、无非体积功，则 $Q_p = \Delta H$；若过程不恒压，则 $Q \neq \Delta H$，Q 与 ΔH 是两码事。

【例 2.2】　试计算在常压下，$3 mol CO_2$ 从 300K 升温到 573K 所吸收的热量。已知 CO_2 的摩尔定压热容为

$$C_{p,m} = \{26.8 + 42.7 \times 10^{-3}(T/K) - 14.6 \times 10^{-6}(T/K)^2\} \ J \cdot mol^{-1} \cdot K^{-1}$$

若加热在密封钢制容器中进行，求过程的热。（设气体近似为理想气体）

解　第一个过程是没有其他功的恒压升温过程，故 Q_p 可用式（2.16a）计算。

$$Q_p = \Delta H = \int_{T_1}^{T_2} nC_{p,m} dT = 3mol \times \int_{300}^{573} [26.8 + 42.7 \times 10^{-3}(T/K) - 14.6 \times 10^{-6}(T/K)^2] dT$$

$$= \left\{ 3 \times \left[26.8 \times (573 - 300) + \frac{1}{2} \times 42.7 \times 10^{-3} \times (573^2 - 300^2) - \right. \right.$$

$$\left. \left. \frac{1}{3} \times 14.6 \times 10^{-6} \times (573^3 - 300^3) \right] \right\} J = 34862 \ J$$

第二个过程是没有其他功的恒容升温过程，故 Q_V 可用式(2.15a) 计算。

$$Q_V = \Delta U = \int_{T_1}^{T_2} n(C_{p,m} - R)\mathrm{d}T$$

$$= \int_{300}^{573} nC_{p,m}\mathrm{d}T - nR(573\mathrm{K} - 273\mathrm{K})$$

$$= \Delta H - nR\ (573\mathrm{K} - 300\mathrm{K})$$

$$= [34862 - 3 \times 8.314\ (573 - 300)]\mathrm{J}$$

$$= 28053\mathrm{J}$$

2.2.3 相变热及其计算

相即体系内物理、化学性质完全相同的部分。相与相之间有明显的界面隔开。例如液态水与固态水共存，液态水是一相，固态水是另一相，虽然两者的化学性质相同但其物理性质不同。体系中的同一种物质在不同相之间的转变称为相变。例如化工生产中经常遇到的蒸发、冷凝、结晶、升华等，它们大多在恒温恒压下进行。物质在恒温恒压两相平衡条件下进行的相变过程为可逆相变，例如在 100℃、101.3kPa 下水和水蒸气之间的相变，在 0℃、101.3kPa 下水和冰之间的相变，均为可逆相变；反之，不在两相平衡条件下进行的相变过程为不可逆相变，例如在 100℃下，水向真空中蒸发，在 101.3kPa 下 -10℃ 的过冷水结冰均为不可逆相变。

相变过程的热称为相变热。由于大多数相变过程是一定量的物质在恒压且不做非体积功的条件下发生，所以，相变热数值上等于相变焓，可表示为

$$Q_p = \Delta_\alpha^\beta H \tag{2.17}$$

1mol 物质在恒定的温度压力下由 α 相变为 β 相时的焓变，称为摩尔相变焓（或摩尔相变热），用符号 $\Delta_\alpha^\beta H_m$ 表示。

$$Q_p = \Delta_\alpha^\beta H = n\Delta_\alpha^\beta H_m \tag{2.18}$$

因为焓是状态函数，所以在相同的温度和压力下，对同一物质发生的可逆相变有

$$\Delta_l^g H_m = -\Delta_g^l H_m$$

$$\Delta_s^l H_m = -\Delta_l^s H_m$$

$$\Delta_s^g H_m = -\Delta_g^s H_m$$

若体系发生不可逆相变，其相变热可通过设计包含可逆相变过程的一系列过程来求得。

【例 2.3】 逐渐加热 2mol、298K、101.3kPa 的水，使之成为 423K 的水蒸气，问需要多少热量。设水蒸气为理想气体。已知 $C_{p,m}(l) = 75.4\mathrm{J} \cdot \mathrm{mol}^{-1} \cdot \mathrm{K}^{-1}$，$C_{p,m}(g) = 33.5\mathrm{J} \cdot \mathrm{mol}^{-1} \cdot \mathrm{K}^{-1}$，水在 373K、101.3kPa 时的摩尔蒸发热为 40.7kJ $\cdot \mathrm{mol}^{-1}$。

解 该过程为一不可逆相变过程，其相变热可通过设计一个包含有可逆相变的一系列过程求出，过程设计如图 2.2 所示。

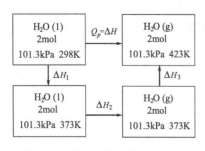

图 2.2 例 2.3 中水的相变过程

$$Q_p = \Delta H = \Delta H_1 + \Delta H_2 + \Delta H_3$$

$$\Delta H_1 = nC_{p,m}(l)(T_2 - T_1)$$

$$= [2 \times 75.4 \times (373 - 298)]\ \mathrm{J}$$

$$= 11310\mathrm{J}$$

$$\Delta H_2 = n\Delta_l^g H_m = (2 \times 40.7)\mathrm{kJ} = 81.4\mathrm{kJ} = 81400\mathrm{J}$$

$$\Delta H_3 = nC_{p,m}(g)(T_2 - T_1)$$
$$= [2 \times 33.5 \times (423 - 373)]J$$
$$= 3350J$$

$$Q_p = \Delta H = \Delta H_1 + \Delta H_2 + \Delta H_3$$
$$= (11310 + 81400 + 3350)J$$
$$= 96060J$$

显然，将 2mol、298K、101.3kPa 的水变成 423K 的水蒸气，至少需要吸热 96060J。

2.2.4　化学反应热及其计算

在化学反应中，反应物的总能量和产物的总能量不同，因此，反应过程中体系常以热和体积功的形式与环境交换能量。但一般情况下，反应过程中的体积功在数量上与热相比很小，故化学反应的能量交换以热为主。由于化学反应可以在各种各样的条件下发生，于是热效应也就各不相同。通常规定在恒温、无非体积功时体系发生化学反应与环境交换的热称为化学反应热效应，简称反应热。反应热一般分为两种，即恒容热效应和恒压热效应，研究化学反应热效应的科学称为热化学，实际上，热化学是热力学第一定律在化学反应过程中的应用。

1）基本概念

（1）化学计量数　对于任一化学反应：

$$aA + bB \longrightarrow eE + fF$$

此式为化学反应的计量方程式，按照热力学表述状态函数变化量的习惯，用（终态—始态）的方式，上述化学计量方程式可改写成

$$0 = eE + fF - (aA + bB)$$

或化简为

$$0 = \sum_B \nu_B B$$

式中，B 表示参加反应的任一物质；ν_B 为 B 的化学计量数，单位为 1。ν_B 对反应物为负，对生成物为正，即 $\nu_A = -a$，$\nu_B = -b$，$\nu_E = e$，$\nu_F = f$。

对于同一反应，化学计量数 ν_B 的数值与反应计量方程式的写法有关。例如合成氨反应，若反应计量方程式写成

$$N_2(g) + 3H_2(g) \Longrightarrow 2NH_3(g)$$

则 $\nu(N_2) = -1$，$\nu(H_2) = -3$，$\nu(NH_3) = 2$。若反应计量方程式写成

$$\frac{1}{2}N_2(g) + \frac{3}{2}H_2(g) \Longrightarrow NH_3(g)$$

则 $\nu(N_2) = -0.5$，$\nu(H_2) = -1.5$，$\nu(NH_3) = 1$。

（2）反应进度　化学反应进行的程度可用反应进度"ξ"表示，其定义为

$$\xi = \frac{n_B(\xi) - n_B(0)}{\nu_B} = \frac{\Delta n_B}{\nu_B} \tag{2.19a}$$

式中，ξ 为反应进度，mol；$n_B(0)$ 为反应起始时刻 B 的物质的量；$n_B(\xi)$ 为反应进行到 ξ 时 B 的物质的量。某一确定的化学反应其反应进度与选用哪种物质表示无关。

当系统中进行微量反应时

$$d\xi = \frac{dn_B}{\nu_B} \tag{2.19b}$$

由于化学计量数 ν_B 与反应计量方程式的写法有关，因此 ξ 的数值还与反应计量方程式的

写法有关。例如

$$N_2(g) + 3H_2(g) \Longrightarrow 2NH_3(g)$$

$N_2(g)$ 消耗掉 1mol，即 $\Delta n(N_2) = -1$mol，$\Delta\xi = \dfrac{\Delta n(N_2)}{\nu(N_2)} = \dfrac{-1}{-1} = 1$mol。

若化学计量方程式为

$$\frac{1}{2}N_2(g) + \frac{3}{2}H_2(g) \Longrightarrow NH_3(g)$$

$N_2(g)$ 消耗掉 1mol，即 $\Delta n(N_2) = -1$mol，$\Delta\xi = \dfrac{\Delta n(N_2)}{\nu(N_2)} = \dfrac{-1}{-0.5} = 2$mol。

所以使用化学进度时必须指出反应的计量式。

（3）标准摩尔反应焓 由于纯物质的焓值是温度和压力的函数，因此物理化学中规定了物质的标准态。热力学中规定：标准压力 $p^\ominus = 100$kPa，右上标"$\ominus$"为标准态的符号。

气体的标准态是标准压力为 $p^\ominus$ 下且表现出理想气体性质的气体纯物质 B 的（假想）状态。液体（固体）的标准态是标准压力下纯液体、纯固体状态。溶液及混合物的标准态在以后介绍。

任何温度下都有标准态，标准态的压力已指定，所以标准态的热力学函数改变值与压力无关。通常查表所得热力学标准态的有关数据大多是 $T = 298.15$K 时的数据。

因此，在标准状态下，化学反应进度为 1mol 时，生成物的焓与反应物的焓之差称为摩尔反应焓，用 $\Delta_r H^\ominus$ 表示。

（4）盖斯定律 化学反应热效应是进行工艺设计的重要数据，但并非所有的化学反应热都能通过实验测定，有副反应发生的情况下，难以直接测定其热效应。例如：

$$C(\text{石墨}) + \frac{1}{2}O_2(g) \longrightarrow CO(g)$$

其热效应就不易测定，因为很难使反应仅停留在 CO(g) 这一步。

盖斯在总结了大量实验结果的基础上提出：一个化学反应，在整个过程是恒压或恒容时，不管是一步完成还是分几步完成，其热效应总值不变。这个结论称为盖斯定律。

盖斯定律是热力学第一定律的必然结果。因为在系统只做体积功的恒压或恒容条件下，反应热效应的数值取决于系统的始、终态，与过程无关。盖斯定律的重要意义在于使热化学反应方程式和代数方程式一样进行运算，由已知反应的热效应求算一些难于测定的反应的热效应。例如：

① $C(\text{石墨}) + O_2(g) \longrightarrow CO_2(g)$

$$\Delta_r H_{m,1}(298.15K) = -395.505\text{kJ} \cdot \text{mol}^{-1}$$

② $CO(g) + \dfrac{1}{2}O_2(g) \longrightarrow CO_2(g)$

$$\Delta_r H_{m,2}(298.15K) = -282.964\text{kJ} \cdot \text{mol}^{-1}$$

①－②得

③ $C(\text{石墨}) + \dfrac{1}{2}O_2(g) \longrightarrow CO(g)$

$$\Delta_r H_{m,3}(298.15K) = \Delta_r H_{m,1}(298.15K) - \Delta_r H_{m,2}(298.15K) = -112.541\text{kJ} \cdot \text{mol}^{-1}$$

（5）标准摩尔生成焓 标准状态下稳定单质的焓值为零。则由稳定单质直接化合生成 1mol 物质 B 时的标准摩尔反应焓，称为物质 B 的标准摩尔生成焓，用符号 $\Delta_f H_m^\ominus$（B，相态，T）表示，其中下标 f 表示生成反应，一些常用物质在 298.15K 时的标准生成焓 $\Delta_f H_m^\ominus$ 可在物理化学手册和本书附录 8 中查到。例如：

$$C(石墨) + O_2(g) \!=\!\!=\!\!= CO_2(g)$$

$$H_2(g) + \frac{1}{2}O_2(g) \!=\!\!=\!\!= H_2O(l)$$

$$6C(石墨) + 6H_2(g) + 3O_2(g) \!=\!\!=\!\!= C_6H_{12}O_6(s)$$

上述反应的标准摩尔反应焓分别是 $CO_2(g)$、H_2O（l）、$C_6H_{12}O_6$（s）的标准摩尔生成焓，表示为 $\Delta_f H_m^{\ominus}$（CO_2，g，298.15K）、$\Delta_f H_m^{\ominus}$（H_2O，l，298.15K）、和 $\Delta_f H_m^{\ominus}$（$C_6H_{12}O_6$，s，298.15K）。各种稳定单质的标准摩尔生成焓为零。非稳定相态单质的标准摩尔生成焓不为零。如 $\Delta_f H_m^{\ominus}$（C，石墨，298.15K）$= 0$，而 $\Delta_f H_m^{\ominus}$（C，金刚石，298.15K）$\neq 0$。

标准摩尔生成焓是衡量物质热稳定性的重要物理量之一。$\Delta_f H_m^{\ominus}$（B，相态，T）越负，物质 B 越稳定。可以从物理化学手册和本书附录 8 中查到各种物质的 $\Delta_f H_m^{\ominus}$（B，相态，298.15K）的数据。

（6）标准摩尔燃烧焓　标准状态下，1mol 物质 B 与氧气进行完全燃烧反应，生成指定的燃烧产物时的标准摩尔反应焓，称为物质 B 的标准摩尔燃烧焓，用 $\Delta_c H_m^{\ominus}$（B，相态，T）表示。完全燃烧或完全氧化是指燃烧物质变成最稳定的氧化物或单质，如 C 变成 CO_2，H 被氧化成 $H_2O(l)$，S、N、Cl 等元素分别变成 $SO_2(g)$、$N_2(g)$、HCl（水溶液）等。例如：

$$C(石墨) + O_2(g) \!=\!\!=\!\!= CO_2(g)$$

$$H_2(g) + \frac{1}{2}O_2(g) \!=\!\!=\!\!= H_2O(l)$$

$$C_6H_5NH_2(l) + 7\frac{3}{4}O_2(g) \!=\!\!=\!\!= 6CO_2(g) + 3\frac{1}{2}H_2O(l) + \frac{1}{2}N_2(g)$$

上述反应的标准摩尔反应焓分别是 C（石墨）、H_2（g）、$C_6H_5NH_2$（l）的标准摩尔燃烧焓，表示为 $\Delta_c H_m^{\ominus}$（C，石墨，298.15K）、$\Delta_c H_m^{\ominus}$（H_2，g，298.15K）和 $\Delta_c H_m^{\ominus}$（$C_6H_5NH_2$，l，298.15K）。

指定的燃烧产物及 O_2 的标准摩尔燃烧焓为零。例如在 298.15K，$\Delta_c H_m^{\ominus}$（O_2，g）$= 0$，$\Delta_c H_m^{\ominus}$（CO_2，g）$= 0$，$\Delta_c H_m^{\ominus}$（H_2O，l）$= 0$，$\Delta_c H_m^{\ominus}$（H_2O，g）$\neq 0$。

由标准摩尔生成焓和标准摩尔燃烧焓的定义可知：

$$\Delta_f H_m^{\ominus}(CO_2,g,T) = \Delta_c H_m^{\ominus}(C,石墨,T)$$

$$\Delta_f H_m^{\ominus}(H_2O,l,T) = \Delta_c H_m^{\ominus}(H_2,g,T)$$

可从物理化学手册和本书附录 9 中查到各种物质的 $\Delta_c H_m^{\ominus}$（B，相态，298.15K），应当注意，不同的书对指定燃烧产物的规定不完全相同。

2）标准摩尔反应焓的计算

焓是状态函数，体系在一定温度下由标准态的反应物变到标准态的生成物时，焓的改变值是确定的。为了解决这一问题，对反应物及产物均选用同样的基准，且规定了物质的标准摩尔生成焓、标准摩尔燃烧焓，从而可以计算化学反应的标准摩尔反应焓。

（1）由标准摩尔生成焓计算标准摩尔反应焓　有了各种物质的标准摩尔生成焓就可以方便地计算同一温度下化学反应的标准摩尔反应焓。例如，298K、100kPa 下：

① $C(石墨) + \frac{1}{2}O_2(g) \!=\!\!=\!\!= CO(g)$；$\Delta_r H_{m,1}^{\ominus} = \Delta_f H_m^{\ominus}(CO,g) = -110.54\text{kJ} \cdot \text{mol}^{-1}$

② $3Fe(s) + 2O_2(g) \!=\!\!=\!\!= Fe_3O_4(s)$；$\Delta_r H_{m,2}^{\ominus} = \Delta_f H_m^{\ominus}(Fe_3O_4,s) = -1117.13\text{kJ} \cdot \text{mol}^{-1}$

计算③ $4C(石墨) + Fe_3O_4(s) \!=\!\!=\!\!= 3Fe(s) + 4CO(g)$ 的标准摩尔反应焓 $\Delta_r H_{m,3}^{\ominus}$

根据盖斯定律，4①式－②式＝③式，因此，

$$4\Delta_r H_{m,1}^{\ominus} - \Delta_r H_{m,2}^{\ominus} = \Delta_r H_{m,3}^{\ominus}，即，$$

$$4\Delta_f H_m^{\ominus}(CO,g) - \Delta_f H_m^{\ominus}(Fe_3O_4,s) = \Delta_r H_{m,3}^{\ominus}$$

$$\Delta_r H_{m,3}^{\ominus} = [4\times(-110.54)-(-1117.13)]kJ\cdot mol^{-1} = 674.97kJ\cdot mol^{-1}$$

由上式表明，该反应的标准摩尔反应焓等于其产物的标准摩尔生成焓总和减去反应物的标准摩尔生成焓总和。

由上式可类推出一般化学反应的标准摩尔反应焓的计算公式。若将化学反应写成如下通式

$$aA+bB \longrightarrow eE+fF$$

则该反应的标准摩尔反应焓为

$$\Delta_r H_m^{\ominus}(T) = [e\Delta_f H_m^{\ominus}(E,T)+f\Delta_f H_m^{\ominus}(F,T)]-[a\Delta_f H_m^{\ominus}(A,T)+b\Delta_f H_m^{\ominus}(B,T)]$$

上式可简写成

$$\Delta_r H_m^{\ominus}(T) = \sum_B \nu_B \Delta_f H_m^{\ominus}(B,T) \tag{2.20}$$

【例 2.4】 利用标准摩尔生成焓数据，计算下列反应的 $\Delta_r H_m^{\ominus}$ （298.15K）。

$$2C_2H_5OH(g) = C_4H_6(g)+2H_2O(g)+2H_2(g)$$

解 查得在 298.15K 各有关物质的标准摩尔生成焓如下：

$$\Delta_f H_m^{\ominus}(C_2H_5OH,g) = -235.1kJ\cdot mol^{-1}$$

$$\Delta_f H_m^{\ominus}(C_4H_6,g) = 111.9kJ\cdot mol^{-1}$$

$$\Delta_f H_m^{\ominus}(H_2O,g) = -241.82kJ\cdot mol^{-1}$$

将查得的数据代入式(2.20)

$$\Delta_r H_m^{\ominus}(298.15K) = \sum_B \nu_B \Delta_f H_m^{\ominus}(B,298.15K)$$

$$= \Delta_f H_m^{\ominus}(C_4H_6,g)+2\Delta_f H_m^{\ominus}(H_2O,g)-2\Delta_f H_m^{\ominus}(C_2H_5OH,g)$$

$$= [111.9+2\times(-241.82)-2\times(-235.1)]kJ\cdot mol^{-1} = 98.46kJ\cdot mol^{-1}$$

【例 2.5】 反应 $2C_2H_2(g)+5O_2(g) = 4CO_2(g)+2H_2O(l)$ 在 298.15K 下的标准摩尔反应焓 $\Delta_r H_m^{\ominus}$ （298.15K） $= -2600.4kJ\cdot mol^{-1}$。已知相同条件下，$\Delta_f H_m^{\ominus}$ （CO_2, g） $= -393.5kJ\cdot mol^{-1}$ 和 $\Delta_f H_m^{\ominus}$ （H_2O, l） $= -285.8kJ\cdot mol^{-1}$。试计算乙炔 $C_2H_2(g)$ 的标准摩尔生成焓。

解 根据题中所给反应方程式，有

$$\Delta_r H_m^{\ominus}(298.15K) = 4\Delta_f H_m^{\ominus}(CO_2,g)+2\Delta_f H_m^{\ominus}(H_2O,l)-2\Delta_f H_m^{\ominus}(C_2H_2,g)-5\Delta_f H_m^{\ominus}(O_2,g)$$

故

$$\Delta_f H_m^{\ominus}(C_2H_2,g) = \frac{1}{2}[4\times(-393.5)+2\times(-285.8)-5\times0-(-2600.4)]kJ\cdot mol^{-1}$$

$$= 227.4kJ\cdot mol^{-1}$$

（2）由标准摩尔燃烧焓计算标准摩尔反应焓 多数有机物不能直接由单质合成，其生成热难以直接测定，但有机物都易氧化燃烧，有了各种物质的标准摩尔燃烧焓就可以方便地计算同一温度下化学反应的标准摩尔反应焓。

【例 2.6】 计算$(COOH)_2(s)+2CH_3OH(l) \longrightarrow (COOCH_3)_2(s)+2H_2O(l)$在 298.15K 下的标准摩尔反应焓。

解 查相关物质的标准摩尔燃烧焓数据（附录 9），可得下列燃烧反应的 $\Delta_r H_m^{\ominus}$

(298.15K)：

① $(COOH)_2(s) + 1/2O_2(g) \longrightarrow 2CO_2(g) + H_2O(l)$

$$\Delta_r H_{m,1}^{\ominus} = \Delta_c H_m^{\ominus}[(COOH)_2, s] = -246.0 \text{kJ} \cdot \text{mol}^{-1}$$

② $CH_3OH(l) + 3/2O_2(g) \longrightarrow CO_2(g) + 2H_2O(l)$

$$\Delta_r H_{m,2}^{\ominus} = \Delta_c H_m^{\ominus}[CH_3OH, l] = -726.8 \text{kJ} \cdot \text{mol}^{-1}$$

③ $(COOCH_3)_2(s) + 7/2O_2(g) \longrightarrow 4CO_2(g) + 3H_2O(l)$

$$\Delta_r H_{m,3}^{\ominus} = \Delta_c H_m^{\ominus}[(COOCH_3)_2, s] = -1678 \text{kJ} \cdot \text{mol}^{-1}$$

由①+2×②-③得

$(COOH)_2(s) + 2CH_3OH(l) \rightarrow (COOCH_3)_2(s) + 2H_2O(l)$

根据盖斯定律，该反应的标准摩尔反应焓为

$$\Delta_r H_m^{\ominus}(298K) = \Delta_c H_m^{\ominus}[(COOH)_2, s] + 2\Delta_c H_m^{\ominus}[CH_3OH, l] - \Delta_c H_m^{\ominus}[(COOCH_3)_2, s]$$
$$= [-246.0 + 2 \times (-726.8) - (-1678)]\text{kJ} \cdot \text{mol}^{-1} = -21.6 \text{ kJ} \cdot \text{mol}^{-1}$$

上式表明，该反应的标准摩尔反应焓等于反应物的标准摩尔燃烧焓总和减去产物的标准摩尔燃烧焓总和。

所以，利用 $\Delta_c H_m^{\ominus}$ （B，相态，T）计算任一反应的标准摩尔反应焓的公式可用下列通式表示：

$$\Delta_r H_m^{\ominus}(T) = -\sum_B \nu_B \Delta_c H_m^{\ominus}(B, T) \tag{2.21}$$

一些物质 298.15K 时的标准摩尔燃烧焓可由附录 9 查得。

【例 2.7】 已知 298.15K 时，$\Delta_c H_m^{\ominus}(C_2H_5OH, l) = -1367\text{kJ} \cdot \text{mol}^{-1}$，$\Delta_f H_m^{\ominus}(CO_2, g) = -393.5 \text{kJ} \cdot \text{mol}^{-1}$，$\Delta_f H_m^{\ominus}(H_2O, l) = -285.83 \text{ kJ} \cdot \text{mol}^{-1}$。求 298.15K 时 $C_2H_5OH(l)$ 的标准摩尔生成焓。

解　C_2H_5OH（l）的燃烧反应如下：

$$C_2H_5OH(l) + 3O_2(g) = 2CO_2(g) + 3H_2O(l)$$

$\Delta_f H_m^{\ominus}/\text{kJ} \cdot \text{mol}^{-1}$ 　　　　　　　　0　　　　　-393.5　-285.83

根据式(2.21)

$$\Delta_r H_m^{\ominus}(298.15K) = 2\Delta_f H_m^{\ominus}(CO_2, g) + 3\Delta_f H_m^{\ominus}(H_2O, l) - \Delta_f H_m^{\ominus}(C_2H_5OH, l)$$

因为该反应的 $\Delta_r H_m^{\ominus}(298.15K) = \Delta_c H_m^{\ominus}(C_2H_5OH, l)$，因此，

$$\Delta_f H_m^{\ominus}(C_2H_5OH, l) = 2\Delta_f H_m^{\ominus}(CO_2, g) + 3\Delta_f H_m^{\ominus}(H_2O, l) - \Delta_c H_m^{\ominus}(C_2H_5OH, l)$$
$$= [2 \times (-393.5) + 3 \times (-285.83) - (-1367)] \text{ kJ} \cdot \text{mol}^{-1}$$
$$= -277.49 \text{ kJ} \cdot \text{mol}^{-1}$$

3）标准摩尔反应焓与温度的关系

利用某一温度（298.15K）下的标准摩尔生成焓和标准摩尔燃烧焓只能计算同一温度下的标准摩尔反应焓，而许多重要的工业反应常在高温下进行，为此讨论标准摩尔反应焓与温度的关系。

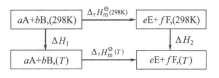

图 2.3　$\Delta_r H_m^{\ominus}$ （298.15K）与 $\Delta_r H_m^{\ominus}$ （T）之间的联系

设反应 $a\text{A} + b\text{B} \longrightarrow e\text{E} + f\text{F}$ 中，参加反应的各物质在 298.15K 和 T（K）时均处于标准态，其 $\Delta_r H_m^{\ominus}$ （298.15K）与 $\Delta_r H_m^{\ominus}$ （T）之间的联系可列出如图 2.3 所示。

由焓的性质可知：

$$\Delta H_1 + \Delta_r H_m^{\ominus}(T) = \Delta_r H_m^{\ominus}(298K) + \Delta H_2$$

因为
$$\Delta H_1 = \int_{298K}^{T} [\nu_A C_{p,m}(A) + \nu_B C_{p,m}(B)] dT$$

$$\Delta H_2 = \int_{298K}^{T} [\nu_E C_{p,m}(E) + \nu_F C_{p,m}(F)] dT$$

所以
$$\Delta_r H_m^\ominus(T) = \Delta_r H_m^\ominus(298K) + \Delta H_2 - \Delta H_1$$

$$\Delta_r H_m^\ominus(T) = \Delta_r H_m^\ominus(298K) + \int_{298K}^{T} \Delta_r C_{p,m} dT \tag{2.22}$$

式中
$$\Delta_r C_{p,m} = [\nu_E C_{p,m}(E) + \nu_F C_{p,m}(F)] - [\nu_A C_{p,m}(A) + \nu_B C_{p,m}(B)]$$

或
$$\Delta_r C_{p,m} = \sum_B \nu_B C_{p,m}(B) \tag{2.23}$$

式(2.22)称为基尔霍夫公式。

在应用基尔霍夫公式时应注意：若一化学反应在温度变化范围内，参加反应的物质有相态变化，则不能直接应用基尔霍夫公式。因为有相态变化时物质的热容随温度的变化不是一连续函数，不能直接计算。

【例 2.8】 已知反应 $N_2(g) + 3H_2(g) \Longrightarrow 2NH_3(g)$ 的 $\Delta_r H_m^\ominus(298.15K) = -92.22$ kJ·mol^{-1}，$C_{p,m}(N_2) = 29.65$ J·K^{-1}·mol^{-1}，$C_{p,m}(H_2) = 28.56$ J·K^{-1}·mol^{-1}，$C_{p,m}(NH_3) = 40.12$ J·K^{-1}·mol^{-1}。求此反应的 $\Delta_r H_m^\ominus(500K)$。

解 根据式(2.23)

$\Delta_r C_{p,m} = 2C_{p,m}(NH_3) - C_{p,m}(N_2) - 3C_{p,m}(H_2)$

$= (2 \times 40.12 - 29.65 - 3 \times 28.56)$ J·K^{-1}·mol^{-1} = -35.09 J·K^{-1}·mol^{-1}

将 $\Delta_r C_{p,m}$ 和 $T = 500K$ 代入式(2.22)

$\Delta_r H_m^\ominus(500K) = \Delta_r H_m^\ominus(298.15K) + \int_{298.15K}^{500K} \Delta_r C_{p,m} dT$

$= [-92.22 - 35.1 \times 10^{-3} \times (500 - 298.15)]$ kJ·mol^{-1} = -99.3 kJ·mol^{-1}

【例 2.9】 在 101325Pa 下，CO(g) 与 $H_2O(g)$ 进行下列反应：

$$CO(g) + H_2O(g) \Longrightarrow CO_2(g) + H_2(g)$$

求此反应的 $\Delta_r H_m^\ominus(723K)$。已知：

物 质	CO(g)	$CO_2(g)$	$H_2O(g)$	$H_2(g)$
$\Delta_f H_m^\ominus(298K)$/kJ·$mol^{-1}$	−110.52	−393.51	−241.82	0
$C_{p,m}$/J·K^{-1}·mol^{-1}	29.15	43.92	34.12	29

解

$\Delta_r H_m^\ominus(298.15K) = \Delta_f H_m^\ominus(CO_2) - \Delta_f H_m^\ominus(CO) - \Delta_f H_m^\ominus(H_2O,g)$

$= [-393.51 - (-110.52) - (-241.82)]$ kJ·mol^{-1} = -41.17 kJ·mol^{-1}

$\Delta_r C_{p,m} = [C_{p,m}(CO_2) + C_{p,m}(H_2)] - [C_{p,m}(CO) + C_{p,m}(H_2O)]$

$= [(43.92 + 29) - (29.15 + 34.12)]$ J·mol^{-1}·K^{-1} = 9.65 J·mol^{-1}·K^{-1}

所以 $\Delta_r H_m^\ominus(723K) = \Delta_r H_m^\ominus(298.15K) + \int_{298K}^{T} \Delta_r C_{p,m} dT$

$= [-41.17 + 9.65 \times 10^{-3}(723 - 298)]$ kJ·mol^{-1} = -37.07 kJ·mol^{-1}

4）恒容热与恒压热的关系

恒容热通常在带有密闭反应器的量热计（氧弹量热计）中进行。由于恒压热的测定比恒容热困难，但它的用处比恒容反应热更为广泛，因此，有必要找到恒压反应热与恒容反应热的关系，从而能间接得到恒压反应热。

在不做非体积功的条件下，根据焓的定义式，化学反应有

$$\Delta_r H_m = \Delta_r U_m + \Delta_r (pV_m)$$

对于恒温恒压反应过程，其反应热称为恒压热，$Q_{p,m} = \Delta_r H_m$，也称反应焓。

对于恒温恒容反应过程，其反应热称为恒容热，$Q_{V,m} = \Delta_r U_m$，也称反应热力学能变。

没有气体参加的凝聚态之间的化学反应，反应中的纯液体或固体及溶液部分，体积变化极小，对 $\Delta_r(pV_m)$ 的贡献很小，可以忽略。对于有气体参加的多相反应，将气体视为理想气体，则有

$$\Delta_r(pV_m) = [n(产物,g) - n(反应物,g)]RT = RT \sum_B \nu_B(g)$$

因此，

$$\Delta_r H_m = \Delta_r U_m + RT \sum_B \nu_B(g) \tag{2.24}$$

【例 2.10】 已知 298K 时下列反应的热力学能变 $\Delta_r U_m = -4.15 \times 10^3 kJ \cdot mol^{-1}$，求该反应在 298K 时的摩尔反应焓 $\Delta_r H_m$。

$$C_6H_{14}(l) + 9\frac{1}{2}O_2(g) \rule[0.5ex]{2em}{0.4pt} 6CO_2(g) + 7H_2O(l)$$

解 根据式(2.24)

$$\begin{aligned}
\Delta_r H_m &= \Delta_r U_m + RT \sum_B \nu_B(g) \\
&= [-4.15 \times 10^3 + (6-9.5) \times 8.314 \times 298 \times 10^{-3}] kJ \cdot mol^{-1} \\
&= -4.16 \times 10^3 \ kJ \cdot mol^{-1}
\end{aligned}$$

2.3　体积功的计算

在前面已经介绍，功是过程函数或途径函数，体积功的定义式为

$$\delta W = -p_{外} dV$$

若系统体积从 V_1 变化到 V_2，则所做的功需要对体积功的定义式作定积分：

$$W = -\int_{V_1}^{V_2} p_{外} dV$$

由于功是途经函数，从同一始态到同一终态，经过不同的途径做功的数值不同。

2.3.1　恒外压过程

若外压恒定，即恒外压过程，式(1.24) 可写为

$$W = -p_{外}(V_2 - V_1) \tag{2.25}$$

【例 2.11】 1mol 理想气体，始态体积为 1m³，压力为 600kPa，分别经下列三种不同途径：恒温膨胀到终态体积为 6m³、100kPa 时，求体系所做的功。三种途径如图 2.4 所示。

（1）自由膨胀；

（2）在外压等于终态压力下膨胀；

（3）先在外压等于 200kPa 下膨胀至平衡，然后再在外压等于 100kPa 下膨胀至

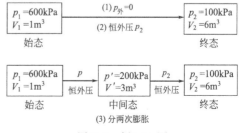

图 2.4　例2.11图

终态。

解 为了使步骤比较清楚，将三条途径表示如下

(1) 自由膨胀过程 $p_{外}=0$，根据式(1.25)

$$W_1 = -\int_{V_1}^{V_2} p_{外} \mathrm{d}V = -p_{外}(V_2-V_1) = 0$$

(2) 外力等于终态压力下的一次膨胀过程，根据式(2.25)

$$W_2 = -p_{外}(V_2-V_1) = [-100\times(6-1)]\mathrm{kJ} = -500\mathrm{kJ}$$

(3) 分两次完成的膨胀过程，第一次在 p' 下由 V_1 膨胀到 V'，第二次在 p_2 下由 V' 膨胀到 V_2，所以

$$W_3 = W_3' + W_3'' = -p'(V'-V_1) - p_2(V_2-V')$$
$$= [-200\times(3-1) - 100\times(6-3)]\mathrm{kJ}$$
$$= -700\mathrm{kJ}$$

比较以上计算结果可看出，由同一始态到达同一终态，过程不同所做的功不同，膨胀的次数越多，系统对环境做功越多。

2.3.2 恒压过程

对于恒压过程，式(1.24)可写为

$$W = -p(V_2-V_1) = -p\Delta V \tag{2.26}$$

对于自由膨胀过程（即系统向真空膨胀的过程），由于 p（环境）$=0$，所以

$$W = -\int_{V_1}^{V_2} p_{外} \mathrm{d}V = 0$$

对于恒容过程，由于 $\mathrm{d}V=0$，所以

$$W = -\int_{V_1}^{V_2} p_{外} \mathrm{d}V = 0$$

说明恒容过程无体积功。

一般来说，无论是单纯 pVT 变化、相变化还是化学变化，只要系统中有气相存在，系统的体积发生明显变化时才计算体积功，对于凝聚系统中发生的各种变化，除特别要求外，因体积变化很小，体积功很小，一般忽略不计。

值得注意的是，热和功是过程函数，若只知始终态，而不知过程的具体途径，无法计算过程的热和功，也不能任意假设途径计算过程的热和功。

在化学热力学中，体系状态发生变化时，通常不做其他功。今后如不特别指明，提到的功均指体积功。

【例 2.12】 在 100kPa 下，5mol 理想气体由 300K 升温到 800K。求此过程的功。

解 始态（300K，100kPa）$\xrightarrow{p=100\mathrm{kPa}}$ 终态（800K，100kPa）

此过程为理想气体恒压升温过程。根据式(2.26)

$$W = -p(V_2-V_1) = -p\left(\frac{nRT_2}{p} - \frac{nRT_1}{p}\right) = -nR(T_2-T_1)$$
$$= [-5\times8.314\times(800-300)]\mathrm{J} = -20785\mathrm{J}$$

【例 2.13】 逐渐加热 2mol、298K、101.3kPa 的水，使之成为 423K 的水蒸气，计算 Q、W、ΔU 及 ΔH。设水蒸气为理想气体。已知 $C_{p,\mathrm{m}}(\mathrm{l})=75.4\mathrm{J}\cdot\mathrm{mol}^{-1}\cdot\mathrm{K}^{-1}$，$C_{p,\mathrm{m}}(\mathrm{g})=33.5\mathrm{J}\cdot\mathrm{mol}^{-1}\cdot\mathrm{K}^{-1}$，水在 373K、101.3kPa 时的摩尔蒸发热为 40.7kJ·mol^{-1}。

解　该题与例 2.3 基本相同，在此基础上加上 W 及 ΔU 的计算。

该过程为一不可逆相变过程，而且是恒压过程 。

$$W = -p(V_2 - V_1) = -p\Delta V = -p \times (V_g - V_1) = -pV_g = -nRT$$
$$= [-2 \times 8.314 \times 423] \text{J} = -7033.6 \text{J}$$
$$\Delta U = Q + W = (96060 - 7033.6) \text{J} = 89026.4 \text{J}$$

此题在计算过程中，由于 pV_1 与 pV_g 相比很小可忽略不计。

2.3.3　恒温可逆过程

设有一汽缸，其上有一活塞。汽缸内装有一定量的理想气体。将此汽缸放在恒温箱中以维持气体温度恒定。开始时外压（用四个砝码表示，每个砝码表示 100kPa 的外压）与气体压力相等。活塞静止不动。然后降低外压（即取走一定量砝码），让气体按下列三种方式从始态 A 恒温膨胀到终态 B。

1）一次膨胀与压缩

从活塞上同时取走三个砝码（如图 2.5 所示），将外压骤降至 100kPa。由于 $p > p_{外}$，气体迅速膨胀至终态 B。在一次膨胀过程中，$p_{外}$ 恒定为 100kPa，所以系统对环境做的功为

$$W_1 = -p_{外}\Delta V = [-100 \times (24-6)] \text{kJ} = -1800 \text{ kJ}$$

按上述过程的反方向压缩回来，环境对系统做功为

$$W_1' = [-400 \times (6-24)] \text{kJ} = 7200 \text{kJ}$$

$|W_1'| > |W_1|$ 说明一次压缩时环境消耗的功大于一次膨胀时系统对环境做的功。

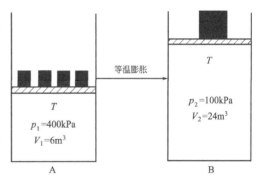

图 2.5　一次膨胀过程

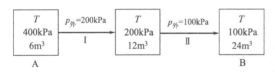

图 2.6　二次膨胀过程

2）二次膨胀与压缩

膨胀过程分两步完成，如图 2.6 所示。首先同时取走两个砝码，气体反抗 200kPa 的恒外压膨胀到中间平衡态（200kPa，12m³），然后再取走一个砝码，气体反抗 100kPa 的恒外压膨胀到终态 B。所以二次膨胀过程中系统对环境所做的功为

$$W = [-200 \times (12-6) - 100 \times (24-12)] \text{kJ} = -2400 \text{kJ}$$

按上述过程的反方向压缩回来，环境对系统做功为

$$W_2' = [-200 \times (12-24) - 400 \times (6-12)] \text{kJ} = 4800 \text{kJ}$$

显然，二次膨胀比一次膨胀做的功多一些。以此类推，膨胀次数越多，做的功就越多。膨胀次数若增加到无限多时，系统必然对环境做最大功。

二次压缩时环境消耗的功小于一次压缩时环境消耗的功，以此类推，压缩次数越多，环境消耗的功越少。压缩次数若增加到无限多时，环境必然消耗最小功。并且膨胀功与压缩功的差值越来越小。

3）可逆过程

将膨胀过程分无限多步完成。设想将活塞上四个砝码换成一堆等重的细砂。每取下一粒细砂，外压就减少无限小量 $\mathrm{d}p$，即降为 $(p - \mathrm{d}p)$，这时气体体积就膨胀无限小量 $\mathrm{d}V$。将细砂一粒一粒取下，气体的体积就逐渐膨胀，直到终态 B 为止。在整个可逆膨胀过程中，外

压始终保持比系统压力小一个无限小量 $\mathrm{d}p$，即 $p_外 = p - \mathrm{d}p$，所以系统对环境所做的功为

$$W_3 = -\int_{V_1}^{V_2} p_外 \mathrm{d}V = -\int_{V_1}^{V_2} (p - \mathrm{d}p)\mathrm{d}V = -\int_{V_1}^{V_2} p\mathrm{d}V$$

上式中忽略了二级无穷小 $\mathrm{d}p \cdot \mathrm{d}V$ 的积分。将 $p = \dfrac{nRT}{V}$ 代入上式积分得

$$W_3 = -\int_{V_1}^{V_2} \frac{nRT}{V}\mathrm{d}V = -nRT\ln\frac{V_2}{V_1} = -p_1V_1\ln\frac{V_2}{V_1}$$

$$= \left(-400 \times 6\ln\frac{24}{6}\right)\mathrm{kJ} = -3327.1\mathrm{kJ}$$

计算结果表明，这三个恒温膨胀过程虽然具有相同的始、终态，但功的数值不同。这说明功与变化途径有关，不是状态函数。在可逆膨胀过程中，系统反抗了最大外压 $p_外 = p - \mathrm{d}p$，因此对环境做最大功。

相反，将取下的细砂一粒一粒地放回到活塞上，则气体被缓慢地压缩到始态 A。在此压缩过程中，外压始终保持比系统压力大一个无限小量 $\mathrm{d}p$，即 $p_外 = p + \mathrm{d}p$ 所以环境对系统所做的功为

$$W'_3 = -\int_{V_2}^{V_1} p_外 \mathrm{d}V = -\int_{V_2}^{V_1} (p + \mathrm{d}p)\mathrm{d}V = -\int_{V_2}^{V_1} p\mathrm{d}V$$

$$= -\int_{V_2}^{V_1} \frac{nRT}{V}\mathrm{d}V = nRT\ln\frac{V_2}{V_1} = p_1V_1\ln\frac{V_2}{V_1}$$

$$= \left(400 \times 6\ln\frac{24}{6}\right)\mathrm{kJ} = 3327.1\mathrm{kJ}$$

计算结果表明，可逆压缩时环境消耗的功等于可逆膨胀时系统给环境的功。也就是说，体系经过可逆膨胀之后，再经可逆压缩回到原来状态 A 时，环境也同时恢复原状，在环境中没有功的得失。

4）可逆过程的特点

① 可逆膨胀过程的净推动力无限小，所以过程进行的速度无限缓慢，完成这个过程所需要的时间无限长。在可逆膨胀过程进行的每一瞬间，系统都无限接近于平衡状态。

② 可逆过程体系做最大功，环境消耗最少功。

$$W = -\int_{V_1}^{V_2} (p \pm \mathrm{d}p)\mathrm{d}V = -\int_{V_1}^{V_2} p\mathrm{d}V \tag{2.27}$$

对于理想气体 $\qquad W = -\int_{V_1}^{V_2} \dfrac{nRT}{V}\mathrm{d}V = -nRT\ln\dfrac{V_2}{V_1} = -nRT\ln\dfrac{p_1}{p_2} \tag{2.28}$

③ 若变化按原过程的逆方向进行，体系和环境可同时恢复原状。

应当指出，可逆过程是一个理想过程，在自然界中并不存在。但是任何一个实际过程在一定条件下总可以无限地接近于这个极限的理想过程。例如，理想气体分别在恒温和绝热条件下，内、外压相差一个极小值 $\mathrm{d}p$ 时的过程称为恒温可逆过程和绝热可逆过程，液体在其沸点时的蒸发、固体在其熔点时的熔化都是可逆相变过程等。

可逆过程是热力学中一个极其重要的概念，研究可逆过程的意义在于可将实际过程与可逆过程进行比较，从而确定提高实际过程效率的可能性。可逆过程中体系做最大功，环境消耗最小功，某些重要的热力学函数值，只有通过可逆过程方能求算，而这些函数的变化值在解决实际问题中起着重要作用。可逆过程中的物理量用下标"r"标记。

由于理想气体的热力学能和焓是温度的单值函数，所以理想气体的恒温过程

$$\Delta U = 0，\Delta H = 0$$

【例 2.14】　1mol 理想气体由 298.2K，600kPa 经反抗恒定外压 100kPa 膨胀至其体积为原来的 6 倍，压力等于外压时，计算此过程的 ΔU、ΔH、Q 及 W。

解　从题所给条件可知：

$p_1 V_1 = p_2 V_2$，因此 $T_2 = T_1 = 298.2K$，是恒温过程，对理想气体，有：

$$\Delta U = 0，\Delta H = 0$$

$$W = -p_{外}(V_2 - V_1) = -p_2(6V_1 - V_1) = -p_2 \times 5V_1 = -\frac{p_1}{6} \times 5V_1$$

$$= -\frac{5}{6}p_1 V_1 = -\frac{5}{6}RT_1 = \left[-\frac{5}{6} \times 8.314 \times 298.2\right]J = -2066J$$

$$Q = -W = 2066J$$

【例 2.15】　1molN$_2$ 从 27℃，1MPa 恒温可逆膨胀到 0.1MPa，再恒压升温至 127℃，求此过程 Q、W、ΔU 和 ΔH。该气体可视为理想气体，其 $C_{p,m} = 28J \cdot mol^{-1} \cdot K^{-1}$。

解　过程如下所示：

$$\boxed{\begin{array}{c}1molN_2(g)\\27℃，1.0MPa\end{array}} \xrightarrow[\text{恒温可逆}]{Q_1, W_1} \boxed{\begin{array}{c}1molN_2(g)\\27℃，0.1MPa\end{array}} \xrightarrow[\text{恒压过程}]{Q_2, W_2} \boxed{\begin{array}{c}1molN_2(g)\\127℃，0.1MPa\end{array}}$$

整个过程的 ΔU 及 ΔH

$$\Delta H = nC_{p,m}(T_2 - T_1)$$
$$= [1 \times 28 \times (400.15 - 300.15) \times 10^{-3}]kJ = 2.8kJ$$

$$\Delta U = nC_{V,m}(T_2 - T_1) = n(C_{p,m} - R)(T_2 - T_1)$$
$$= [1 \times (28 - 8.314) \times (400.15 - 300.15) \times 10^{-3}]kJ = 1.97kJ$$

$$W_1 = -nRT\ln\frac{p_1}{p_2} = \left[-1 \times 8.314 \times 300.15 \times 10^{-3}\ln\frac{1}{0.1}\right]kJ = -5.745kJ$$

$$W_2 = -nR(T_2 - T_1) = [-1 \times 8.314 \times (400.15 - 300.15) \times 10^{-3}]kJ = -0.831kJ$$

整个过程的 W 及 Q

$$W = W_1 + W_2 = (-5.745 - 0.831)kJ = -6.576kJ$$

$$Q = \Delta U - W = [1.97 - (-6.576)]kJ = 8.546kJ$$

2.3.4　理想气体绝热可逆过程

对于封闭体系的绝热过程，因 $Q = 0$，则有

$$W = \Delta U \tag{2.29}$$

对于 $W' = 0$ 的理想气体绝热过程，则有

$$W = \Delta U = \int_{T_1}^{T_2} nC_{V,m}dT \tag{2.30}$$

无论理想气体的绝热过程是否可逆，式（2.30）均成立。

若理想气体进行一微小的绝热可逆过程，则有

$$\delta W = dU$$

所以

$$nC_{V,m}dT = -p_{外}dV = -pdV = -\frac{nRT}{V}dV$$

整理得

$$C_{V,m}\frac{dT}{T} = -R\frac{dV}{V}$$

理想气体有
$$C_{p,m} - C_{V,m} = R$$

即
$$C_{V,m} \frac{dT}{T} = (C_{V,m} - C_{p,m}) \frac{dV}{V}$$

对于上式各项除以 $C_{V,m}$，令 $\gamma = C_{p,m}/C_{V,m}$，称为热容商。则上式写为
$$d(\ln T) = (1-\gamma) d(\ln V)$$

对于理想气体 γ 可取常数，对上式积分，得
$$\ln \frac{T_2}{T_1} = \ln \left(\frac{V_2}{V_1}\right)^{1-\gamma}$$

整理得
$$T_1 V_1^{\gamma-1} = T_2 V_2^{\gamma-1} \tag{2.31a}$$

或
$$TV^{\gamma-1} = 常数 \tag{2.31b}$$

式（2.31a）和式（2.31b）为理想气体绝热可逆过程方程，将理想气体状态方程代入上式，得
$$p_1 V_1^{\gamma} = p_2 V_2^{\gamma} \tag{2.32a}$$

或
$$pV^{\gamma} = 常数 \tag{2.32b}$$

和
$$p_1^{1-\gamma} T_1^{\gamma} = p_2^{1-\gamma} T_2^{\gamma} \tag{2.33a}$$

或
$$p^{1-\gamma} T^{\gamma} = 常数 \tag{2.33b}$$

式（2.31）、式（2.32）、式（2.33）均为理想气体绝热可逆过程方程式，表示理想气体绝热可逆过程中 p、V、T 的变化关系。

理想气体绝热可逆过程的体积功为
$$W = -\int_{V_1}^{V_2} p\,dV = -\int_{V_1}^{V_2} \frac{p_1 V_1^{\gamma}}{V^{\gamma}} dV = \frac{p_1 V_1}{\gamma-1} \left[\left(\frac{V_1}{V_2}\right)^{\gamma-1} - 1\right] \tag{2.34}$$

或
$$W = \frac{p_1 V_1}{\gamma-1} \left[\left(\frac{p_2}{p_1}\right)^{\frac{\gamma-1}{\gamma}} - 1\right] \tag{2.35}$$

式（2.34）和式（2.35）是由可逆过程导出的，故只能适用于理想气体的绝热可逆过程。

我们还可以导出绝热过程体积功计算式的其他形式。

由 $\gamma = C_{p,m}/C_{V,m}$ 及 $C_{p,m} - C_{V,m} = R$ 可得 $C_{V,m} = R/(\gamma-1)$，将此式代入式（2.30），则有
$$W = \frac{nR(T_2 - T_1)}{\gamma-1} \tag{2.36}$$

或
$$W = \frac{p_2 V_2 - p_1 V_1}{\gamma-1} \tag{2.37}$$

【例 2.16】 $2\,mol\ N_2$，$300K$ 时自 $100kPa$ 膨胀至 $10kPa$，已知 N_2 的 $C_{p,m} = 29.1 J \cdot mol^{-1} \cdot K^{-1}$，计算下列过程的 Q、W、ΔU 和 ΔH。（1）系统经绝热可逆膨胀；（2）系统经反抗 $10kPa$ 外压的绝热不可逆膨胀过程（可视为理想气体）。

解 因为绝热，两个过程的 $Q = 0$

（1）绝热可逆膨胀过程
$$\gamma = \frac{C_{p,m}}{C_{V,m}} = \frac{29.1}{29.1 - 8.314} = 1.4$$

由式（2.33）得
$$T_2 = T_1 \left(\frac{p_1}{p_2}\right)^{\frac{1-\gamma}{\gamma}} = \left[300 \times \left(\frac{100}{10}\right)^{\frac{1-1.4}{1.4}}\right] K = 155.4K$$

所以
$$W = \Delta U = nC_{V,m}(T_2 - T_1) = [2 \times (29.1 - 8.314)(155.4 - 300)]J = -6012J$$

$$\Delta H = nC_{p,m}(T_2 - T_1) = [2 \times 29.1(155.4 - 300)]J = -8416J$$

（2）恒外压的绝热不可逆膨胀过程

所以
$$W = -p_外(V_2 - V_1) = -nRp_外\left(\frac{T_2}{p_2} - \frac{T_1}{p_1}\right)$$

又
$$\Delta U = W$$

所以
$$-nRp_外\left(\frac{T_2}{p_2} - \frac{T_1}{p_1}\right) = nC_{V,m}(T_2 - T_1) \quad 且\ p_外 = p_2$$

整理化简得
$$T_2 = \frac{1}{C_{p,m}}\left(C_{V,m} + \frac{p_2}{p_1}R\right)T_1$$
$$= \frac{1}{29.1}\left[(29.1 - 8.314) + \frac{10}{100} \times 8.314\right] \times 300K = 223K$$

则过程的
$$W = \Delta U = nC_{V,m}(T_2 - T_1) = [2 \times (29.1 - 8.314)(223 - 300)]J = -3202J$$
$$\Delta H = nC_{p,m}(T_2 - T_1) = [2 \times 29.1(223 - 300)]J = -4482J$$

思考题

1. 凡是体系的温度升高时就一定要吸热，而温度不变时，则体系既不吸热也不放热。这种说法是否正确？举例说明。

2. 功和热都不是状态函数，为什么任一循环过程的功和热的总和均为零？

3. "物质的温度越高，则热量越多"或"开水比冷水含的热量多"，这两种说法是否正确？为什么？

4. 焓是状态函数，而热不是状态函数，怎样理解 $Q_p = \Delta H$？是否只有恒压过程才有 ΔH？

5. 下列说法是否正确

① 恒温过程的 Q 一定是零。

② 在绝热、密闭、坚固的容器中发生化学反应，ΔU 一定为零，ΔH 不一定为零。

③ 不可逆过程就是过程发生后，系统不能再复原的过程。

④ 当热由系统传给环境时，系统的焓必减少。

⑤ 一氧化碳的标准摩尔生成焓也是同温下石墨标准摩尔燃烧焓。

⑥ 对于理想气体，不管是恒压过程，还是恒容过程，公式 $\Delta H = \int C_p dT$ 都适用。

⑦ 尽管 Q 和 W 都是途径函数，但 $(Q+W)$ 的数值与途径无关。

6. 从同一初态出发，理想气体经绝热自由膨胀和绝热可逆膨胀，能否到达相同的终态？为什么？

7. 盖斯定律指出"不管化学变化是一步还是分几步完成，过程总的热效应相同"。然而，我们知道热是过程函数，两者是否矛盾？

8. 试举出三个化学反应，它们的反应热效应可以说是反应物中某物质的生成焓又可以是该反应中另一物质的燃烧焓。

习题

1. 已知水的恒压摩尔热熔 $C_{p,m} = 75.3J \cdot mol^{-1} \cdot K^{-1}$，若将 300mol 的水从 373K 冷却到 293K，求体系放出多少热量。

2. 在冬天，人体吸入 -10℃ 的空气，并在体内加热到 37℃。如果吸入 1mol 空气，人体需消耗多少焦耳的热量？设空气为理想气体，$C_{p,m} = \dfrac{7}{2}R$。

3. 已知 $CH_4(g)$ 的 $C_{p,m} = [22.34 + 48.12 \times 10^{-3}\,T/K]$ J·mol^{-1}·K^{-1}。试计算 1mol 的 $CH_4(g)$ 在恒定压力为 100kPa 下从 25℃升温到其体积增加一倍时的 ΔH 和 ΔU。

4. 恒定 101.3kPa 下，2mol、50℃的液态水，使之成为 150℃的水蒸气，求过程的热。设水蒸气为理想气体。已知 $C_{p,m}$ (l) $= 75.31$ J·mol^{-1}·K^{-1}，$C_{p,m}$(g) $= 33.47$ J·mol^{-1}·K^{-1}，水在 100℃、101.3kPa 时的摩尔蒸发焓为 40.67kJ·mol^{-1}。

5. 某体系在恒定外压 3.0MPa 的作用下被压缩，体积缩小了 1200cm^3，计算体系与环境交换的体积功。

6. 将初态为 101.3kPa、100℃、2mol 的氮气（可视为理想气体），在 3×101.3kPa 的压力下恒温压缩到 0.02m^3，求 W、Q、ΔU、ΔH。

7. 计算下列四个过程 1mol 理想气体的膨胀功。已知气体的初态体积为 25dm^3，终态体积为 100dm^3。初、终态的温度均为 100℃。(1) 可逆恒温膨胀；(2) 向真空膨胀；(3) 外压恒定为终态压力下的膨胀；(4) 开始膨胀时，外压恒定为体积等于 50dm^3 时的平衡压力，当膨胀到体积为 50dm^3 时，再在体积为 100dm^3 的平衡压力下膨胀到终态。试比较这四个过程功的数值，结果说明了什么？

8. 1mol 理想气体，在 373K 时，由 1013kPa 恒温膨胀到 101.3kPa。

(1) 若可逆膨胀，计算过程的 Q、W、ΔU 和 ΔH。

(2) 若自由膨胀，计算过程的 Q、W、ΔU 和 ΔH。

9. 1mol 理想气体从 300K 恒容升温到 500K。求此过程的 Q、W、ΔU、ΔH。已知 $C_{V,m} = \dfrac{3}{2}R$。

10. 现有 1mol 理想气体在 202.65kPa、10dm^3 时恒容升温，使压力升至初压的 10 倍，再恒压压缩到体积为 1dm^3。求整个过程的 Q、W、ΔU、ΔH。

11. 2mol，298K 的理想气体，经恒容加热后，又经恒压膨胀，最终温度达到 598K，整个加热过程中环境传递的热为 15797J，已知该气体的 $C_{p,m} = 29.1$ J·K^{-1}·mol^{-1} 求：(1) 系统在膨胀过程中所做的功；(2) 恒容与恒压热各为多少？

12. 将 2mol 理想气体从 $T_1 = 300$K、$p_1 = 101.3$kPa 绝热可逆压缩至 p_2、T_2 共消耗功 300J，求最终温度 T_2 和压力 p_2 $\left($已知 $C_{p,m} = \dfrac{5}{2}R\right)$。

13. 在 0℃、101.325kPa 下，有 11.2dm^3 的双原子分子理想气体，连续经下列可逆变化：① 首先恒压升温到 273℃；②再恒温压缩体积回复到 11.2dm^3；③最后再恒容降温到 0℃。

(1) 试用 p-V 图表示整个过程；

(2) 计算每一过程的 Q、W、ΔU、ΔH。

(3) 计算整个过程的 Q、W、ΔU、ΔH。

14. 1.28mol 液态苯在沸点 353.4K、101.3kPa 下蒸发，汽化热为 30.7kJ·mol^{-1}。试计算 Q、W、ΔH、ΔU（过程中的相变都在可逆条件下完成，蒸气可视为理想气体）。

15. 在 101.3kPa 下，逐渐加热 2mol、0℃的冰，使之成为 100℃的水蒸气。已知水的 $\Delta H_{凝固} = -6008$ J·mol^{-1}；$\Delta H_{升华} = 46676$ J·mol^{-1}；液态水的 $C_{p,m} = 75.3$ J·K^{-1}·mol^{-1}（过程中的相变都在可逆条件下完成，蒸气可视为理想气体），计算该过程的 Q、W、ΔH、ΔU。

16. 已知聚合反应 $2C_3H_6(g) \longrightarrow C_6H_{12}(g)$ 在 298.15K 时的 $\Delta_r H_m = 49.03$kJ·mol^{-1}，求该反应在 298.15K 时的 $\Delta_r U_m$。

17. 查表，由标准摩尔燃烧焓计算 25℃ 时下列反应的标准摩尔反应焓。

$$C_3H_8(g) \longrightarrow CH_4(g) + C_2H_4(g)$$

18. 计算反应 $CH_3COOH(g) \longrightarrow CH_4(g) + CO_2(g)$ 在 727℃ 时的标准摩尔反应焓。已知该反应在 25℃ 时的标准摩尔反应焓为 $-36.12kJ \cdot mol^{-1}$，$CH_3COOH(g)$、$CH_4(g)$ 与 $CO_2(g)$ 的平均摩尔恒压热容分别为 $66.5J \cdot mol^{-1} \cdot K^{-1}$、$35.309J \cdot mol^{-1} \cdot K^{-1}$ 与 $37.11J \cdot mol^{-1} \cdot K^{-1}$。

19. 25℃ 时乙苯（l）的标准摩尔生成焓 $\Delta_f H_m^\ominus = -18.60kJ \cdot mol^{-1}$，苯乙烯（l）的标准摩尔燃烧焓 $\Delta_c H_m^\ominus = -4332.8kJ \cdot mol^{-1}$，C（石墨）和 $H_2(g)$ 的标准摩尔燃烧焓分别为 $-393.5kJ \cdot mol^{-1}$ 和 $-285.8kJ \cdot mol^{-1}$。计算在 25℃、100kPa 时乙苯脱氢反应：

$$C_6H_5C_2H_5 \ (l) \longrightarrow C_6H_5C_2H_3 \ (l) + H_2(g)$$

的标准摩尔反应焓。

20. 已知 298K 时：

物质	$\Delta_f H_m^\ominus / kJ \cdot mol^{-1}$	$C_{p,m} / J \cdot mol^{-1} \cdot K^{-1}$
$CO(g)$	-111	29.14
$CO_2(g)$	-394	37.13
$H_2(g)$	0	28.83
$CH_3OH(g)$	-201.2	45.2
$H_2O(g)$	-242	33.57
$H_2O(l)$	-286	75.3

求 （1） $H_2(g)$ 的燃烧焓。

（2） $CH_3OH(g)$ 的燃烧焓为多少。

（3） $CO(g) + 2H_2(g) \rightleftharpoons CH_3OH(g)$ 反应的 $\Delta_r H_m^\ominus$ （298K）为多少 $kJ \cdot mol^{-1}$。

（4） 该反应的 $\Delta_r U_m^\ominus$ （298K）为多少 $kJ \cdot mol^{-1}$。

（5） 计算 $CO(g) + 2H_2(g) \rightleftharpoons CH_3OH(g)$ 在 670K 时的 $\Delta_r H_m^\ominus$ （670K）。

第3章　过程变化方向判断和平衡限度计算

学习目的与要求

① 了解热力学第二定律与卡诺定理的联系。

② 理解热力学第二、第三定律的内容及含义。

③ 明确熵的物理意义、性质、判据以及熵与过程的关系，理解克劳修斯不等式。

④ 掌握单纯 p、V、T 变化过程，相变过程体系熵变和环境熵变以及隔离体系熵变的计算，并用隔离体系的熵变判断过程自发方向。

⑤ 掌握标准摩尔熵和化学反应标准摩尔反应熵的计算。

⑥ 掌握吉布斯函数的性质、判据及其条件，掌握 ΔG 的计算应用。

⑦ 理解亥姆霍茨函数及其判据。

⑧ 掌握热力学的基本方程及应用条件，掌握麦克斯韦关系式。

⑨ 理解偏摩尔性质及化学势，能应用化学势判断过程的自发方向。

⑩ 掌握化学反应的等温方程式并用之来判断化学反应的方向。

⑪ 理解标准平衡常数的意义，区分 J_p 与 $K^{\ominus}$，掌握 $K^{\ominus}$ 与 K_p、$K_c^{\ominus}$、K_y、K_n 之间的关系，掌握多相反应标准平衡常数的表示。

⑫ 掌握标准平衡常数与平衡组成的计算。

⑬ 掌握标准平衡常数与温度的关系，会利用等压方程进行有关计算

⑭ 掌握压力、惰性气氛对平衡影响所得的结论。

热力学第一定律是能量守恒与转化定律。自然界实际发生的过程，都服从热力学第一定律。但是，并非所有的服从热力学第一定律的过程都能自动发生。例如，热自动地由高温物体流向低温物体；高压气体总向低压方面膨胀；高处的水总向低处流动。如要使这类过程按相反方向变化，则不能自动进行，需要环境帮助，这些过程都不违背热力学第一定律。对于在指定条件下，某个过程能否自动发生；若能发生，进行到什么程度为止；若不能自动发生，能否改变条件促使其发生等，有关过程方向和限度的问题，热力学第一定律无法回答。自然界中一些简单的过程，人们仅凭经验，便能得到判断某一过程自发进行的可能性、方向和限度的依据。但是对于复杂过程，只凭经验是难以回答的。由此可见，必须以人类长期和广泛的经验为基础，运用科学的研究方法，找出对任何一个热力学体系在一定条件下所进行的热力学过程均可使用的判断标准。如何判断自然界中任何一种变化过程的方向和限度，是热力学第二定律所要解决的中心问题。

3.1　热力学第二定律

3.1.1　自发过程及其特征

自发过程是指不需外力帮助就能自动进行的过程。而借助外力才能进行的过程称为非自

发过程（或反自发过程）。在自然界中，各种自发过程都具有以下特征：

1）自发过程都有确定的方向及限度

例如气体流动，气体总是自发的由高压处向低压处流动，限度为 $\Delta p = 0$；热传导，热总是自发地由高温物体传向低温物体，限度为 $\Delta T = 0$；电流流动，电流总是由高电势处向低电势处流动，限度为 $\Delta E = 0$；水的流动，水总是由高处向低处流动，限度为 $\Delta h = 0$。相反的过程是不会自动进行的。例如要使水从低处往高处流，必须使用抽水机，消耗环境输入的功才能实现。因此，任何自发过程都有确定的方向及限度。

2）自发过程是热力学的不可逆过程

自发过程都有确定的方向及限度，热力学体系发生一个自发过程之后借助于外界的帮助，特别是借助于环境输入的功，可以使过程逆着原来的方向进行，从而使体系恢复到原来的状态。但体系恢复了原状的同时，一定会在环境中留下一些永久性的不可消除的变化为代价，例如，高压气体向低压方面膨胀，这是一个自发过程。如果通过适当的装置——气轮机，当气体从高压部分流向低压部分时，冲击了气轮机的风叶，便可对外做功，直到两部分气体的压力相等达到限度而终止。如果要使体系回到原来状态，则不可能自动进行，必须依靠外界通过压缩机、真空泵等对体系做功才能实现，因此体系可以回到原来状态，环境却要消耗一定数量的功而换来一定的热。为简明起见，设为理想气体向真空膨胀是自发过程，根据热力学第一定律可知，$\Delta U = 0$、$\Delta T = 0$、$W = 0$、$Q = 0$。为了使膨胀后的气体恢复原状，设想一个恒温压缩过程便可实现。在恒温压缩过程中，环境对系统做功 W，同时系统对环境放热 $|Q|$，且 $Q = -W$。因此，系统回到原来状态时，环境失去了功，得到了热，发生了功转变为热的变化。如果环境所得到的热能全部变为功且不引起其他任何变化，环境也就复原了。人类的实践经验证明，这是不可能的。所以，理想气体恒温向真空膨胀是不可逆过程。高压气体向低压方面膨胀的过程也同样是不可逆过程。也就是说，一个自发变化发生之后，体系和环境不可能同时复原，而不留下任何影响，不可逆过程是一切自发变化的共同特点。

3）向能量分散度增大的方向进行

重物下落，一个质量为 m 的重物离地面高度 h，因重力的作用具有势能 mgh。重物落地是一个自发过程。当重物撞击地面时，原来集中于重物上的势能消失，转化成了等量的热。这些热将升高与重物接触的地面分子的温度，加剧这些分子的无序振动，这些分子还会借助振动把能量传递给周围更多的分子，直到温度均匀为止，在这个简单的例子中，只要把重物和地面看成一个大的隔离系统，那么上述自发过程是向着能量分散度增大的方向进行。反之，构成地面的大量分子借助分子振动而把等量的能量集中到与重物接触的那些分子上，通过振动，把能量传递给重物，使重物回到原来的高度，这是不可能的。

理想气体自动向真空膨胀，充满全部空间，是自发过程。如果取理想气体作隔离系统，该过程中气体分子活动空间的扩大与能量分散程度的增大是一致的，所以该自发过程也是向着能量分散度增大的方向进行。反之，理想气体分子不会自动集中到某一部分体积中。

通过分析，自发过程是隔离体系向着能量分散度增大的方向进行。隔离体系的能量分散程度是体系中大量微观质点某些运动情况的综合表现，故应体现出一种宏观性质，也就是状态函数。把这个代表着隔离体系能量分散程度的状态函数称为熵，用 S 表示。

3.1.2　热力学第二定律

热力学第二定律和第一定律一样是人类经验的总结，它在理论上的发展给人们提供了判断过程自发方向和限度的普遍标准。有多种表述方法，其中常被人们引用的是下面两种说法。

1）开尔文说法

不可能从单一热源吸热使之全部变为功而不引起其他变化。开尔文的说法又可表述为：第二类永动机不可能实现。所谓第二类永动机就是一种能从单一热源（如大气、海洋、地面）吸热，并将其全部变为功而无其他影响的机器。实践证明这类机器是不可能造成的。

2）克劳修斯说法

热不可能自动地从低温物体传递给高温物体。这种表述指明了热传导的不可逆性。

对于开尔文说法，应当注意这里并没有说热不能完全变为功，而是说在不引起其他变化的条件下，从单一热源取出的热不能完全转变为功。例如理想气体恒温膨胀时，$\Delta U = 0$，$W = -Q$，吸收的热全部变为功，但系统的体积变大了，压力变小了。开尔文说法指明了热功转化的不可逆性。

克氏与开氏的说法都是指出某种自发过程的逆过程是不能自动进行的。这两种说法是完全等效的。

3.2 熵及其判据

3.2.1 卡诺循环

热转变为功的最大限度问题是随着热机的发展和改进而提出的。通过工作物质，从高温热源吸热、向低温热源放热并对环境做功的循环操作的机器成为热机，热机是将热转化为功的机器。由于热机的不断改进，热转化为功的比率不断增加。当热机改进得十分完善，即成为一个理想的热机时，热能否全部转变为功呢？在 1842 年，卡诺以理想气体为工作物质，研究理想热机在两个热源之间，通过两个恒温可逆过程和两个绝热可逆过程所组成的可逆循环过程，得出了热转变为功的最大效率。这种循环称为卡诺循环。

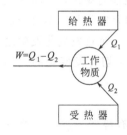

图 3.1 卡诺热机

假设有两个热源（见图 3.1），其热容为无限大，不因吸热或放热而影响其温度。高热源的温度为 T_1，低热源的温度为 T_2。将 1mol 理想气体放在带有活塞的汽缸中。设活塞无摩擦和无重力。从最初状态 $A(p_1$、V_1、T_1）开始，经历下列四个可逆过程所组成的循环恢复到 A（见图 3.2）。

① 过程 A—B：恒温可逆膨胀过程。将汽缸与 T_1 的高温热源接触，理想气体从高温热源吸热 Q_1 恒温可逆膨胀到状态 $B(p_2$、V_2、T_1），因为是理想气体的恒温过程，$\Delta U_1 = 0$，从而

$$Q_1 = -W_1 = \int_{V_1}^{V_2} p dV = \int_{V_1}^{V_2} \frac{RT}{V} dV = RT_1 \ln \frac{V_2}{V_1}$$

气体所吸热量 Q_1 全部变成膨胀功 W_1 在图 3.2 中相当于 A-B-V_2-V_1-A 的面积。

② 过程 B—C：绝热可逆膨胀过程。把汽缸离开 T_1

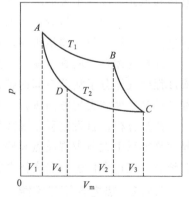

图 3.2 卡诺循环

热源，使汽缸与外界隔绝热的交换。气体在汽缸中继续绝热可逆膨胀至状态 $C(p_3$、V_3、$T_2)$。因是绝热过程，故 $Q'=0$，体系所做膨胀功等于消耗的内能，致使气体的温度由 T_1 降至 T_2，因此

$$W_2 = \Delta U_2 = C_V(T_2-T_1) = -C_V(T_1-T_2)$$

W_2 相当于图 3.2 中 $B\text{-}C\text{-}V_3\text{-}V_2\text{-}B$ 的面积。

③ 过程 C—D：恒温可逆压缩过程。将气体与温度为 T_2 的低温热源相接触，气体经恒温可逆压缩至状态 $D(p_4$、V_4、$T_2)$，选择 D 点使经过最后一步绝热可逆压缩过程，体系恰好回到最初状态。同理，

$$\Delta U_3 = 0, \quad Q_2 = -W_3 = RT_2\ln\frac{V_4}{V_3}$$

由于是压缩过程，$V_4 < V_3$，所以 $Q_2 = -W_3 < 0$，即外界对体系做压缩功 W_3，同时体系则将 Q_2 的热量传给温度为 T_2 的低温热源，W_3 相当于图中 $C\text{-}D\text{-}V_4\text{-}V_3\text{-}C$ 的面积。

④ 过程 D—A：绝热可逆压缩过程。将汽缸离开 T_2 热源，使其中气体经绝热可逆压缩回到最初状态 $A(p_1$、V_1、$T_1)$。因为是绝热过程，$Q'=0$，气体在压缩过程中被做功 W_4，使热力学能增加，即

$$W_4 = \Delta U_4 = C_V(T_1-T_2) = -C_V(T_2-T_1)$$

外界对体系所作的压缩功为 W_4，相当于图中 $D\text{-}A\text{-}V_1\text{-}V_4\text{-}D$ 的面积。

以上四个过程构成一个可逆循环，体系由最初状态 A 出发，最后又回到 A 点，所有的状态函数不变，因此整个循环过程的热力学能变化值

$$\Delta U = \Delta U_1 + \Delta U_2 + \Delta U_3 + \Delta U_4 = 0$$

从热力学第一定律得出整个循环过程的热和功为

$$Q = Q_1 + Q_2 = -W = -(W_1 + W_2 + W_3 + W_4)$$

因为

$$W_2 = -W_4$$

所以

$$Q_1 + Q_2 = -(W_1 + W_3) = -RT_1\ln\frac{V_2}{V_1} + RT_2\ln\frac{V_4}{V_3} \tag{3.1}$$

因为过程 B—C 和过程 D—A 都是可逆绝热过程，由式(2.31a) 可得：

$$T_1 V_2^{\gamma-1} = T_2 V_3^{\gamma-1}$$
$$T_1 V_1^{\gamma-1} = T_2 V_4^{\gamma-1}$$

两式相除，得

$$\frac{V_2}{V_1} = \frac{V_3}{V_4}$$

代入式(3.1)，得

$$Q_1 + Q_2 = RT_1\ln\frac{V_2}{V_1} + RT_2\ln\frac{V_1}{V_2} = RT_1\ln\frac{V_2}{V_1} - RT_2\ln\frac{V_2}{V_1} = R\,(T_1-T_2)\,\ln\frac{V_2}{V_1} = -W$$

体系自高温热源 T_1 吸热 Q_1，经过循环过程对外界做出的总功 W 相当于图中 $A\text{-}B\text{-}C\text{-}D\text{-}A$ 的面积，将此总功的负值（因总功本身为负值，即膨胀功大于压缩功），即在一次循环过程中热机对环境所做的功 $-W$ 与其从高温热源吸收的热 Q_1 之比称为热机效率 η，故

$$\eta = \frac{-W}{Q_1} = \frac{Q_1+Q_2}{Q_1} = \frac{R(T_1-T_2)\ln\dfrac{V_2}{V_1}}{RT_1\ln\dfrac{V_2}{V_1}} = \frac{T_1-T_2}{T_1} \tag{3.2}$$

由此可知，卡诺循环中各个过程都是可逆的，是功损失无限小的过程。故在 T_1 与 T_2 两热

源间进行循环的热机以卡诺循环的热机效率最大。这一结论称为卡诺定理，它有如下意义。

① 是在给定条件下热机效率所能达到的极限。

② 即使在可逆循环情况下，自高温热源所吸的热，也只有一部分转变为功，其余部分传给低温热源，这样才能循环不断地变热为功。

③ 可逆热机效率仅与两热源的温度有关。T_1 与 T_2 两热源的温度差越大则 η 值越大。低温热源一般为大气温度或冷却水温，故 $0 < \eta < 1$。当高温热源温度一定时，由于冬季的水温或气温低于夏季，可逆热机效率总是冬季大于夏季。降低 T_2 较为困难，故采用提高给热器温度 T_1，是增大热机效率的一个较为便利的途径，因此蒸汽机中常使用高压下的过热蒸汽。

④ 若 $T_1 = T_2$ 时，则 $\eta = 0$，这说明从单一热源取热做功（第二类永动机）是不能实现的。

【例 3.1】 有一可逆热机在 120℃ 与 30℃ 间工作，若要此热机供给 1000J 的功，则需要从热源吸取多少热量？

解 先求出该热机的最大效率后，即可求得所需的热量。

$$\eta = \frac{-W}{Q_1} = \frac{T_1 - T_2}{T_1} = \frac{393.2K - 303.2K}{393.2K} = 22.89\%$$

$$Q_1 = \frac{-W}{\eta} = \frac{1000J}{0.2289} = 4369J$$

【例 3.2】 一冷冻机在冷冻箱为 0℃，其周围环境为 25℃ 间工作，若要在冷冻箱内使 1kg 0℃ 的水结成 0℃ 的冰，则（1）需供给冷冻机多少功？（2）冷冻机将传递给环境多少热量？（已知水的凝固热为 319.66J·g^{-1}。）

解 冷冻机是与热机操作过程相反的机械。它从较冷热源吸取热量，接受外功后将热量输送给温度较高的环境。通常将冷冻机的冷冻系数 β 表示为冷冻机所接受的功与从低温热源所吸收的热 Q_1' 之比，即 $\beta = \dfrac{Q_1'}{W} = \dfrac{T_1}{T_2 - T_1}$

1kg 的水凝结成 1kg 的冰时，冷冻机所吸取的热量为 $Q_1' = 319.66 \times 1000J$

而 $T_1 = 273.15K$，$T_2 = 298.15K$，

故

$$(1) \quad \beta = \frac{319.66 \times 1000J}{W} = \frac{273.15K}{298.15K - 273.15K}$$

$$W = 23405J$$

即环境对体系做了 23405J 的功。

$$(2) \quad -Q_2' = Q_1' + W = 319660J + 23405J = 343060J = 343.06kJ$$

故

$$Q_2 = -343.06kJ$$

即冷冻机传递给环境 343.06kJ 的热。

3.2.2 熵

1）熵的物理意义

熵是能量分散的度量；或者说熵是体系内部分子热运动混乱度的度量。

玻耳兹曼（Boltzmann）用统计方法得出熵与系统混乱度 Ω 之间的关系，称为玻耳兹曼关系式：

$$S = k \ln \Omega \tag{3.3}$$

式中，k 是玻耳兹曼常数。此式表明，体系的熵值随着体系的混乱度增加而增大，借此可以分析如下：

① 物质的温度升高时，分子热运动增强，其混乱度增大，故熵值增大；压力增大熵值减小；体积增大熵值增大。

② 对同一物质来说，气体的摩尔熵大于液体的摩尔熵大于固体的摩尔熵。当物质处于固态时，分子（或离子、原子）有规则地排列在晶格上。分子只能在各自的中心位置附近振动，而不能任意移动到其他的位置。当物质处于液态时，分子不再固定在一个位置上了，可以液体内部自由地移动和转动。液体的混乱度大于固体，而气体的混乱度大于液体。

③ 两种气体或两种液体在一定温度和压力下混合时，由组成单一的纯物质变成两种分子杂乱混合的混合物，混乱度增大，故混合过程熵增大。

④ 一个体系的物质的量增多时，混乱度增大，体系的熵值增大。

在体系比较复杂的情况下，定性估计熵的大小，不一定能得到正确的结果，需要定量计算，来判断过程的方向与限度。

2）熵变

克劳修斯在研究卡诺循环时发现，始终态相同的各种可逆过程的热温商之和 $\int_1^2 \dfrac{\delta Q_r}{T}$ 相等。可逆过程的热温商之和只决定于体系始终态的这种性质正是状态函数改变量所具有的性质，因此定义：可逆过程的热温商之和等于体系的熵变，即

$$\Delta S = S_2 - S_1 = \int_1^2 \frac{\delta Q_r}{T} \tag{3.4}$$

式中 1 和 2 分别表示系统的始态和终态。若是无限小的变化，则有

$$dS = \frac{\delta Q_r}{T} \tag{3.5}$$

熵是体系的广延性质、状态函数。其单位是 $J \cdot K^{-1}$。需要说明的是，体系由同一始态变化到同一终态，无论过程是否可逆，状态函数熵的变化值 ΔS 是相同的，因此，在计算不可逆过程的熵变时，要将不可逆过程设计成始、终态相同的可逆过程后计算其热温商，即为熵变。

克劳修斯还发现，只有可逆过程的热温商之和才等于体系的熵变，不可逆过程的热温商之和小于体系的熵变，即

$$\Delta S > \int_1^2 \frac{\delta Q_{ir}}{T_{环境}} \tag{3.6}$$

式中，下标 ir 表示不可逆过程；$T_{环境}$ 是环境温度（或热源温度）。在不可逆过程中，$T_{环境}$ 一般不等于系统温度 T。将式(3.5)和式(3.6)合并得

$$\Delta S \geqslant \int_1^2 \frac{\delta Q}{T} \begin{cases} > 不可逆 \\ = 可逆 \end{cases} \tag{3.7}$$

上式称为克劳修斯不等式。它描述了封闭体系中任意过程的熵变与热温商之和在数值上的相互关系。因此，当体系发生状态变化时，只要设法求得该变化过程的熵变和热温商之和，比较二者大小，就可知道过程是否可逆。

3）熵判据

对于隔离体系，可以用熵作为判据，以确定过程进行的方向及限度。隔离体系中，不可

逆过程一定是自发过程。在自发过程的特征中已经描述，隔离体系中，一个自发过程总是向着能量分散度增大的方向进行，而熵代表能量分散度，因此可以说，一个自发过程总是向着熵值增大的方向进行，当增到极大值时，熵不再发生变化，此时 $\Delta S = 0$。称为熵的增大原理。

$$\Delta S_{隔离} \geqslant 0 \begin{cases} >自发过程 \\ =平衡 \end{cases} \tag{3.8}$$

隔离系统不可能发生熵值减小的变化。

熵的增大原理，是隔离体系中过程能否自发进行或体系是否处于平衡状态的判断依据，简称熵判据。熵判据在使用时有其局限性，因为真正的隔离系统是不存在的，常遇到的是封闭体系，如果把体系和与体系有关的环境放在一起，构成一个新体系——隔离体系，其熵变为 $\Delta S_{隔}$。则有

$$\Delta S_{隔} = \Delta S_{体系} + \Delta S_{环境} \geqslant 0$$

$$\Delta S_{总} \geqslant 0 \begin{cases} >不可逆 \\ =可逆 \end{cases} \tag{3.9}$$

式(3.7)、式(3.9) 称为克劳修斯不等式，是热力学第二定律数学表达式，是封闭体系任意过程是否可逆的判据。

3.3　熵变的计算

要判断过程进行的方向和限度，需计算体系的总熵变（即隔离体系的熵变），即环境熵变和体系熵变之和。关于某一过程中熵变的计算，应该明确熵是体系状态函数，当始态与终态已经给定时，熵的改变值与过程无关。如果某过程不可逆，在始终态之间设计可逆过程进行计算。这是计算熵变的基本思路和基本方法。

对于环境的熵变 $\Delta S_{环境}$ 常用下式计算

$$\Delta S_{环境} = -\frac{Q}{T_{环}} \tag{3.10}$$

式中，Q 表示体系在变化过程中与环境实际交换的热；$T_{环}$ 表示环境温度。因为在一般情况下，环境都是一个大热源，与体系交换有限的热，不会引起环境状态的变化。因此可以认为在体系变化过程中，环境进行的是恒温且可逆的过程。

3.3.1　p、V、T 状态变化过程熵变的计算

1）恒温可逆过程

恒温可逆过程中，体系的温度 T 为常数，故式(3.4) 变为：

$$\Delta S = \frac{Q_r}{T} \tag{3.11}$$

对于理想气体恒温可逆过程，$\Delta U = 0$，根据式(2.28) 得：

$$Q_r = -W_r = nRT\ln\frac{V_2}{V_1} = nRT\ln\frac{p_1}{p_2}$$

代入式(3.11) 得：

$$\Delta S = nR\ln\frac{V_2}{V_1} = nR\ln\frac{p_1}{p_2} \tag{3.12}$$

上式虽然是通过理想气体恒温可逆过程推出来的，但对于理想气体恒温不可逆过程（如向真空膨胀）也是适用的。由上式可知，在恒温下，一定量气态物质的熵随压力增大而减小。

压力对凝聚态物质的熵影响很小。所以，对于凝聚态物质的恒温过程，若压力变化不大，则熵变近似等于零，即 $\Delta S=0$。

2）恒容过程

不论气体、液体或固体，恒容可逆过程均有

$$\delta Q_r = \delta Q_V = \mathrm{d}U = nC_{V,m}\mathrm{d}T$$

将上式代入式(3.4)可得恒容过程熵变的计算公式：

$$\Delta S = \int_{T_1}^{T_2} \frac{nC_{V,m}}{T}\mathrm{d}T \tag{3.13}$$

当 $C_{V,m}$ 可视为常数时，则：

$$\Delta S = nC_{V,m}\ln\frac{T_2}{T_1} \tag{3.14}$$

以上二式也适用于气体、液体或固体恒容不可逆过程。

3）恒压过程

不论气体、液体或固体，恒压可逆过程均有

$$\delta Q_r = \delta Q_p = \mathrm{d}H = nC_{p,m}\mathrm{d}T$$

将上式代入式(3.4)得恒压过程熵变的计算公式

$$\Delta S = \int_{T_1}^{T_2} \frac{nC_{p,m}}{T}\mathrm{d}T \tag{3.15}$$

当 $C_{p,m}$ 可视为常数时，则：

$$\Delta S = nC_{p,m}\ln\frac{T_2}{T_1} \tag{3.16}$$

以上二式也适用于气体、液体和固体恒压不可逆过程。

式(3.14)和式(3.16)说明，在恒容或恒压下，一定量物质的熵随温度升高而增大。

4）理想气体 p、V、T 同时改变的过程

若过程 p、V、T 都改变，且不做非体积功，则过程的熵变 ΔS，可设计以下不同的途径来求得，如图 3.3 所示，其结果是相同的。

$$\Delta S = nC_{V,m}\ln\frac{T_2}{T_1} + nR\ln\frac{V_2}{V_1}$$

$$\Delta S = nC_{p,m}\ln\frac{T_2}{T_1} + nR\ln\frac{p_1}{p_2}$$

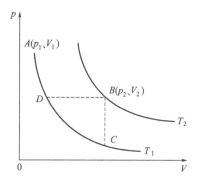

图 3.3　理想气体的 p-V 图

【例 3.3】　1mol 理想气体在恒温下体积增加 10 倍，求体系的熵变：（1）设为可逆过程；（2）设为真空膨胀过程。

解　（1）$\Delta S = nR\ln\dfrac{V_2}{V_1} = \left(1 \times 8.314\ln\dfrac{10}{1}\right)\mathrm{J \cdot K^{-1}} = 19.15\mathrm{J \cdot K^{-1}}$。

（2）因为熵是状态函数，所以在真空膨胀过程中，虽然是不可逆的，体系的熵变仍然是 $19.15\mathrm{J \cdot K^{-1}}$

应该注意：过程（1）是恒温可逆膨胀过程，体系与环境有功和热的交换，不是隔离体

系，故此熵变不能作为过程可能性的判据。过程（2）是理想气体恒温自由膨胀，$\Delta U = 0$，$W = 0$，$Q = 0$，系统本身为隔离体系。所以，$\Delta S > 0$ 说明理想气体恒温自由膨胀过程是自发过程。

【例3.4】 1mol 单原子分子理想气体，进行不可逆绝热膨胀过程，达到 273.2K、101.3kPa、$\Delta S = 20.9 \text{J} \cdot \text{K}^{-1}$、$W = -1255\text{J}$，求始态的 p_1、V_1、T_1。

解 绝热过程，所以 $\qquad\qquad\qquad Q = 0$，

因此 $\qquad\qquad\qquad\qquad\qquad \Delta U = W$

所以 $\qquad\qquad\qquad\qquad nC_{V,m}(T_2 - T_1) = -1255$

$$1 \times \frac{3}{2} \times 8.314(273.2 - T_1) = -1255$$

解出 $\qquad\qquad\qquad\qquad\qquad T_1 = 373.6\text{K}$

根据 $\qquad\qquad\qquad\qquad \Delta S = nC_{p,m}\ln\frac{T_2}{T_1} + nR\ln\frac{p_1}{p_2}$

$$20.9 = 1 \times \frac{5}{2} \times 8.314\ln\frac{273.2}{373.6} + 1 \times 8.314\ln\frac{p_1}{101.3}$$

解出 $\qquad\qquad\qquad\qquad\qquad p_1 = 571.194\text{kPa}$

因此 $\qquad\qquad V_1 = \frac{nRT_1}{p_1} = \left(\frac{1 \times 8.314 \times 373.6}{101.3}\right)\text{dm}^3 = 30.66\text{dm}^3$

【例3.5】 1mol 氮气，由 298K、101.3kPa 先经恒容加热至始态压力的 2 倍，又经恒压冷却至始态体积的一半。求整个过程的 ΔU、ΔH、ΔS 及 Q、W。

解 系统的始态 1，中间态 2 和终态 3 及两步过程的特征如图 3.4 所示：

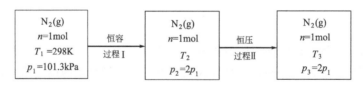

图 3.4 例 3.5 过程图

由于 $p_3 V_3 = (2p_1) \times (V_1/2) = p_1 V_1$，故 $T_3 = T_1$。根据状态函数改变量只与始、终态有关的原理，由式(2.15c)、式(2.16c) 及式(3.12) 得：

$$\Delta U = nC_{V,m}(T_3 - T_1) = 0$$
$$\Delta H = nC_{p,m}(T_3 - T_1) = 0$$
$$\Delta S = nR\ln\frac{V_3}{V_1} = \left[1 \times 8.314\ln\frac{1}{2}\right]\text{J} \cdot \text{K}^{-1} = -5.765 \text{ J} \cdot \text{K}^{-1}$$

Q、W 是途经函数，需分步计算。

过程 I：恒容 $dV = 0$，因此 $W_1 = 0$

过程 II：恒压 $p_2 = p_3 = 2p_1$，故

$$W_2 = -p(V_3 - V_2) = -2p_1\left(\frac{V_1}{2} - V_1\right) = p_1 V_1 = nRT_1$$

$$= (1 \times 8.314 \times 298)\text{J} = 2477.6\text{J}$$

所以 $\qquad\qquad\qquad W = W_1 + W_2 = (0 + 2477.5) \text{ J} = 2477.6\text{J}$

$$Q = -W = -2477.6\text{J}$$

5）恒温恒压的混合过程

混合过程是自发过程。如溶液的配制、两种气体的混合、两种不同溶液的混合等。混合过程的熵变称为混合熵，以符号 $\Delta_{mix}S$ 表示，下标 mix 表示混合。

理想气体恒温恒压混合过程是最简单的混合过程。因为理想气体分子间无作用力，所以每一种气体的状态不会受其他气体的影响。因此计算理想气体混合过程熵变时，可分别计算各种气体的熵变 ΔS_A 和 ΔS_B，然后求和 $\Delta S = \Delta S_A + \Delta S_B$，即为混合过程的熵变。

设在同温同压下，物质的量分别为 n_A 和 n_B 的两种理想气体 A 和 B 相互混合，其混合过程如图 3.5 所示。

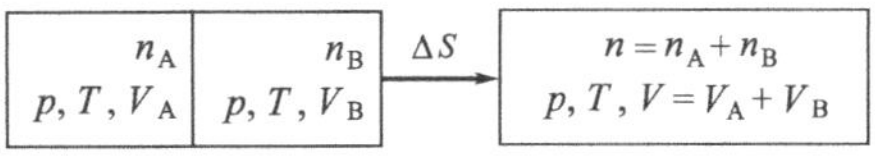

$$\boxed{\begin{array}{c|c} n_A & n_B \\ p,T,V_A & p,T,V_B \end{array}} \xrightarrow{\Delta S} \boxed{\begin{array}{c} n = n_A + n_B \\ p,T,V = V_A + V_B \end{array}}$$

图 3.5　理想气体恒温恒压混合过程

先分别进行恒温

$$\Delta S_A = n_A R \ln \frac{V}{V_A}$$

$$\Delta S_B = n_B R \ln \frac{V}{V_B}$$

再混合

$$\Delta S = n_A R \ln \frac{V}{V_A} + n_B R \ln \frac{V}{V_B}$$

又由于 $V = V_A + V_B$，按气体分体积定律

$$y_A = \frac{V_A}{V}, \qquad y_B = \frac{V_B}{V} \qquad \text{代入上式得}$$

$$\Delta S = -(n_A R \ln y_A + n_B R \ln y_B) \tag{3.17}$$

上式只适用于不同种理想气体的恒温恒压混合。

【例 3.6】　设在 0℃时，绝热容器的两侧分别装有同温度的理想气体 A 和 B，中间用隔板隔开。A 为 0.2mol，压力为 p；B 为 0.8mol，压力为 p。抽去隔板后，两种理想气体混合均匀。求混合熵及总熵变。

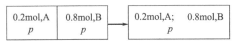

图 3.6　例 3.6 过程图

解　如图 3.6 所示，总物质的量 $n = 1$；$y_A = 0.2$；$y_B = 0.8$

根据式(3.17)得

$$\begin{aligned}
\Delta S &= -(n_A R \ln y_A + n_B R \ln y_B) \\
&= [-8.314 \times (0.2 \times \ln 0.2 + 0.8 \times \ln 0.8)] \text{ J} \cdot \text{K}^{-1} \\
&= 4.16 \text{ J} \cdot \text{K}^{-1}
\end{aligned}$$

因为绝热

$$Q = 0$$

所以

$$\Delta S_{环境} = 0$$

$$\Delta S_{总} = \Delta S + \Delta S_{环境} = 4.16 \text{ J} \cdot \text{K}^{-1}$$

因为 $\Delta S_{总} = 4.16 \text{ J} \cdot \text{K}^{-1} > 0$，所以此混合过程是自发的。

3.3.2　相变化过程熵变的计算

1）可逆相变

可逆相变是恒温恒压且两相平衡的条件下发生的相变，因此

$$Q_R = \Delta_\alpha^\beta H = n \Delta_\alpha^\beta H_m$$

所以

$$\Delta_\alpha^\beta S = \frac{n \Delta_\alpha^\beta H_m}{T} \tag{3.18}$$

2）不可逆相变

在非平衡温度和压力下发生的相变为不可逆相变。其熵变计算需要设计过程来实现。

【例 3.7】 已知水在 273K，101.3kPa 时的凝固热为 $-6020J \cdot mol^{-1}$，水的摩尔恒压热容 $C_{p,m}$（水）$=75.3J \cdot mol^{-1} \cdot K^{-1}$，冰的摩尔恒压热容 $C_{p,m}$（冰）$=37.6J \cdot mol^{-1} \cdot K^{-1}$，求下列过程的 ΔS 及 $\Delta S_{总}$。（1）273K，101.3kPa 下 1mol 水结冰；（2）263K，101.3kPa 下 1mol 水结冰。

解　（1）273K，101.3kPa 下水结冰是可逆相变，故

$$\Delta S = \frac{n\Delta_l^s H_m}{T} = \frac{1mol \times (-6020)J \cdot mol^{-1}}{273K} = -22J \cdot K^{-1}$$

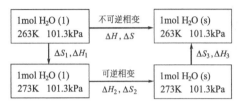

图 3.7　例 3.7 过程图

$$\Delta S_{环境} = -\frac{Q}{T_{环境}} = -\frac{-6020J}{273K} = 22J \cdot K^{-1}$$

$$\Delta S_{总} = \Delta S + \Delta S_{环境} = 0J \cdot K^{-1}$$

（2）263K 不是水的正常凝固点，此过程是不可逆相变，因此需要设计一个过程来计算 ΔS，如图 3.7 所示。

根据状态函数的性质得

$$\Delta S = \Delta S_1 + \Delta S_2 + \Delta S_3$$

$$\Delta S_1 = nC_{p,m}（水）\ln\frac{T_2}{T_1} = \left[1 \times 75.3 \times \ln\frac{273}{263}\right]J \cdot K^{-1} = 2.81J \cdot K^{-1}$$

$$\Delta S_2 = \frac{n\Delta_l^s H_m}{T} = \left[-\frac{6020}{273}\right]J \cdot K^{-1} = -22.1J \cdot K^{-1}$$

$$\Delta S_3 = nC_{p,m}（冰）\ln\frac{T_1}{T_2} = \left[1 \times 37.6 \times \ln\frac{263}{273}\right]J \cdot K^{-1} = -1.40J \cdot K^{-1}$$

所以　　　　　　$$\Delta S = (2.81 - 22.1 - 1.40)J \cdot K^{-1} = -20.6J \cdot K^{-1}$$

$$\Delta S_{环境} = -\frac{Q}{T_{环境}} = -\frac{\Delta H_{凝}(263K)}{T_{环境}}$$

又因为　　$\Delta H = \Delta H_1 + \Delta H_2 + \Delta H_3$

$$= nC_{p,m}（水）(273K - 263K) - 6020J \cdot mol^{-1} + nC_{p,m}（冰）(263K - 273K)$$

$$= (75.3 \times 10 - 6020 - 37.6 \times 10)J = -5643J$$

$$\Delta S_{环境} = -\frac{Q}{T_{环境}} = -\frac{(-5643)}{263} = 21.45J \cdot K^{-1}$$

$$\Delta S_{总} = \Delta S + \Delta S_{环境} = -20.6 + 21.45 = 0.86J \cdot K^{-1}$$

$\Delta S = 0$，说明是可逆过程；$\Delta S > 0$，说明是不可逆过程。

3.3.3　化学反应熵变的计算

通常化学反应都在不可逆条件下进行，其化学反应热是不可逆热，化学反应过程的熵变不能由熵变的定义式求得，因此需要设计可逆过程，需要可逆化学变化过程的有关数据。

1）热力学第三定律

20 世纪初，科学家们通过低温化学反应和电池电动势的测定中发现，随着温度的降低，恒温条件下化学反应的熵变 ΔS 逐渐减小。因此，1906 能斯特（Nernst）在此基础上提出了一个大胆的设想：凝聚系在恒温化学变化过程中的熵变，随温度趋于 0K 而趋于零。即

$$\lim_{T \to 0K} \Delta_r S(T) = 0 \tag{3.19}$$

此即热力学第三定律的一种说法，称能斯特热定理。

此后其他人的实验工作证明，此结论只有在 $T \rightarrow 0K$，且物质只有一种微观结构时才是正确的，所以，只对纯物质的完整晶体，能斯特热定理才适用。例如，对玻璃体物质，此结论就不适用。

于是 1912 年普朗克（Planck）就对能斯特热定理作了补充，提出：在 0K 时，任何纯物质的完整晶体的熵值为零，即

$$S^*（完美晶体，0K）= 0 \tag{3.20}$$

此即为热力学第三定律（上标"＊"表示纯物质）。此结论已为统计力学所论证。

有了 0K 时各纯物质完整晶体的熵值，就给我们求任意温度下的物质熵带来了方便。因 $\Delta S = \int \dfrac{dQ_R}{T}$，某物质从 0K $\rightarrow T$ 的熵变为：

$$S_{T,i} - S_{0K,i} = \int_{0K}^{T} \frac{dQ_R}{T} = S_{T,i} （因 S_{0K,i}=0）$$

2）规定熵和标准摩尔熵

以 $S_0 = 0$ 为基础求得的任何 1mol 的纯物质在温度 T 时的熵值 S_T 称为规定熵。若求得的 S_T 处于标准状态，则称为标准摩尔熵，以 $S_{T,m}^{\ominus}$ 表示。所以，1mol 任何纯物质的标准摩尔熵为：

$$S_{T,m}^{\ominus} = \int_0^T C_{p,m} \frac{dT}{T} \tag{3.21}$$

在 0K～T 间若有相变，则应分段积分求和。许多纯物质在 25℃ 时的摩尔标准熵 $S_{298K,m}^{\ominus}$ 可从热力学数据表中查到。因此，我们在求 $S_{T,m}^{\ominus}$ 时，就只要以 $S_{298K,m}^{\ominus}$ 为基础。

$$S_{T,m}^{\ominus} = S_{298K,m}^{\ominus} + \int_{298K}^{T} C_{p,m} \frac{dT}{T} （若有相变则应分段积分）$$

3）化学反应标准摩尔反应熵的计算

有了物质的标准摩尔熵即可计算任意化学反应的标准摩尔反应熵：

对任意化学反应

$$a\mathrm{A} + b\mathrm{B} \longrightarrow e\mathrm{E} + f\mathrm{F}$$

则

$$\Delta_r S_m^{\ominus}(T) = e S_m^{\ominus}(\mathrm{E}, T) + f S_m^{\ominus}(\mathrm{F}, T) - a S_m^{\ominus}(\mathrm{A}, T) - b S_m^{\ominus}(\mathrm{B}, T)$$

对于

$$0 = \sum_B \nu_B B$$

上式可简写成

$$\Delta_r S_m^{\ominus}(T) = \sum_B \nu_B S_m^{\ominus}(B, T) \tag{3.22}$$

若参与反应的各物质在 298.15K～T 之间无相变，则

$$\Delta_r S_m^{\ominus}(T) = \Delta_r S_m^{\ominus}(298.15K) + \int_{298.15K}^{T} \frac{\Delta_r C_{p,m}}{T} dT \tag{3.23}$$

其中

$$\Delta_r C_{p,m} = \sum_B \nu_B C_{p,m}(B)$$

【例 3.8】　分别计算 25℃ 和 125℃ 时甲醇合成反应的标准摩尔反应熵。反应方程式为

$$\mathrm{CO(g)} + 2\mathrm{H_2(g)} =\!=\!= \mathrm{CH_3OH(g)}$$

已知各物质 298.15K 的标准摩尔熵及平均恒压摩尔热容如下：

物　质	CO(g)	H₂(g)	CH₃OH(g)
$S_m^{\ominus}/J \cdot K^{-1} \cdot mol^{-1}$	197.56	130.57	239.7
$C_{p,m}/J \cdot K^{-1} \cdot mol^{-1}$	29.04	29.29	51.25

解 （1）计算 25℃时 $\Delta_r S_m^{\ominus}$ 根据式（3.22）

$$\Delta_r S_m^{\ominus} (298.15K) = S_m^{\ominus} (CH_3OH) - S_m^{\ominus} (CO) - 2S_m^{\ominus} (H_2)$$

$$= (239.7 - 197.56 - 2 \times 130.57) J \cdot K^{-1} \cdot mol^{-1}$$

$$= -219.0 J \cdot K^{-1} \cdot mol^{-1}$$

（2）计算 125℃时 $\Delta_r S_m^{\ominus}$

$$\Delta_r C_{p,m} = C_{p,m}(CH_3OH) - C_{p,m}(CO) - 2C_{p,m}(H_2)$$

$$= (51.25 - 29.04 - 2 \times 29.29) J \cdot K^{-1} \cdot mol^{-1} = -36.37 J \cdot K^{-1} \cdot mol^{-1}$$

根据式（3.23）

$$\Delta_r S_m^{\ominus} (423.15K) = \Delta_r S_m^{\ominus} (298.15K) + \int_{298.15K}^{423.15K} \frac{\Delta_r C_{p,m}}{T} dT$$

$$= \left[-219.0 - 36.37 \ln \frac{423.15}{298.15} \right] J \cdot K^{-1} \cdot mol^{-1} = -231.7 J \cdot K^{-1} \cdot mol^{-1}$$

3.4 吉布斯函数和亥姆霍兹函数

熵的增大原理可判断过程进行的方向和限度。应用熵作判据时，要涉及环境和体系熵变计算，即在考虑体系的同时还要考虑环境，不方便，比较烦琐。大多数化学反应和相变化一般是在恒温恒压或恒温恒容下进行的，在这样特定的条件下，从熵判据出发，可以得出两种条件下的两种判据，并引出两个新的状态函数——吉布斯函数和亥姆霍兹函数。从而避免了环境熵变的计算。

3.4.1 吉布斯函数

1）吉布斯函数及其判据

因 $\Delta S_{体} + \Delta S_{环} \overset{自发}{\underset{可逆}{\gtreqless}} 0$，而 $\Delta S_{环} = \dfrac{-Q_{体}}{T_{环}}$，故 $\Delta S_{体} - \dfrac{Q_{体}}{T_{环}} \geqslant 0$。

设体系从温度为 $T_{环}$ 的热源吸热 Q，进行一恒温、恒压过程，即

$$T_{体} = T_{环} = 常数，p_{体} = p_{外} = p = 常数$$

故有 $\qquad\qquad\qquad T_{体} \Delta S_{体} - Q_{体} \geqslant 0$，

由热力学第一定律 $Q = \Delta U - W$ 得：

$$T \Delta S - \Delta U + W \geqslant 0$$

即 $\qquad\qquad\qquad\qquad \Delta(TS) - \Delta U \geqslant -W$

或 $\qquad\qquad\qquad\qquad -\Delta(U - TS) \geqslant -W \qquad\qquad\qquad (3.24)$

而 $\qquad\qquad\qquad\qquad W = -p\Delta V + W'$，故有

$$-\Delta(U - TS) \overset{自发}{\geqslant} p\Delta V - W'$$

$$-\Delta(U + pV - TS) \overset{自发}{\geqslant} -W'$$

令 $\qquad\qquad\qquad\qquad G = U + pV - TS = H - TS \qquad\qquad (3.25)$

则有 $\qquad\qquad\qquad\qquad -\Delta_{T,p}G \geqslant -W' \qquad\qquad\qquad (3.26a)$

或
$$\Delta_{T,p}G \underset{\text{可逆}}{\overset{\text{自发}}{\lessgtr}} W' \tag{3.26b}$$

式中，G 为吉布斯函数。其物理意义为：在恒 T、p 下，吉布斯函数的改变值等于体系所做的可逆非体积功。

在恒 T、p 及无非体积功的条件下：$\Delta_{T,p}G \underset{\text{可逆}}{\overset{\text{自发}}{\lessgtr}} 0$（$W'=0$）

$$\Delta_{T,p}G \begin{cases} <0 & \text{自发} \\ =0 & \text{可逆或平衡}(W'=0) \\ >0 & \text{不可能发生} \end{cases} \tag{3.27}$$

显然，吉布斯函数是体系的广延性质、状态函数，具有能量单位，其绝对值不可知。

式（3.25）表明，在等温等压且无非体积功的条件下，封闭体系中的过程总是自发地向着吉布斯函数 G 减少的方向进行，直至达到在该条件下 G 值最小的平衡状态为止。因此，导致 G 值最小的状态是平衡状态，平衡状态是最稳定的状态。在平衡状态时，体系的任何变化都一定是可逆过程，其 G 值不再改变。这就是吉布斯函数减少原理。

2）恒温过程吉布斯函数变化值 ΔG 的计算

吉布斯函数在化学中是极为重要的、应用最广泛的热力学函数之一，ΔG 的计算在一定程度上比 ΔS 的计算更为重要。对无非体积功的封闭体系，恒温过程 ΔG 的计算常遇到下列三种情况。

（1）恒温过程的通式　封闭系统的恒温过程，根据吉布斯函数的定义式 $G=H-TS$ 则有

$$\Delta G = \Delta H - T\Delta S \tag{3.28}$$

所以只要求得恒温过程的 ΔH 和 ΔS，就可以由式（3.28）求出该恒温过程的 ΔG。

（2）单纯 p、V、T 变化过程　对于理想气体的恒温且不做非体积功的过程，其 $\Delta H=0$，$\Delta S = nR\ln\dfrac{V_2}{V_1} = nR\ln\dfrac{p_1}{p_2}$，代入式（3.28）得

$$\Delta G = nRT\ln\frac{V_1}{V_2} = nRT\ln\frac{p_2}{p_1} \tag{3.29}$$

（3）相变化过程　由于可逆相变过程是在恒温恒压且不做非体积功的条件下发生的，根据吉布斯函数判据，可得可逆相变过程

$$\Delta_\alpha^\beta G = 0 \tag{3.30}$$

对于不可逆相变过程 $\Delta_\alpha^\beta G$ 的计算，需设计一个包含可逆相变途径来求得。

【例 3.9】　1mol 正丁烷在 137℃ 时，自 100kPa 压缩至 2000kPa，计算其过程的 ΔG。（设气体近似为理想气体）

解　根据式（3.29）得

$$\Delta G = nRT\ln\frac{p_2}{p_1} = \left[1\times 8.314\times(137+273)\ln\frac{2000}{100}\right]\text{J}$$
$$= 1.021\times 10^4\,\text{J} = 10.21\text{kJ}$$

【例 3.10】　已知水在 273K、101.3kPa 时的凝固热为 $-6020\text{J}\cdot\text{mol}^{-1}$，水的摩尔恒压热 $C_{p,m}$（水）$=75.3\text{J}\cdot\text{mol}^{-1}\cdot\text{K}^{-1}$，冰的摩尔恒压热容 $C_{p,m}$（冰）$=37.6\text{J}\cdot\text{mol}^{-1}\cdot\text{K}^{-1}$，求下列过程的 ΔG，并判断过程的方向。（1）273K，101.3kPa 下 1mol 水结冰；（2）263K，101.3kPa 下 1mol 水结冰。

解 该例题与例 3.7 相同只是求解的结果不同，用 ΔG 判断过程的方向。

（1）273K，101.3kPa 下水结冰是可逆相变，故

$$\Delta G = 0$$

（2）263K 不是水的正常凝固点，此过程是不可逆相变，利用恒温过程的通式。

$$\Delta G = \Delta H - T\Delta S$$

这里的 ΔH 和 ΔS 在例题 3.7 中已经求得

$$\Delta S = -20.6 J \cdot K^{-1}, \quad \Delta H = -5643 J$$

$$\Delta G = \Delta H - T\Delta S$$
$$= [-5643 - 263 \times (-20.6)] J = -225 J$$

因此过程恒温恒压且 $W' = 0$，$\Delta G < 0$ 在 263K 时，水结冰是自发进行的过程。

3）化学反应标准摩尔反应吉布斯函数的计算

（1）标准摩尔生成吉布斯函数 在标准状态下，由最稳定的单质直接生成 1mol 某物质的吉布斯函数的变化值，称为该物质的标准摩尔生成吉布斯函数。记作 $\Delta_f G_m^{\ominus}$，单位为 $J \cdot mol^{-1}$。

按定义，最稳定单质的标准摩尔生成吉布斯函数为零。附录 8 中列出常见物质在 298.15K 时的 $\Delta_f G_m^{\ominus}$。

（2）标准摩尔反应吉布斯函数 在恒温恒压不做非体积功和组成不变的条件下，无限大的反应体系中发生 1mol 化学反应所引起的体系的吉布斯函数变化，称为摩尔反应吉布斯函数。用符号 $\Delta_r G_m$ 表示，单位为 $J \cdot mol^{-1}$。如果参加反应的各物质均处于标准状态，则此时的 $\Delta_r G_m$ 即为 $\Delta_r G_m^{\ominus}$，称为标准摩尔反应吉布斯函数。

与用标准摩尔生成焓计算标准反应焓类似，化学反应的标准摩尔反应吉布斯函数可用参与化学反应各物质 B 的标准摩尔生成吉布斯函数进行计算，即

$$\Delta_r G_m^{\ominus} = \sum_B \nu_B \Delta_f G_m^{\ominus} (B)$$

【例 3.11】 298.15K 时，求如下反应 $4H_2(g) + CO_2(g) = 2H_2O(g) + CH_4(g)$ 的 $\Delta_r G_m^{\ominus}$。

解 由 $\Delta_r G_m^{\ominus} = \sum_B \nu_B \Delta_f G_m^{\ominus} (B)$，查附录 8 得

$$\Delta_r G_m^{\ominus} = -4 \times \Delta_f G_m^{\ominus}(H_2) - \Delta_f G_m^{\ominus}(CO_2) + 2 \times \Delta_f G_m^{\ominus}(H_2O) + \Delta_f G_m^{\ominus}(CH_4)$$
$$= -4 \times 0 - (-394.36) + 2 \times (-228.59) + (-50.75)$$
$$= -113.57 kJ \cdot mol^{-1}$$

* 吉布斯，美国物理化学家，1839 年 2 月 11 日生于康涅狄格州的纽黑文。父亲是耶鲁大学教授。吉布斯 1854～1858 年在耶鲁学院学习。学习期间，因拉丁语和数学成绩优异曾数度获奖。1863 年获耶鲁大学哲学博士学位，留校任助教。1866～1868 年在法、德两国听了不少著名学者的演讲。1869 年回国后继续任教。1870 年后任耶鲁学院的数学物理教授。曾获得伦敦皇家学会的科普勒奖章。1903 年 4 月 28 日在纽黑文逝世。

吉布斯在 1873～1878 年发表的三篇论文中，以严密的数学形式和严谨的逻辑推理，导出了数百个公式，特别是引进热力学势处理热力学问题，在此基础上建立了关于物相变化的相律，为化学热力学的发展做出了卓越的贡献。1902 年，他把玻耳兹曼和麦克斯韦所创立的统计理论推广和发展成为系统理论，从而创立了近代物理学的统计理论及其研究方法。吉布斯还发表了许多有关矢量分析的论文和著作，奠定了这个数学分支的基础。此外，他在天文学、光的电磁

理论、傅里叶级数等方面也有一些著述。主要著作有《图解方法在流体热力学中的应用》、《论多相物质的平衡》、《统计力学的基本原理》等。

　　吉布斯从不低估自己工作的重要性，但也不炫耀自己的工作。他的心灵宁静而恬淡，从不烦躁和恼怒，是笃志于事业而不乞求同时代人承认的罕见伟人。他毫无疑问可以获得诺贝尔奖，但他在世时从未被提名。直到他逝世 47 年后，才被选入纽约大学的美国名人馆，并立半身像。

　　他写的东西晦涩难懂，经常使用自己发明的符号，许多人觉得简直是天书。但是，在那些神秘的公式深处，隐藏着最英明、最深刻的见解。

　　但出于无法猜测的原因，吉布斯情愿将这些具有划时代意义的见解发表在《康涅狄格州艺术与科学院学报》上，那是一份即使在康涅狄格州也毫无名气的杂志。

* 3.4.2　亥姆霍兹函数

1）亥姆霍兹函数及其判据

　　设系统从温度为 $T_{环境}$ 的热源吸取热量 Q 进行一恒温过程。

令
$$A = U - TS \tag{3.31}$$

代入式（3.24），则
$$-\Delta_T A \geqslant -W \tag{3.32 a}$$

或
$$\Delta_T A \underset{可逆}{\overset{自发}{\lessgtr}} W \tag{3.32b}$$

式中，A 称为亥姆霍兹函数，是体系的状态函数，广延性质，其绝对值不可知。

　　可用 ΔA 与 W 比较来判断过程的方向。在恒温可逆过程中，亥氏函数的改变值等于体系的可逆体积功，这就是 ΔA 的物理意义。

在恒 T、V 的条件下，
$$\Delta_{T,V} A \underset{可逆}{\overset{自发}{\lessgtr}} W'$$

在恒 T、V 及无非体积功的条件下，
$$\Delta_{T,V} A \underset{可逆}{\overset{自发}{\lessgtr}} 0 \quad (W' = 0) \tag{3.33}$$

故在恒 T、V 及 $W' = 0$ 的条件下，可用 $\Delta_{T,V} A$ 与零比较来判断过程。

　　式（3.33）表明：在恒温、恒容且非体积功为零的条件下，体系亥姆霍兹函数减少的过程能够自动进行，亥姆霍兹函数不变时处于平衡状态，不可能发生亥姆霍兹函数增大的过程。

　　需要指出的是，亥姆霍兹函数是状态函数，故 ΔA 的值只取决于体系的始态和终态，而与变化的途径无关（即与可逆与否无关）。但只有在恒温恒容且非体积功为零的条件下，才能判断过程的自发方向。

2）亥姆霍兹函数变化值 ΔA 的计算

（1）单纯 p、V、T 变化过程　对于封闭系统，由定义式（3.31）得
$$\Delta A = \Delta U - \Delta(TS)$$

若是恒温过程
$$\Delta A = \Delta U - T\Delta S$$

式中 $T\Delta S$ 是恒温可逆过程热 Q_R。据热力学第一定律则有 $\Delta U = Q_R + W_R$，于是有
$$\Delta A = W_R$$

式中，W_R 为恒温可逆过程的总功。

若过程不做非体积功，则
$$\Delta A = -\int_{V_1}^{V_2} p \, dV$$

若为理想气体，将 $p = nRT/V$ 代入上式积分得

$$\Delta A = nRT\ln\frac{V_1}{V_2} = nRT\ln\frac{p_2}{p_1}$$

（2）可逆相变化过程　可逆相变是在恒温恒压且无非体积功的条件下进行的，故有

$$\Delta A = -p\Delta V$$

对于由凝聚相 α 变为气相 β 的可逆过程：$\Delta_\alpha^\beta A = -nRT$

3.5 热力学基本方程及麦克斯韦关系

在化学热力学中，最常遇到的是下列八个状态函数：T、p、V、U、S、H、G 和 A。其中 T、p、V、U 和 S 是基本函数，有明确的物理意义。而 H、G 和 A 是辅助函数，本身无明确的物理意义，U 和 H 用于能量计算，S、G 和 A 用于判断过程的方向及限度。它们之间的函数的关系为

$$H = U + pV$$
$$A = U - TS$$
$$G = U + pV - TS = H - TS = A + pV$$

除此之外，应用热力学第一定律和热力学第二定律还可以导出一些很重要的热力学函数间的关系式。

3.5.1 热力学基本方程

对于封闭系统　　　　　　　　$dU = \delta Q + \delta W$

若过程可逆且无非体积功，则

$$dU = TdS - pdV \tag{3.34}$$

上式是热力学第一定律和热力学第二定律的联合表达式，适用于封闭系统中无非体积功的可逆过程。从此式出发还可以得出另外的三个方程式。

微分 $H = U + pV$ 并将式（3.34）代入，可得

$$dH = TdS + Vdp \tag{3.35}$$

微分 $A = U - TS$ 并将式（3.34）代入，可得

$$dA = -SdT - pdV \tag{3.36}$$

微分 $G = H - TS$ 并将式（3.35）代入，可得

$$dG = -SdT + Vdp \tag{3.37}$$

式（3.34）～式（3.37）称为封闭系统的热力学基本方程。

严格地讲，上述方程只适用于封闭系统中无非体积功的热力学平衡系统的可逆过程，若遇到不可逆过程，只有设计可逆过程方能使用。

3.5.2 对应系数关系式

利用状态函数的全微分性质，由上述四个热力学基本方程还可得到四对关系式。

由 $dG = -SdT + Vdp$ 可知，$G = f(T, p)$，则 G 的全微分为

$$dG = \left(\frac{\partial G}{\partial T}\right)_p dT + \left(\frac{\partial G}{\partial p}\right)_T dp$$

对比以上两个全微分式，可得

$$\left(\frac{\partial G}{\partial T}\right)_p = -S, \quad \left(\frac{\partial G}{\partial p}\right)_T = V \tag{3.38}$$

同理，由另外三个热力学基本方程可得出

$$\left(\frac{\partial U}{\partial S}\right)_V = T, \left(\frac{\partial U}{\partial V}\right)_S = -p \tag{3.39}$$

$$\left(\frac{\partial H}{\partial S}\right)_p = T, \left(\frac{\partial H}{\partial p}\right)_S = V \tag{3.40}$$

$$\left(\frac{\partial A}{\partial T}\right)_V = -S, \left(\frac{\partial A}{\partial V}\right)_T = -p \tag{3.41}$$

式(3.38)～式(3.41)中的八个关系式称为对应系数关系式。

3.5.3　麦克斯韦关系式

设 Z 表示系统的任一状态函数，且 Z 是两个变数 x 和 y 的函数。

$$Z = f(x, y)$$

$$dZ = \left(\frac{\partial Z}{\partial x}\right)_y dx + \left(\frac{\partial Z}{\partial y}\right)_x dy = Mdx + Ndy$$

式中，$M = \left(\frac{\partial Z}{\partial x}\right)_y$，$N = \left(\frac{\partial Z}{\partial y}\right)_x$，$M$、$N$ 也是 x 和 y 的函数，将 M 对 y 偏微分、N 对 x 偏微分，得

$$\left(\frac{\partial M}{\partial y}\right)_x = \frac{\partial^2 Z}{\partial y \partial x}$$

$$\left(\frac{\partial N}{\partial x}\right)_y = \frac{\partial^2 Z}{\partial y \partial x}$$

因此

$$\left(\frac{\partial M}{\partial y}\right)_x = \left(\frac{\partial N}{\partial x}\right)_y$$

将以上关系式应用到式(3.34)～式(3.37)，得

$$\left(\frac{\partial T}{\partial V}\right)_S = -\left(\frac{\partial p}{\partial S}\right)_V \tag{3.42}$$

$$\left(\frac{\partial T}{\partial p}\right)_S = \left(\frac{\partial V}{\partial S}\right)_p \tag{3.43}$$

$$\left(\frac{\partial S}{\partial V}\right)_T = \left(\frac{\partial p}{\partial T}\right)_V \tag{3.44}$$

$$\left(\frac{\partial S}{\partial p}\right)_T = -\left(\frac{\partial V}{\partial T}\right)_p \tag{3.45}$$

麦克斯韦关系式，分别表示系统在同一状态的两种变化率数值相等，因此应用于某种场合时等式两边可以代换。

*3.6　偏摩尔量与化学势

前面所讨论的热力学系统是纯物质系统，或是多组分但组成不变的均相系统。在此种情况之下，要确定系统的状态，一般只需要两个状态函数（如温度和压力）及物质的总量就可以了。而在实际系统中，发生化学变化和相变化时，除了规定温度和压力外，还必须规定系统中每一种物质的量，才能确定系统的状态。这是因为多组分均相系统的广延性质（除了质量和物质的量以外）一般不等于混合前各纯组分该广延性质的简单加和。例如 25℃、101.3kPa 时，将 100mL 纯水和 100mL 纯乙醇相混合，混合后体积并不等于 200mL，而是 190mL 左右；现以乙醇和水在混合前后体积的变化来说明。在 293K 和 101.3kPa 下，若将

乙醇与水以不同的比例混合，使溶液的总量为100g，实验结果如表3.1所示。

表 3.1 乙醇与水混合时的体积变化

乙醇的摩尔分数	V(乙醇)/cm³	V(水)/cm³	混合前的体积相加值/cm³	混合后的实际总体积/cm³	偏差 ΔV/cm³
0.207	50.7	60.2	110.9	107.1	-3.8
0.500	91.0	28.2	119.2	116.1	-3.1

表3.1表明，在温度、压力系统总质量不变的条件下，溶液的体积不等于混合前两纯组分的体积之和；混合前后总体积的差值 ΔV 随浓度的不同而有所变化。这说明各组分在溶液中的状态与溶液浓度有关。由于水与乙醇两种分子的相互作用，使每种组分1mol量的液体对系统体积的贡献与纯态时的摩尔体积不同，而且浓度不同贡献也不同。所以要确定一个多组分均相系统的状态，除压力、温度两参数外，还要指明系统的组成。其他广延量也有类似的情况。

3.6.1 偏摩尔量

设有一多组分均相系统，由物质 B、C、D、……所组成，各物质的物质的量相应为 n_B、n_C、n_D、……则系统的某一个广延量 X 除了与温度、压力有关外，还与各组成有关，即

$$X = f(T, p, n_B, n_C, n_D, \cdots)$$

当系统的状态发生一个微小变化时，系统广延量 X 的变化（X 的全微分）为

$$dX = \left(\frac{\partial X}{\partial T}\right)_{p, n_C} dT + \left(\frac{\partial X}{\partial p}\right)_{T, n_C} dp + \sum_B \left(\frac{\partial X}{\partial n_B}\right)_{T, p, n_C \neq n_B} dn_B \tag{3.46}$$

式中，下标 n_C 表示所有组分的物质的量都保持不变；$n_C \neq n_B$ 表示除组分 B 外其余组分的物质的量均保持不变。

偏摩尔量定义如下

$$X_B = \left(\frac{\partial X}{\partial n_B}\right)_{T, p, n_C \neq n_B} \tag{3.47}$$

若维持系统的温度和压力恒定，则式(3.46)变为

$$dX = \sum_B X_B dn_B \tag{3.48}$$

偏摩尔量 X_B 的物理意义是在恒温恒压下，往无限大量的多组分均相系统中加入 1mol 组分 B（这时各组分的浓度实际上保持不变）时所引起广延性质 X 的改变量。因此，偏摩尔量 X_B 可理解为在处于一定温度、压力和浓度的多组分均相系统中，1mol 组分 B 对系统广延性质 X 的贡献量。例如，在 20℃、101.3kPa 下甲醇摩尔分数为 0.2 的甲醇溶液中，甲醇的偏摩尔体积 $V(CH_3OH) = 37.80 cm^3 \cdot mol^{-1}$。其意义是：在 20℃、101.3kPa 及组成为 $x(CH_3OH) = 0.2$ 的大量甲醇溶液中，加入 1mol 甲醇对甲醇溶液体积的贡献（即体积的增量）是 37.80cm³。

为了更好地理解和掌握偏摩尔量这一重要概念，强调以下几点。

① 只有广延性质，如体积、热力学能、吉布斯函数等，才有偏摩尔量，强度性质如温度、压力、浓度等没有偏摩尔量。常见的偏摩尔量有以下几个：

偏摩尔体积 $\qquad\qquad\qquad V_B = \left(\frac{\partial V}{\partial n_B}\right)_{T, p, n_C \neq n_B}$

偏摩尔焓 $\qquad\qquad\qquad H_B = \left(\frac{\partial H}{\partial n_B}\right)_{T, p, n_C \neq n_B}$

偏摩尔内能
$$U_B = \left(\frac{\partial U}{\partial n_B}\right)_{T,p,n_C \neq n_B}$$

偏摩尔熵
$$S_B = \left(\frac{\partial S}{\partial n_B}\right)_{T,p,n_C \neq n_B}$$

偏摩尔亥姆霍兹函数
$$A_B = \left(\frac{\partial A}{\partial n_B}\right)_{T,p,n_C \neq n_B}$$

偏摩尔吉布斯函数
$$G_B = \left(\frac{\partial G}{\partial n_B}\right)_{T,p,n_C \neq n_B}$$

② 只有在恒温恒压下，系统的广延性质随某一组分的物质的量的变化率才能称为偏摩尔量，任何其他条件（如恒温恒容、恒熵恒压等）下的变化率均不能称为偏摩尔量。

③ 任何偏摩尔量都是温度、压力和组成的函数。例如化学反应进行过程中，产物的浓度逐渐增大，反应物的浓度逐渐减少，此时各组分的偏摩尔吉布斯函数也随之而变。

对于纯物质，偏摩尔量就是摩尔量，即 $X_B = X_m^*$（B），上标"$*$"表示纯物质。

④ 偏摩尔量和摩尔量一样，也是强度性质，其值与多组分均相系统的总量无关。摩尔量一定为正值，只与温度和压力有关；而偏摩尔量不一定为正值，不仅与温度和压力有关，还与系统的组成相关。

3.6.2　化学势及其判据

在所有的偏摩尔量中，偏摩尔吉布斯函数 G_B 最为重要，系统中任意组分 B 的偏摩尔吉布斯函数 G_B 也称为组分 B 的化学势，用 μ_B 表示。

$$\mu_B = G_B = \left(\frac{\partial G}{\partial n_B}\right)_{T,p,n_C \neq n_B}$$

对于纯物质的化学势就是其摩尔吉布斯函数。

将式(3.46)中的广延性质 X 用吉布斯函数代替有

$$dG = \left(\frac{\partial G}{\partial T}\right)_{p,n_C} dT + \left(\frac{\partial G}{\partial p}\right)_{T,n_C} dp + \sum_B \mu_B dn_B$$

由 $\left(\frac{\partial G}{\partial T}\right)_{p,n_C} = -S$ 和 $\left(\frac{\partial G}{\partial p}\right)_{T,n_C} = V$

得

$$dG = -SdT + Vdp + \sum_B \mu_B dn_B \qquad (3.49)$$

上式适用于均相系统的热力学基本方程，不仅适用于变组成的封闭，也适用于开放系统。

因为多组分系统中的每一个相都可以看作是一个均相敞开系统，所以上式也适用于多组分多相系统中的每一个相。因此多组分多相系统的热力学基本方程为

$$dG = -SdT + Vdp + \sum_\alpha \sum_B \mu_B^\alpha dn_B^\alpha \qquad (3.50)$$

在恒温、恒压和不做非体积功条件下，多组分多相封闭系统中发生相变或化学反应时，根据吉布斯判据，由式(3.50)有

$$dG = \sum_\alpha \sum_B \mu_B^\alpha dn_B^\alpha \leqslant 0 \quad \begin{cases} < \text{自发} \\ = \text{平衡} \end{cases} \qquad (3.51)$$

现以封闭系统中的相变为例说明化学势判据的应用。

如图 3.8 所示，某封闭系统由 α 和 β 两相组成。两相中都有组分 B，它在两相中的化学势分别为 μ_B^α 和 μ_B^β。设在恒温恒压且没有其他功的条件下，有无限小量 dn_B 的 B 物质由 α 相

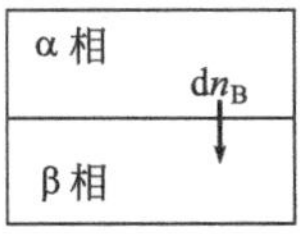

图 3.8 相间转移

迁移到 β 相，根据化学势判据式(3.51)

$$dG = \sum_{\alpha} \sum_{B} \mu_B^{\alpha} dn_B^{\alpha} = \mu_B^{\alpha} dn_B^{\alpha} + \mu_B^{\beta} dn_B^{\beta} \leqslant 0$$

因为 $dn_B^{\alpha} = -dn_B$，$dn_B^{\beta} = dn_B$，所以

$$(\mu_B^{\beta} - \mu_B^{\alpha})\, dn_B \leqslant 0$$

因为 $dn_B > 0$，所以

$$\mu_B^{\beta} - \mu_B^{\alpha} \leqslant 0 \quad \begin{pmatrix} <自发 \\ =平衡 \end{pmatrix}$$

因此，在恒温恒压且没有其他功的条件下，在多相封闭系统中，物质总是自发地由高化学势一方向低化学势一方迁移，直到它在两相中的化学势相等时为止，达到平衡。

3.6.3　理想气体的化学势

1）纯理想气体的化学势

在温度 T 下，1mol 纯理想气体的压力从标准压力 $p^{\ominus}$ 变至压力 p，根据式(3.29) 此过程的摩尔吉布斯函数为

$$\Delta G_m^* = G_m^*\,(pg,\ T,\ p) - G_m^{\ominus}\,(pg,\ T) = RT \ln \frac{p}{p^{\ominus}}$$

则

$$G_m^*(pg, T, p) = G_m^{\ominus}(pg, T) + RT \ln \frac{p}{p^{\ominus}}$$

式中，上标"＊"表示纯物质；pg 表示理想气体。因为纯物质的化学势就等于该物质的摩尔吉布斯函数，所以上式可改写成

$$\mu^*(pg, T, p) = \mu^{\ominus}(pg, T) + RT \ln \frac{p}{p^{\ominus}} \tag{3.52}$$

这就是纯理想气体的化学势表示式。$\mu^{\ominus}$ (pg, T) 是纯理想气体在标准态时的化学势，称为纯理想气体的标准态化学势。它仅是温度的函数。μ^* (pg) 是纯理想气体在温度为 T、压力为 p 时的化学势。由上式可知，在恒温下，p 越大，μ^* (pg) 越大。因此，μ^* (pg) 是温度和压力的函数。

2）理想气体混合物中任意组分 B 的化学势

由于理想气体混合物分子间没有相互作用力，分子本身没有体积，所以理想气体混合物中任意组分 B 的行为与其单独存在时的行为相同。因此，理想气体混合物中任意组分 B 的化学势与它处于纯态时的化学势相同，即

$$\mu_B(pg) = \mu_B^{\ominus}(pg, T) + RT \ln \frac{p_B}{p^{\ominus}} \tag{3.53}$$

式中，p_B 为组分 B 的分压，$p_B = p y_B$。$\mu_B^{\ominus}$ (pg, T) 为组分 B 的标准态化学势，与纯理想气体的标准态相同。

3.7　等温方程式与标准平衡常数

实践证明，几乎所有的化学反应都是可逆反应，既可以正向进行，也可以逆向进行。在一定条件下，反应没有达到平衡时，会朝着一定的方向进行，无论是正向还是逆向，其方向趋向平衡，最终达到平衡。如果外界条件不发生改变，则体系的平衡状态就不会改变。这就是化学反应在指定条件下的反应的限度。化学反应通常是在恒温恒压下进行，所以要想判断

化学反应的方向和限度，需要使用恒温恒压判据，即用吉布斯函数判据。

3.7.1　理想气体反应的等温方程式

理想气体混合物，系统中组分 B 的分压为 p_B 时，根据式(3.53)，其化学势为

$$\mu_B(pg,\ T,\ p)=\mu_B^{\ominus}(pg,\ T)+RT\ln\frac{p_B}{p^{\ominus}}$$

对于反应 $0=\sum\nu_B B$

$$\Delta_r G_m=\sum_B\nu_B\mu_B=\sum_B\nu_B\mu_B^{\ominus}(pg,T)+\sum_B\nu_B RT\ln\frac{p_B}{p^{\ominus}}$$

$$=\sum_B\nu_B\mu_B^{\ominus}(pg,T)+RT\ln\prod_B\left(\frac{p_B}{p^{\ominus}}\right)^{\nu_B}$$

令

$$\Delta_r G_m^{\ominus}=\sum_B\nu_B\mu_B^{\ominus}(pg,T)$$

$$J_p=\prod_B\left(\frac{p_B}{p^{\ominus}}\right)^{\nu_B}$$

则有

$$\Delta_r G_m=\Delta_r G_m^{\ominus}+RT\ln J_p \tag{3.54}$$

式中，$\Delta_r G_m^{\ominus}$ 为化学反应的标准摩尔反应吉布斯函数，$J \cdot mol^{-1}$；J_p 为压力商。

此式称为化学反应的等温方程式，它表明了化学反应吉布斯函数与各组分分压之间的关系，用等温方程式可以判断化学反应进行的方向。

3.7.2　理想气体反应的标准平衡常数

当化学反应达到平衡时，$\Delta_r G_m=0$，由式(3.54) 有

$$\Delta_r G_m=\Delta_r G_m^{\ominus}+RT\ln J_p^{eq}=0$$

式中，$J_p^{eq}=\prod_B\left(\frac{p_B^{eq}}{p^{\ominus}}\right)^{\nu_B}$ 为平衡压力商。可以定义

$$K^{\ominus}=\prod_B\left(\frac{p_B^{eq}}{p^{\ominus}}\right)^{\nu_B} \tag{3.55}$$

因此

$$K^{\ominus}=J_p^{eq}=\exp\left(\frac{-\Delta_r G_m^{\ominus}}{RT}\right) \tag{3.56a}$$

或

$$\Delta_r G_m^{\ominus}=-RT\ln K^{\ominus} \tag{3.56b}$$

式中，$K^{\ominus}$ 为化学反应的标准平衡常数，量纲为一，当反应确定时 $K^{\ominus}$ 只是温度的函数。

式(3.56) 定义的标准平衡常数并不仅限于理想气体反应，对真实气体、液固相反应等均成立。不同的反应，其 $\Delta_r G_m^{\ominus}$ 不同，标准平衡常数也不同。式(3.54) 可改写为

$$\Delta_r G_m=-RT\ln K^{\ominus}+RT\ln J_p \tag{3.57}$$

上式可以作为恒温恒压且不做非体积功时，化学反应方向和限度的判据。

$K^{\ominus}>J_p$，$\Delta_r G_m<0$，反应正向自发进行；

$K^{\ominus}=J_p$，$\Delta_r G_m=0$，反应处于平衡状态；

$K^{\ominus}<J_p$，$\Delta_r G_m>0$，反应逆向自发进行。

在一定温度下，可通过改变 J_p 来提高产率。如甲烷转化反应：

$$CH_4+H_2O =\!=\!=CO+3H_2$$

为了节约原料气 CH_4，可加入过量的廉价水蒸气，通过减小 J_p 使反应向右移动，以提高

CH_4 的转化率。如果能随时从反应系统中移走反应的产物，也可减小 J_p，提高产率。

3.7.3 多相反应标准平衡常数的表示

在理想气体的化学反应中还有纯固体和纯液体物质参加时，对这类的化学反应，体系达到平衡时，液固体的饱和蒸气压（或升华压）在一定温度下为一常数，可以将其合并到平衡常数中去。此类化学反应的标准平衡常数可以表示如下

$$K^{\ominus} = \prod_{B(g)} \left(\frac{p_{B(g)}^{eq}}{p^{\ominus}} \right)^{\nu_{B(g)}} \tag{3.58}$$

式中，$p_{B(g)}^{eq}$ 为多相反应中气体物质的平衡分压。

可见，对于多相反应，其标准平衡常数的表达式中，仅考虑气相物质的平衡分压，而无需考虑凝固相。

例如，CO 还原 FeO 的反应

$$FeO(s) + CO(g) \rightleftharpoons Fe(s) + CO_2(g)$$

反应达平衡时

$$K^{\ominus} = \left[\frac{p(CO)}{p^{\ominus}} \right]^{-1} \left[\frac{p(CO_2)}{p^{\ominus}} \right]$$

又如，石灰石的分解反应为

$$CaCO_3(s) \rightleftharpoons CaO(s) + CO_2(g)$$

反应达平衡时

$$K^{\ominus} = \frac{p^{eq}(CO_2)}{p^{\ominus}}$$

标准平衡常数只是温度的函数，因此，在一定的温度下，CO_2 的平衡分压是一个定值，与体系中固体物质 $CaCO_3$、CaO 的量无关。平衡时，CO_2 的分压称为该温度下 $CaCO_3$ 的分解压。

在一定的温度下，纯固体分解为气体的反应，当达到分解平衡时，此时气体物质所具有的压力称为该固体物质的分解压。分解压只是温度的函数，并随温度升高而增大。一定温度下，分解压的大小表明了固体物质稳定性程度的大小。当分解压等于外压时，固体发生剧烈分解。分解压等于 101.325kPa 时的温度称为该固体物质的分解温度。$CaCO_3$ 的分解温度约为 1170K。

3.7.4 用不同方式表示的平衡常数之间的关系

在实际使用中，经常使用其他方式来表示的平衡常数。

1) 用平衡分压表示的平衡常数 K_p

对于气相反应，当反应达到平衡时，平衡常数可以用参与反应各物质的平衡分压的乘积来表示。

$$K_p = \prod_B (p_B^{eq})^{\nu_B} \tag{3.59}$$

对于理想气体间的反应，用平衡分压表示的平衡常数与标准平衡常数存在以下关系

$$K^{\ominus} = \prod_B \left(\frac{p_B}{p^{\ominus}} \right)^{\nu_B} = \prod_B p_B^{\nu_B} (p^{\ominus})^{-\sum \nu_B} = K_p (p^{\ominus})^{-\sum \nu_B}$$

因此

$$K^{\ominus} = K_p (p^{\ominus})^{-\sum_B \nu_B} \tag{3.60}$$

2) 用平衡时物质的量浓度表示的平衡常数 $K_c^{\ominus}$

因 $K^{\ominus}=\prod\left(\dfrac{p_B}{p^{\ominus}}\right)^{\nu_B}=K_p(p^{\ominus})^{-\Sigma\nu_B}$ 由 $pV=nRT$ 有

$$p_B=n_BRT/V=c_BRT=\dfrac{c_B}{c^{\ominus}}c^{\ominus}RT \quad 故$$

$$K^{\ominus}=\prod\left(\dfrac{p_B}{p^{\ominus}}\right)^{\nu_B}=\prod\left(\dfrac{c_B}{c^{\ominus}}\times\dfrac{c^{\ominus}RT}{p^{\ominus}}\right)^{\nu_B}=\left(\dfrac{c^{\ominus}RT}{p^{\ominus}}\right)^{\Sigma\nu_B}\prod\left(\dfrac{c_B}{c^{\ominus}}\right)^{\nu_B}=K_c^{\ominus}\left(\dfrac{c^{\ominus}RT}{p^{\ominus}}\right)^{\Sigma\nu_B}$$

$$K^{\ominus}=K_c^{\ominus}\left(\dfrac{c^{\ominus}RT}{p^{\ominus}}\right)^{\Sigma\nu_B} \tag{3.61}$$

$K_c^{\ominus}$ 亦是只与温度有关的量纲为一的量。

3）用平衡时物质的摩尔分数表示的平衡常数 K_y

当反应达到平衡时，平衡常数可以用参与反应各物质的平衡时各物质的摩尔分数的乘积来表示。

由 $p_B=py_B$ $\qquad\qquad K_y=\prod y_B^{\nu_B}$

则有 $\qquad K^{\ominus}=\prod\left(\dfrac{p_B}{p^{\ominus}}\right)^{\nu_B}=\prod\left(\dfrac{py_B}{p^{\ominus}}\right)^{\nu_B}=\left(\dfrac{p}{p^{\ominus}}\right)^{\Sigma\nu_B}K_y$

$$K^{\ominus}=K_y\left(\dfrac{p}{p^{\ominus}}\right)^{\Sigma\nu_B} \tag{3.62}$$

式中，p 为混合气体的总压。

对理想气体的反应，若 $\displaystyle\sum_B\nu_B=0$，则有

$$K^{\ominus}=K_p=K_y=K_c^{\ominus}$$

以上各式中的 ν_B 均为参与反应的各物质的计量系数，对产物取正，反应物取负。

【例 3.12】 298.15K 时，已知理想气体反应：$N_2+3H_2 \Longrightarrow 2NH_3$ 的 $\Delta_rG_m^{\ominus}=-16.5$ kJ·mol^{-1}。体系的总压力为 200kPa，混合气体中物质的量之比为 $N_2:H_2:NH_3=1:3:2$。试求：（1）反应体系的压力商 J_p；（2）摩尔反应吉布斯函数 Δ_rG_m；（3）298.15K 时的 $K^{\ominus}$；（4）判断反应自发进行的方向。

解 （1）已知 $p=200$kPa，$p^{\ominus}=100$kPa

$$J_p=\prod_B\left(\dfrac{p_B}{p^{\ominus}}\right)^{\nu_B}$$

$$J_p=\dfrac{[p(NH_3)/p^{\ominus}]^2}{[p(N_2)/p^{\ominus}][p(H_2)/p^{\ominus}]^3}=\dfrac{\left(\dfrac{2}{1+2+3}\right)^2\cdot\left(\dfrac{200}{100}\right)^{2-1-3}}{\left(\dfrac{1}{1+2+3}\right)\cdot\left(\dfrac{3}{1+2+3}\right)^3}=1.333$$

（2）$\Delta_rG_m=\Delta_rG_m^{\ominus}+RT\ln J_p=(-16500+8.314\times298.15\ln1.333)$ J·mol^{-1}
$\qquad\qquad =-15787$J·mol^{-1}

（3）$K^{\ominus}=\exp(-\Delta_rG_m^{\ominus}/RT)$
$\qquad\quad =\exp\{-(-16500)/(8.314\times298.15)\}=777.7$

（4）因为 $K^{\ominus}>J_p$，故反应自发地向右进行

3.8 标准平衡常数及平衡组成的计算

3.8.1 标准平衡常数的计算

化学反应的平衡常数是由反应系统本性决定的，是衡量一个化学反应进行的方向和限度

的标志。可以通过实验测定，也可以通过热力学计算得出。

1）利用 $K^{\ominus}$ 的表达式

$$K^{\ominus} = \prod_{B} \left(\frac{p_B^{eq}}{p^{\ominus}} \right)^{\nu_B}$$

测定出化学平衡系统中各物质的分压，代入平衡常数的表达式即可计算出该反应的平衡常数。

2）由标准热力学函数计算

用热力学数据首先计算出 $\Delta_r G_m^{\ominus}$，然后再利用 $\Delta_r G_m^{\ominus} = -RT\ln K^{\ominus}$ 计算标准平衡常数，计算 $\Delta_r G_m^{\ominus}$ 常用的方法有以下三种。

（1）利用物质的标准摩尔生成吉布斯函数 $\Delta_f G_m^{\ominus}$ 计算 $\Delta_r G_m^{\ominus}$　　与用标准摩尔生成焓计算标准反应焓类似，化学反应的标准摩尔反应吉布斯函数可用参与化学反应各物质 B 的标准摩尔生成吉布斯函数进行计算，即

$$\Delta_r G_m^{\ominus} = \sum_{B} \nu_B \Delta_f G_m^{\ominus}(B) \tag{3.63}$$

此外，还可以利用原电池的标准电动势计算 $\Delta_r G_m^{\ominus}$。

【例 3.13】　298.15K 时，求如下反应 $2H_2(g) + CO_2(g) \Longrightarrow 2H_2O(g) + CH_4(g)$ 的标准平衡常数 $K^{\ominus}$。

解　由 $\Delta_r G_m^{\ominus} = \sum_{B} \nu_B \Delta_f G_m^{\ominus}(B)$，查附录 8 得

$$\Delta_r G_m^{\ominus} = -2 \times \Delta_f G_m^{\ominus}(H_2) - \Delta_f G_m^{\ominus}(CO_2) + 2 \times \Delta_f G_m^{\ominus}(H_2O) + \Delta_f G_m^{\ominus}(CH_4)$$
$$= [-2 \times 0 - (-394.36) + 2 \times (-228.59) + (-50.75)]kJ \cdot mol^{-1}$$
$$= -113.57kJ \cdot mol^{-1}$$

由 $\Delta_r G_m^{\ominus} = -RT\ln K^{\ominus}$

$$\ln K^{\ominus} = \left(-\frac{\Delta_r G_m^{\ominus}}{RT} \right) = \left(-\frac{-113.57 \times 10^3}{8.314 \times 298.15} \right) = 45.816$$
$$K^{\ominus} = 7.90 \times 10^{19}$$

（2）利用 $\Delta_r H_m^{\ominus}$ 和 $\Delta_r S_m^{\ominus}$ 计算 $\Delta_r G_m^{\ominus}$　　由恒温过程的吉布斯函数变化值的计算通式，处于标准状态下的化学反应有

$$\Delta_r G_m^{\ominus} = \Delta_r H_m^{\ominus} - T\Delta_r S_m^{\ominus} \tag{3.64}$$

利用物质的标准摩尔生成焓或标准摩尔燃烧焓可计算出标准摩尔反应焓 $\Delta_r H_m^{\ominus}$，利用物质的标准摩尔熵可以计算出化学反应的标准摩尔熵变 $\Delta_r S_m^{\ominus}$，代入上式即可求得标准摩尔反应吉布斯函数 $\Delta_r G_m^{\ominus}$。

【例 3.14】　试计算下列反应在 298.15K 时的 $\Delta_r G_m^{\ominus}$ 和 $K^{\ominus}$
$$CO(g) + H_2O(g) \Longrightarrow CO_2(g) + H_2(g)$$
并判断该反应在此条件下能否自发。

解　查表得有关物质在 298.15K 时的数据如下：

物质	$H_2(g)$	$CO_2(g)$	$H_2O(g)$	$CO(g)$
$\Delta_f H_m^{\ominus}/kJ \cdot mol^{-1}$	0	-393.5	-241.8	-110.5
$S_m^{\ominus}/J \cdot K^{-1} \cdot mol^{-1}$	130.5	213.8	188.7	197.9

$$\Delta_r H_m^{\ominus} = \Delta_f H_m^{\ominus}(CO_2, g) - \Delta_f H_m^{\ominus}(H_2O, g) - \Delta_f H_m^{\ominus}(CO, g)$$
$$= [-393.5 - (-241.8) - (-110.5)]kJ \cdot mol^{-1} = -41.2kJ \cdot mol^{-1}$$

$$\Delta_r S_m^{\ominus} = S_m^{\ominus}(CO_2,g) + S_m^{\ominus}(H_2,g) - S_m^{\ominus}(H_2O,g) - S_m^{\ominus}(CO,g)$$

$$= [213.8 + 130.5 - 188.7 - 197.9] J \cdot K^{-1} \cdot mol^{-1} = -42.3 J \cdot K^{-1} \cdot mol^{-1}$$

$$\Delta_r G_m^{\ominus} = \Delta_r H_m^{\ominus} - T\Delta_r S_m^{\ominus}$$

$$= [-41.2 - 298.15 \times (-42.3) \times 10^{-3}] kJ \cdot mol^{-1} = -28.59 kJ \cdot mol^{-1}$$

所以此反应在此条件下可自发进行。

根据式(3.56a)

$$K^{\ominus} = \exp\left(\frac{-\Delta_r G_m^{\ominus}}{RT}\right) = \exp\left(\frac{28590}{8.314 \times 298.15}\right) = 1.02 \times 10^5$$

(3) 利用相关反应计算 $\Delta_r G_m^{\ominus}$ 例如已知 1000K 时:

① $C(石墨) + O_2(g) = CO_2(g)$ $K_1^{\ominus}, \Delta_r G_{m,1}^{\ominus}$

② $CO(g) + 1/2O_2(g) = CO_2(g)$ $K_2^{\ominus}, \Delta_r G_{m,2}^{\ominus}$

求③ $C(石墨) + 1/2O_2(g) = CO(g)$ $K_3^{\ominus}, \Delta_r G_{m,3}^{\ominus}$

由于①－②＝③

所以

$$\Delta_r G_{m,3}^{\ominus} = \Delta_r G_{m,1}^{\ominus} - \Delta_r G_{m,2}^{\ominus}$$

$$= -RT \ln(K_1^{\ominus}/K_2^{\ominus}) = -RT \ln K_3^{\ominus}$$

$$K_3^{\ominus} = K_1^{\ominus}/K_2^{\ominus}$$

3.8.2 平衡组成的计算

已知某化学反应在温度 T 下的 $K^{\ominus}$ 或 $\Delta_r G_m^{\ominus}$，即可由系统的起始组成及压力计算出该温度下的平衡组成，或做相反的计算。与实际转化率或产率比较，可以发现工艺中存在的问题，为提高产品产量和质量提供理论分析基础。

平衡转化率是指达到化学平衡时，转化掉的某反应物占原始反应物的百分数。反应物为单一物质时，又称分解率或解离度。

$$平衡转化率 = \frac{平衡时消耗掉的某反应物的量}{该反应物的原始投入量} \times 100\% \tag{3.65}$$

平衡产率是指达到化学平衡时，反应生成某指定产物所消耗某反应物的量占进行反应所用该反应物的物质的量之百分数。

$$平衡产率 = \frac{平衡时转化为指定产物的某反应物的量}{该反应物的原始量} \times 100\% \tag{3.66}$$

转化率是对反应物而言，产率则是对产物而言。若无副反应，则平衡产率等于平衡转化率，若有副反应，则平衡产率小于平衡转化率。

【例 3.15】 在 527K 及 100kPa 条件下，理想气体反应 $PCl_5 = PCl_3 + Cl_2$。PCl_5 的解离度 $\alpha = 0.80$，求该温度下此反应的标准平衡常数 $K^{\ominus}$。

解 设反应前，PCl_5 为 1mol，则

	PCl_5	=	PCl_3	+	Cl_2
开始时各气体物质的量	1		0		0
平衡时各气体物质的量	$1-\alpha$		α		α
平衡时气体物质的总量 $1+\alpha$					
平衡时气体物质的摩尔分数	$\dfrac{1-\alpha}{1+\alpha}$		$\dfrac{\alpha}{1+\alpha}$		$\dfrac{\alpha}{1+\alpha}$
平衡时气体物质的分压	$\dfrac{1-\alpha}{1+\alpha}p$		$\dfrac{\alpha}{1+\alpha}p$		$\dfrac{\alpha}{1+\alpha}p$

其标准平衡常数为

$$K^{\ominus} = \left[\frac{p(PCl_3)}{p^{\ominus}}\right]\left[\frac{p(Cl_2)}{p^{\ominus}}\right]\left[\frac{p(PCl_3)}{p^{\ominus}}\right]^{-1} = \left[\frac{\alpha}{1+\alpha}\times\frac{p}{p^{\ominus}}\right]^2\left[\frac{1-\alpha}{1+\alpha}\times\frac{p}{p^{\ominus}}\right]^{-1}$$

$$= \frac{\alpha^2}{1-\alpha^2}\times\frac{p}{p^{\ominus}} = \frac{0.8^2}{1-0.8^2}\times\frac{100}{100} = 1.78$$

【例 3.16】 已知 25℃时 $N_2O_4(g) = 2NO_2(g)$ 的标准平衡常数 $K^{\ominus} = 0.135$，求总压分别为 50kPa 及 25kPa 时 $N_2O_4(g)$ 的平衡转化率及平衡组成。

解 设原有 $N_2O_4(g)$ 的物质的量为 1mol，其平衡转化率为 α，

$$N_2O_4(g) \rightleftharpoons 2NO_2(g)$$

开始时各气体物质的量	1	0

平衡时各气体物质的量　　　　　$1-\alpha$　　　　　2α

平衡时气体物质的总量　$1+\alpha$

平衡分压 p_B　　　　　$\frac{1-\alpha}{1+\alpha}p$　　　　　$\frac{2\alpha}{1+\alpha}p$

代入平衡常数表达式，$K^{\ominus} = \prod\limits_{B}\left(\frac{p_B^{eq}}{p^{\ominus}}\right)^{\nu_B}$

整理得：
$$K^{\ominus} = \frac{4\alpha^2}{1-\alpha^2}\times\frac{p}{p^{\ominus}} = 0.135$$

将 $K^{\ominus} = 0.135$ 及 $p_1 = 50$kPa 代入，解出 $\alpha_1 = 0.252$

$$y_1[NO_2(g)] = \frac{2\alpha_1}{1+\alpha_1} = 0.402 \quad y_1[N_2O_4(g)] = 0.596$$

将 $K^{\ominus} = 0.135$ 及 $p_2 = 25$kPa 代入，求得 $\alpha_2 = 0.345$

$$y_2[NO_2(g)] = \frac{2\alpha_2}{1+\alpha_2} = 0.513 \quad y_2[N_2O_4(g)] = 0.487$$

通过此题的计算，充分理解当反应确定时 $K^{\ominus}$ 只与温度有关，但不同的系统压力下的 α 以及 y_B 的不同。

3.9 标准平衡常数与温度的关系

化学反应的标准平衡常数是温度的函数。温度改变，标准平衡常数就会发生变化，从而影响到化学平衡。一般通过热力学数据，可以计算出 298.15K 时的标准平衡常数。但在实际生产中，反应不可能都在 298.15K 下进行。为了提高化学反应的速率，反应通常在较高的温度下进行，因此，需要讨论温度与标准平衡常数的关系。

3.9.1 等压方程式

由热力学基本函数关系式 $dG = -SdT + Vdp$ 得

$$\left(\frac{\partial G}{\partial T}\right)_p = -S$$

由上式可以导出，在恒压条件下，任意过程的 ΔG 与 T 的关系为

$$\left(\frac{\partial \Delta G}{\partial T}\right)_p = -\Delta S$$

在温度 T 时由 $\Delta G = \Delta H - T\Delta S$ 得 $-\Delta S = \frac{\Delta G - \Delta H}{T}$，带入上式得：

$$\left(\frac{\partial \Delta G}{\partial T}\right)_p = \frac{\Delta G - \Delta H}{T}$$

此式称为吉布斯-亥姆霍兹方程。它表示等压过程的 ΔG 随温度的变化率。两边同时除以 T 得

$$\frac{1}{T}\left(\frac{\partial \Delta G}{\partial T}\right)_p = \frac{\Delta G - \Delta H}{T^2}$$

整理后得吉布斯-亥姆霍兹方程的另外一种形式。

$$\left[\frac{\partial(\Delta G/T)}{\partial T}\right]_p = -\frac{\Delta H}{T^2} \tag{3.67}$$

将吉布斯-亥姆霍兹方程用于标准状态的化学反应，有

$$\left[\frac{\partial(\Delta_r G_m^{\ominus}/T)}{\partial T}\right]_p = -\frac{\Delta_r H_m^{\ominus}}{T^2}$$

将 $\Delta_r G_m^{\ominus} = -RT\ln K^{\ominus}$ 代入上式，并整理得到

$$\left(\frac{\partial \ln K^{\ominus}}{\partial T}\right)_p = \frac{\Delta_r H_m^{\ominus}}{RT^2} \tag{3.68a}$$

由于 $K^{\ominus}$ 与压力无关，只是温度的函数，亦可表示为

$$\frac{d\ln K^{\ominus}}{dT} = \frac{\Delta_r H_m^{\ominus}}{RT^2} \tag{3.68b}$$

上式即为标准平衡常数随温度的变化关系的微分式，称为等压方程式。

讨论：

当 $\Delta_r H_m^{\ominus} > 0$，即吸热反应，$\dfrac{d\ln K^{\ominus}}{dT} > 0$，温度升高，标准平衡常数增大，化学平衡朝着正反应方向移动；

当 $\Delta_r H_m^{\ominus} < 0$，即放热反应，$\dfrac{d\ln K^{\ominus}}{dT} < 0$，温度升高，标准平衡常数降低，化学平衡朝着逆反应方向移动；

当 $\Delta_r H_m^{\ominus} = 0$，即无热反应，$\dfrac{d\ln K^{\ominus}}{dT} = 0$，温度改变，标准平衡常数不变，化学平衡不发生移动；这与平衡移动原理的结论一致。且热效应越大，标准平衡常数随温度变化越显著。

3.9.2　标准摩尔反应焓为常数时标准平衡常数与温度的关系

若将等压方程式(3.68b)的微分式进行不定积分，则可以得到下式

$$\ln K^{\ominus} = -\frac{\Delta_r H_m^{\ominus}}{R} \times \frac{1}{T} + C \tag{3.69}$$

以 $\ln K^{\ominus}$ 对 $1/T$ 作图可得一条直线，直线斜率 $m = -\dfrac{\Delta_r H_m^{\ominus}}{R}$，

因为
$$\Delta_r G_m^{\ominus} = -RT\ln K^{\ominus}$$

又
$$\Delta_r G_m^{\ominus} = \Delta_r H_m^{\ominus} - T\Delta_r S_m^{\ominus}$$

因此
$$\ln K^{\ominus} = -\frac{\Delta_r H_m^{\ominus}}{R} \times \frac{1}{T} + \frac{\Delta_r S_m^{\ominus}}{R}$$

截距
$$C = \frac{\Delta_r S_m^{\ominus}}{R}$$

于是，利用作图法可以求出化学反应焓变和熵变。

若将等压方程式(3.68b)的微分式作定积分，则可以得到下式

$$\ln \frac{K_2^{\ominus}}{K_1^{\ominus}} = \frac{\Delta_r H_m^{\ominus}}{R} \left(\frac{1}{T_1} - \frac{1}{T_2} \right) \tag{3.70}$$

若已知一个温度下的标准平衡常数和反应的焓变，便可求出另一温度下的标准平衡常数。

【例 3.17】 已知变换反应为 $CO + H_2O \Longrightarrow CO_2 + H_2$，在 690K 时，$K_1^{\ominus} = 10$，$\Delta_r H_m^{\ominus} = -42.68 kJ \cdot mol^{-1}$，求 500K 时的标准平衡常数 $K_2^{\ominus}$。

解 将已知数据代入式(3.70)中有

$$\ln \frac{K_2^{\ominus}}{10} = \frac{-42.68 \times 10^3}{8.314} \left(\frac{1}{690} - \frac{1}{500} \right)$$

解得 $K_2^{\ominus} = 169$

可以看出，当 $\Delta_r H_m^{\ominus} < 0$ 时，降低温度平衡常数增大，平衡向右移动。在合成氨生产工艺中，就是先采用高温变换，提高反应速率；再经低温变换，提高 CO 转化率。

【例 3.18】 环己烷与甲基环戊烷之间存在如下异构化反应

$$C_6H_6(l) \Longrightarrow C_5H_9 \cdot CH_3(l)$$

已知其标准平衡常数与温度的关系如下：

$$\ln K^{\ominus} = 4.814 - \frac{2059}{T}$$

求 298K 下异构化反应 $\Delta_r G_m^{\ominus}$、$\Delta_r H_m^{\ominus}$、$\Delta_r S_m^{\ominus}$

解 根据式(3.69)

$$\ln K^{\ominus} = -\frac{\Delta_r H_m^{\ominus}}{R} \times \frac{1}{T} + C$$

根据对应关系则有

$$-\frac{\Delta_r H_m^{\ominus}}{R} = -2059$$

得出

$$\Delta_r H_m^{\ominus} = 1.712 \times 10^4 J$$

又

$$\Delta_r G_m^{\ominus} = -RT \ln K^{\ominus}$$

$$= \left[-8.314 \times 298 \times \left(4.814 - \frac{2059}{298} \right) \right] J = 5191.5 J$$

根据

$$\Delta_r G_m^{\ominus} = \Delta_r H_m^{\ominus} - T \Delta_r S_m^{\ominus}$$

所以

$$\Delta_r S_m^{\ominus} = \left[\frac{1.712 \times 10^4 - 5191.5}{298} \right] J \cdot K^{-1} = 40.03 J \cdot K^{-1}$$

3.9.3 标准摩尔反应焓为温度的函数时标准平衡常数与温度的关系

若温度变化范围较大，则应考虑 $\Delta_r H_m^{\ominus}$ 与温度的关系，由基尔霍夫定律

$$\Delta_r H_m^{\ominus} = \Delta H_0 + \Delta a + \frac{1}{2} \Delta b T^2 + \frac{1}{3} \Delta c T^3$$

式中，ΔH_0 为积分常数，可以通过某一温度下的 $\Delta_r H_m^{\ominus}$ 求出。

将上式代入恒压方程式的微分式，进行不定积分得

$$\ln K^{\ominus} = -\frac{\Delta H_0}{RT} + \frac{\Delta a}{R} \ln T + \frac{\Delta b}{2R} T + \frac{\Delta c}{6R} T^2 + I \tag{3.71}$$

式中，I 为积分常数，可以通过某一温度下的 $K^{\ominus}$ 求出。

这样计算的结果相对比较精确。

3.10　影响理想气体反应平衡的其他因素

化学平衡是有条件的、相对的，当条件发生改变时，化学平衡体系就会被破坏，平衡组成随之发生变化，平衡就会发生移动。在影响化学平衡的诸多因素中，温度的影响是最显著的。除温度以外，总压力的大小以及惰性气体的加入等，也能改变平衡组成，

3.10.1　压力对理想气体反应平衡的影响

压力不影响 $K^\ominus$，但影响平衡组成。根据 $K_y = K^\ominus \left(\dfrac{p}{p^\ominus} \right)^{-\sum \nu_B}$ 进行定性分析。

① 当 $\sum \nu_B(g) = 0$ 时，K_y 等于标准平衡常数，不随压力的改变而改变，因此，平衡组成不受压力的影响，如 $CO + H_2O \Longrightarrow CO_2 + H_2$，在合成氨工艺中，这一类反应可以采用常压变换，也可以采用中高压变换，其平衡组成基本相同。

② 当 $\sum \nu_B(g) < 0$ 时，随压力增大，K_y 也随之增大，平衡向右移动。如在合成氨工艺中，$N_2 + 3H_2 \Longrightarrow 2NH_3$，这类反应是物质的量减少的反应。合成氨是在高压下进行，就是为了保证氨在平衡组成中的含量。

③ 当 $\sum \nu_B(g) > 0$ 时压力增大，K_y 随之减小，平衡向左移动，不利于产物的生成。如 $C(s) + H_2O \Longrightarrow CO + H_2$，这类反应是气体物质的量增加的反应，因此，在合成氨工艺中，造气反应是在常压下进行，以保证平衡的产率。

【例 3.19】　常压下由乙苯脱氢制苯乙烯，在 600℃ 时，标准平衡常数 $K^\ominus = 0.178$，求 $p = 10kPa$ 时苯乙烯的产率；若压力增大 10 倍，苯乙烯的产率又为多少？

解　在无副反应发生的情况下，苯乙烯的产率即为乙苯的分解率。

设反应前，乙苯为 1mol，设苯乙烯的产率为 α

	$\underset{\text{CH}_2\text{CH}_3}{\bigcirc}$	$\Longrightarrow$	$\underset{\text{CH}=\text{CH}_2}{\bigcirc}$	$+ H_2$
初始各气体物质的量 n_B	1		0	0
平衡时各气体物质的量 n_B^{eq}	$1 - \alpha$		α	α

平衡时气体物质的总量　$\sum n_B = 1 + \alpha$

摩尔分数 y_B^{eq}	$\dfrac{1-\alpha}{1+\alpha}$	$\dfrac{\alpha}{1+\alpha}$	$\dfrac{\alpha}{1+\alpha}$
分压 p_B^{eq}	$\dfrac{1-\alpha}{1+\alpha}p$	$\dfrac{\alpha}{1+\alpha}p$	$\dfrac{\alpha}{1+\alpha}p$

其标准平衡常数为

$$K^\ominus = \left[\frac{p(H_2)}{p^\ominus} \right] \left[\frac{p(C_8H_8)}{p^\ominus} \right] \left[\frac{p(C_8H_{10})}{p^\ominus} \right]^{-1} = \left(\frac{\alpha}{1+\alpha} \times \frac{p}{p^\ominus} \right)^2 \left(\frac{1-\alpha}{1+\alpha} \times \frac{p}{p^\ominus} \right)^{-1}$$

$$= \frac{\alpha^2}{1-\alpha^2} \times \frac{p}{p^\ominus}$$

当 $p_1 = 10kPa$，$K^\ominus = \dfrac{\alpha^2}{1-\alpha^2} \times 0.1$，解得 $\alpha_1 = 0.80$，即产率为 80%。当 $p_2 = 100kPa$，$K^\ominus = \dfrac{\alpha^2}{1-\alpha^2}$，解得 $\alpha_2 = 38.9$，即产率为 38.9%

显然压力增大平衡逆向移动，不利于苯乙烯的生成。要提高苯乙烯的产率，需减小

3.10.2 惰性介质对化学平衡的影响

所谓的惰性介质是指存在于反应系统中，但不参加化学反应的气体物质。在温度、压力一定时，惰性介质虽然不参加反应，不影响标准平衡常数，但其加入却影响平衡组成。

$$K^{\ominus} = \prod_{B} (p_B/p^{\ominus})^{\nu_B}$$

$$= \prod_{B} \left(\frac{n_B}{\sum n_B} \frac{p}{p^{\ominus}} \right)^{\nu_B} = \prod_{B} n_B^{\nu_B} \left(\frac{p}{p^{\ominus} \sum n_B} \right)^{\sum_B \nu_B} = K_n \left(\frac{p}{p^{\ominus} \sum n_B} \right)^{\sum_B \nu_B}$$

① 当 $\sum \nu_B(g) = 0$ 时，引入惰性介质，不影响平衡组成。

② 当 $\sum \nu_B(g) < 0$ 时，引入惰性介质，即 $\sum n_B$ 增大，在总压不变的条件下，K_n 减小，平衡逆向移动。例如合成氨的反应 $N_2 + 3H_2 \Longrightarrow 2NH_3$，$\sum \nu_B(g) < 0$，由于反应气中含有少量的甲烷和氩气，由于原料气的循环使用，这些气体不断在系统中累积，影响了氨的产率。为此在合成氨反应中，要定时将尾气部分排放，以降低其中惰性组分的含量。

③ 当 $\sum \nu_B(g) > 0$ 时，引入惰性介质，即 $\sum n_B$ 增大，在总压不变的条件下，K_n 增大，平衡正向移动。例如乙苯脱氢制取苯乙烯的反应，其 $\sum \nu_B(g) > 0$，为有利于苯乙烯的生成，通常通入大量水蒸气。以提高苯乙烯的转化率。

因此，引入惰性介质相当于降低了反应系统的压力，使平衡发生移动。

【例 3.20】 上题若加入水蒸气，在总压为 10kPa，使乙苯与水蒸气的比例为 1：9 时，计算苯乙烯的产率。

解 设反应前，乙苯为 1mol，则水为 9mol，设其转化率为 α

	$C_6H_5CH_2CH_3$ $\Longrightarrow$	$C_6H_5CH=CH_2$ +	H_2	H_2O
初始各气体物质的量 n_B	1	0	0	9
平衡各气体物质的量 n_B^{eq}	$1-\alpha$	α	α	9

平衡时气体物质的总量 $\sum n_B = 10 + \alpha$

摩尔分数 y_B^{eq}	$\dfrac{1-\alpha}{10+\alpha}$	$\dfrac{\alpha}{10+\alpha}$		$\dfrac{\alpha}{10+\alpha}$
分压 p_B^{eq}	$\dfrac{1-\alpha}{10+\alpha}p$	$\dfrac{\alpha}{10+\alpha}p$		$\dfrac{\alpha}{10+\alpha}p$

其标准平衡常数为

$$K^{\ominus} = \left(\frac{\alpha}{10+\alpha} \times \frac{p}{p^{\ominus}} \right)^2 \left(\frac{1-\alpha}{10+\alpha} \times \frac{p}{p^{\ominus}} \right)^{-1} = \frac{\alpha^2}{(10+\alpha)(1-\alpha)} \times \frac{p}{p^{\ominus}}$$

解得 $\alpha = 0.95$，即产率为 95%。

通过计算可以看出，降低总压，有利于产物苯乙烯的形成；增加惰性介质也有利于苯乙烯的形成。

3.10.3 反应物的原料配比对平衡组成的影响

在一定温度和压力下，反应物的起始浓度配比不会影响平衡常数，但能影响产物的平衡浓度，以致改变反应物平衡转化率或产物的平衡产率。

对化学反应 $aA + bB \Longrightarrow eE + fF$

反应物配比为 $r = \dfrac{n_A}{n_B}$。显然，r 的变化范围为 $0 < r < \infty$。若反应物 A 的量很少，即 $r \to$

0，则产物 E、F 的产量也很少。随着反应物 A 的增加，E、F 的产量逐渐增大；当反应物 B 的量很少时，$r \to \infty$，产物 E、F 的产量也很少。因此，产物的量随着 r 的改变，有一个由少到多，再由多到少的过程。

可以证明，对理想气体体系的化学反应，在恒温恒压下反应物按计量系数配比时，平衡产物的浓度最大。因此，对于多数反应，基本上是按反应物计量系数进行配比的。

合成氨的 $r[n(H_2)/n(N_2)]$ 值基本上维持在 2.9 左右，因为合成氨在实际生产时高温高压，体系偏离理想气体行为，此外，从动力学上研究，适当提高氮气的比例，对提高反应速率有利。

如果 A、B 两种原料气中，气体 B 较 A 便宜，而且气体 B 又较易从产品中分离，则根据平衡移动原理，为了充分利用气体 A 可以使气体 B 适当过量，以提高气体 A 的转化率。这样，虽然在混合气中，产物的含量降低了，但经分离还是得到了更多的产物，提高了经济效益。

思考题

1. 热力学第二定律的文字表述。理想气体恒温可逆过程中 $\Delta U = 0$，$Q = -W$，即膨胀过程中系统所吸收的热全部转化为功，这与热力学第二定律是否矛盾？为什么？

2. 理想气体的恒温可逆膨胀过程的 $\Delta S = nRT\ln(V_2/V_1)$，$V_2 > V_1$，所以 $\Delta S > 0$。但根据熵增加原理，可逆过程的 $\Delta S = 0$，这两个结论是否矛盾？为什么？

3. 判断下列说法是否正确

① 不可逆过程一定是自发的，自发过程一定是不可逆的。

② 在初、终态相同的情况下，分别进行可逆过程和不可逆过程，它们的熵变是否相同？

③ 体系经历一个不可逆的循环，其熵变是大于、等于、还是小于零？

④ 所有绝热过程的 Q 为零，ΔS 也必为零。

⑤ 熵值不可能为负值。

⑥ 在同一始、终态间，可逆过程的热温熵大于不可逆过程的热温熵，即可逆过程的熵变大于不可逆过程的熵变。

⑦ 食物在体内消化的过程是系统熵增加的过程。

⑧ 水在其正常沸点时汽化 $\Delta G = 0$。

⑨ 100℃、1 大气压下液态水向真空蒸发变成水蒸气 $\Delta G = 0$。

⑩ 凡是 $\Delta G < 0$ 的过程一定能自发进行。

4. 化学反应等温方程式中的 $K^\ominus$ 和 J_p 有何异同。

5. 在化学平衡系统中，平衡组成发生变化，标准平衡常数是否一定改变？

6. 对于放热反应 A ===2B+C，降低温度或减小压力可以提高转化率。

7. 下列反应的平衡常数，C+O_2===CO_2，$K_1^\ominus$；2CO+O_2===CO_2，$K_2^\ominus$；C+$\frac{1}{2}O_2$===CO，$K_3^\ominus$。则三个平衡常数间的关系为：$K_3^\ominus = K_1^\ominus/K_2^\ominus$。是否正确。

8. 某化学反应 $\Delta_r H_m^\ominus < 0$，$\Delta_r S_m^\ominus < 0$，且 $\Delta_r G_m^\ominus$ 随温度升高而减小。是否正确。

9. 对反应 $PCl_3(g) + Cl_2(g) ===PCl_5(g)$，增大总压能提高 PCl_3 的转化率，引入惰性介质呢？

10. 如何综合考虑温度和压力对生产过程的影响？

习题

1. 物质的量为 n 的理想气体绝热自由膨胀，体积由 V_1 膨胀至 V_2，求 ΔS 并判断该过程是否自发？

2. 1mol 理想气体恒温由 $10dm^3$ 反抗恒外压 $p_{外} = 101.325kPa$，膨胀至平衡，其 $\Delta S = 2.2J \cdot K^{-1}$，求 W。

3. 有 10mol 某理想气体，自 25℃、1013.25kPa 膨胀到 25℃、101.325kPa。计算下列过程系统熵变 ΔS、环境熵变 $\Delta S_{环}$ 及隔离系统熵变 $\Delta S_{隔离}$。假定过程为（1）可逆膨胀；（2）向真空膨胀；（3）反抗外压 101.325kPa 的膨胀。

4. 2 mol 单原子分子理想气体从 300K 恒压升温到 500K。求此过程的 Q、W、ΔU、ΔH 和 ΔS。

5. 1mol 理想气体在 25℃ 时，由 $25 \times 10^{-3} m^3$ 恒温可逆膨胀到体积为 $50 \times 10^{-3} m^3$，求 W、Q、ΔU、ΔH、ΔS。

6. 在 300K，1mol 理想气体由 $10^5 Pa$ 恒温可逆压缩到终态。此过程 $W = 3000J$，求终态压力 p_2、及 ΔA、ΔU、ΔH、ΔS、ΔG、Q。

7. 1mol 理想气体由 298K、600kPa 经反抗恒定外压 100kPa 膨胀至其体积为原来的 6 倍，压力等于外压时，计算此过程的 ΔA、ΔU、ΔH、ΔS、ΔG、Q 及 W。

8. 1mol 1000K、1013kPa 的氮气 $\left(可视为理想气体 C_{v,m} = \dfrac{5}{2}R\right)$，在 101.3kPa 下绝热膨胀至平衡（终态压力为外压 101.3kPa）求 ΔS。

9. 1mol 甲苯在其正常沸点 110.6℃ 时蒸发为 101.3kPa 的气体，求该过程的 ΔU、ΔH、ΔS、ΔG、Q 及 W。已知该温度下甲苯的蒸发焓为 $33.33kJ \cdot mol^{-1}$。（1）设外压为 101.3kPa（可逆）；（2）设外压为 101.3kPa（不可逆）。

10. 甲醇正常沸点为 338.1K，该温度下其摩尔蒸发焓 $35.3kJ \cdot mol^{-1}$。现有 1mol 338.1K、101.3kPa 的液态甲醇在恒温恒压条件下变为甲醇蒸气，求该过程的 ΔU、ΔH、ΔS、ΔG、Q 及 W。

11. 1mol 苯在 -5℃ 时凝固，放热 9874J，求苯凝固过程的 ΔS 和 $\Delta S_{总}$。已知苯的熔点为 5.5℃，$\Delta H_{熔} = 9916J \cdot mol^{-1}$，苯的热容为 $C_{p,m}(l) = 126.8J \cdot K^{-1} \cdot mol^{-1}$ 和 $C_{p,m}(s) = 122.6J \cdot K^{-1} \cdot mol^{-1}$。

12. 根据附录计算反应 $N_2(g) + 3H_2(g) \longrightarrow 2NH_3(g)$ 在标准状态下的 $\Delta_r H_m^{\ominus}$ (298K)、$\Delta_r S_m^{\ominus}$ (298K)、$\Delta_r G_m^{\ominus}$ (298K)。

13. 利用附录中标准摩尔生成焓与标准摩尔熵的数据，判断下列方法在常温常压下由苯制取苯胺的可能性。

$$C_6H_6(l) + HNO_3(l) \longrightarrow H_2O(l) + C_6H_5NO_2(l)$$
$$C_6H_5NO_2(l) + 3H_2(g) \longrightarrow 2H_2O(l) + C_6H_5NH_2(l)$$

14. 在 300K、202.65kPa 下，将 5molA(g) 和 10molB(g) 通过催化剂发生下列反应：

$$A(g) + 2B(g) \longrightarrow AB_2(g)$$

实验测得反应达到平衡时 B(g) 转化率为 50%，设参加反应的气体皆为理想气体，求此反应的平衡常数 $K^{\ominus}$、K_p、K_c、K_y。

15. 已知 298K 时

物质	$\Delta_f H_m^{\ominus}/kJ \cdot mol^{-1}$	$S_m^{\ominus}/J \cdot K^{-1} \cdot mol^{-1}$	$C_{p,m}/J \cdot K^{-1} \cdot mol^{-1}$
$N_2O_4(g)$	9.66	304.31	77.28
$NO_2(g)$	33.85	240.46	37.2

反应 $N_2O_4(g) \Longleftrightarrow 2NO_2(g)$

(1) 求反应的 $\Delta_r H_m^{\ominus}$ (298K) 及 $\Delta_r S_m^{\ominus}$ (298K)；

(2) 求反应的 $\Delta_r G_m^{\ominus}$ (298K)、$K^{\ominus}$ (298K)；

(3) 计算 318K 时的 $K^{\ominus}$ (318K)

16. 气相反应 $C_2H_6 \Longleftrightarrow C_2H_4 + H_2$ 在 1000K，$p = 101.3kPa$ 时，平衡转化率为 $x = 0.485$，求 $K^{\ominus}$。

17. 气相反应 $PCl_5 \Longleftrightarrow PCl_3 + Cl_2$ 在 250℃ 时进行，$K^{\ominus} = 1.78$，问 1L 容器内放入多少摩尔 PCl_5 才能得到 0.2mol 的 Cl_2。

18. 固体 NH_4Cl 分解反应 $NH_4Cl(s) \Longleftrightarrow NH_3(g) + HCl(g)$ 在 597K 时氯化铵的分解压为 101.3kPa，求 $K^{\ominus}$ 和 $\Delta_r G_m^{\ominus}$。

19. 已知气相反应 $AB \Longleftrightarrow A + B$ 的 $K^{\ominus}$ (373K) $= 8.1 \times 10^{-9}$，$\Delta_r S_m^{\ominus}$ (373K) $= 125.6J \cdot K^{-1} \cdot mol^{-1}$，计算

(1) 373K，总压为 200kPa 时 AB 的解离度 α；

(2) 373K 时上述反应的 $\Delta_r H_m^{\ominus}$；

(3) 在总压为 200kPa 下，使 AB 的解离度达到 0.1% 时所需的温度（设 $\Delta_r H_m^{\ominus}$ 不随 T 变化）。

20. 环己烷与甲基环戊烷之间存在如下异构化反应：

$$C_6H_6(l) \Longleftrightarrow C_5H_9 \cdot CH_3(l)$$

已知其标准平衡常数与温度的关系如下：

$$\ln K^{\ominus} = 4.814 - \frac{2059}{T}$$

求 298K 下异构化反应 $\Delta_r H_m^{\ominus}$、$\Delta_r S_m^{\ominus}$。

21. 工业上乙苯脱氢反应在 900K 时，标准平衡常数 $K^{\ominus}$ (900K) $= 1.49$，

(1) 分别求 $p_1 = 101.3kPa$ 和 $p_2 = 202.6kPa$ 时苯乙烯的产率；

(2) 若加入水蒸气，在总压为 101.3kPa，使乙苯与水蒸气的体积比为 1：5 时苯乙烯的产率。

第4章 物质分离提纯基础

学习目的与要求

① 掌握组分数、相数、自由度数的确定，掌握相律及其应用。

② 掌握单组分体系相图及其应用，掌握纯物质的克拉贝龙方程、克劳修斯-克拉贝龙方程及其应用。

③ 掌握完全互溶双液系的各类 p-x、t-x 图的特点、分析与应用；掌握精馏原理及其应用。

④ 掌握拉乌尔（Raoult）定律、亨利（Henry）定律、分配定律、水蒸气蒸馏及其应用。

⑤ 掌握二组分简单凝聚系的金属相图和水盐系相图的绘制、分析、应用、步冷曲线的绘制。

⑥ 了解液-液部分互溶的温度-溶解度图。

⑦ 掌握杠杆规则及其应用。

随着科学技术的发展，在化工、制药等实际生产和生活中，对原料和产品的纯度的要求越来越高。因此，必须对产品进行分离提纯，以满足实际的要求。目前采用的分离提纯方法主要有：结晶、蒸馏、萃取和吸收等。这些分离提纯的方法无一不是利用物质在相间转移能力的不同，即利用物质在相变过程中所显示的物理化学性质（熔点、沸点及溶解度等）的差异来进行的。这些过程都与相平衡的知识相关联，故研究多相体系的平衡具有重要的实际意义。

研究相平衡有两种方法：一是应用热力学的基本公式来推导体系的 T、p 与各相组成间的关系，将这些关系用数学公式表示出来；另一种方法即将 T、p 及组成间的关系用几何图形表示出来。这种几何图形称相图或状态图。

相图的特点是直观明了，可直接从图中了解各个量之间的关系，相图是理论发展的基础，是研究相平衡的重要工具。

4.1 相　　律

相律是物理化学中最具普遍性的规律之一，是 1876 年吉布斯（Gibbs）根据热力学原理推导出来的。它能应用于各种不同的相平衡体系。

对于比较简单的相平衡问题，可以凭经验、常识加以判断，例如，在 25℃、101325Pa 下，水呈液态单相存在；在 100℃、101325Pa 下，是水蒸气与液态水两相平衡共存；在 110℃、101325Pa 下呈气态单相存在等。但是在生产及科研工作中所遇到的体系中所包含的物质种类较多，共存的相数较多时，体系所涉及的相平衡问题就必须依靠相律的理论知识来进行专门的讨论。例如体系在一定条件下有几相共存？要维持体系的相数可以有几个可独立变化的变量等。因此，对一个多组分体系，相律能告诉我们，最多能出现几个平衡共存的相，需要多少个能独立改变的变量才能描述该平衡体系。

在讨论相律之前，首先应明确几个重要的基本概念。

4.1.1　相与相数

相即体系内物理性质和化学性质完全均匀的部分。体系中相的数目称为相数，用 Φ 表示。相与相之间在指定的条件下有明显的分界面，相的存在与数量的多少无关。例如，一杯水和一桶水，都只有一相。如果在水中加入一块冰，使冰、水能平衡共存，虽然冰和水的化学组成相同，但其物理性质发生了变化，故冰和水各为一相，$\Phi = 2$。

对气体而言，由于气体在一定条件下能以任意比例相互均匀混合，故无论有多少种气体组成的体系，其相数总为 1。

对液体混合物，根据其互溶的情况不同，可以形成一相或多相。能完全互溶的液体混合形成均匀的一相；不能完全互溶的，可分层形成两相甚至三相。例如水和乙醇混合，形成的是均匀的一相；水和四氯化碳则形成两相；水、乙醚和乙烯腈混合则形成三相。

对于固体混合物（固溶体除外），无论固体颗粒分散得多么细小，再细小的颗粒也是大量分子的聚集体，这些颗粒之间都有明显的分界面，所以通常有几种固体物质混合构成的体系，就存在几个相。

4.1.2　独立组分数

独立组分数简称组分数，用 C 表示。独立组分数是足以确定一个相平衡体系中所有各相组成所需最少独立物质的种类数。体系的组分数与物种数（用 S 表示）一般不同，以 PCl_5、PCl_3 和 Cl_2 三种气体形成的体系为例来说明独立组分数。

①　当三者之间彼此独立，毫无任何联系时，要确定该平衡体系，必须这三种物质都要知道，缺一不可。此时，组分数与物种数相等，即 $C = S = 3$。

②　三者之间发生化学反应，并建立如下化学平衡：

$$PCl_5 \Longrightarrow PCl_3 + Cl_2$$

此时，三者之间有平衡常数联系，只要知道了其中任意两种物质的量，第三种物质的量便可通过平衡常数求得。因此，该平衡体系的物种数未变，$S = 3$，而组分数 $C = 2$，即

$$C = S - R = 3 - 1 = 2$$

式中，R 为平衡体系中各物种之间存在的独立的化学平衡方程式数目。

③　若三者之间除存在化学平衡关系外，还规定体系中保持 $[PCl_3] : [Cl_2] = 1 : 1$。则此时体系中只要有 PCl_5 这种物质即可满足要求，因为 PCl_5 分解成 PCl_3 和 Cl_2，并且达到平衡时 $[PCl_3] : [Cl_2] = 1 : 1$。所以

$$C = S - R - R' = 3 - 1 - 1 = 1$$

式中，R' 为浓度限制条件数。

综合上述例子，存在这样一个规则：即体系的组分数 C 等于物种数 S 减去各组分间存在的独立化学平衡关系式数（R）和浓度限制条件（R'）。亦即

$$C = S - R - R' \tag{4.1}$$

应注意：对浓度限制条件，仅限于同一相中的物质才起作用。

4.1.3 自由度数

自由度数即在不引起体系相态变化的前提下，体系可以独立变化的变量（T、p、x_i 等）的数目，用 F 表示。例如，对液态水，我们可以在一定范围内任意改变水的温度和压力，而不会引起水的相态变化，即水不会变成水蒸气或冰。故该体系有两个独立变量可以自由变动，$F = 2$。而对于水和水蒸气的两相平衡体系，温度和压力两个变量中只有一个可以独立变动，另外一个必须跟着变。如温度为 100℃时，其饱和蒸气压必定为 101.325kPa，若为其他压力，则不能保持两相平衡。所以只有一个变量可以独立变动，$F = 1$。

相律是关于相平衡体系中的相数、组分数与自由度数之间关系的定律。相律要确定的就是在一定条件下，一个相平衡体系能独立改变的变量有多少个，即有几个自由度。

很早以前，人们就已从大量实验事实中发现，体系的自由度数随组分数的增加而增加，随相数的增多而减少，直到 1876 年吉布斯导出了相律，才将相平衡体系的相数、组分数与自由度数及影响体系的外界因素这四者用一个等式联系起来。其表达式为：

$$F = C - \Phi + 2 \tag{4.2}$$

这里的 2 是代表温度和压力两个外界变量，这是影响相平衡体系的两个主要外界因素。如果温度或压力固定一个，则表达式变为：$F = C - \Phi + 1$。因此，对于凝聚体系（指体系中无气体），外压对其相平衡体系几乎无影响，只需考虑温度的影响，其相律的表达式为：$F = C - \Phi + 1$。若除考虑温度、压力的影响外，还要考虑电场、磁场或重力场的影响，则相律的表达式可改写为：

$$F = C - \Phi + n$$

【例 4.1】 I_2 作为溶质在两不互溶液体 H_2O 和 CCl_4 中达到分配平衡，求该平衡体系的组分数 C、相数 Φ 和自由度数 F（凝聚系）。

解 由题给条件可知，该平衡体系的 $S = 3$，$\Phi = 2$（H_2O 相和 CCl_4 相），要确定该平衡体系，至少需要知道 I_2、H_2O 和 CCl_4 三种物质，缺一不可，故 $C = S = 3$。

$$F = C - \Phi + 1 = 3 - 2 + 1 = 2$$

4.2 单组分体系相平衡

对单组分体系，$F = C - \Phi + 2 = 1 - \Phi + 2 = 3 - \Phi$。故 $F_{max} = 2$。要完整描述该体系需要两个独立变量。$\Phi_{max} = 3$，故该体系最多只有三相平衡共存。$F = 2$ 称为双变量体系，在 p-T 平面上表示一个面；$F = 1$ 称为单变量体系，在 p-T 平面上表示一条线；$F = 0$ 称为无变量体系，在 p-T 平面上表示一点。

相图是用来描述体系的相态如何随 T、p、x_i 等变量的改变而变化的几何图形，又称状态图。单组分体系相图即 p-T 图，表示体系的相态如何随 T、p 的变化而变化。以常压下水的相图为例，来讨论单组分体系相图：

4.2.1 相图的绘制

通过实验测出水每两相达成平衡时的 T、p 数据（见表 4.1），将每两相成平衡时的 T、p 数据，在 p-T 平面上描点，然后，将每两相平衡时的点分别用曲线连接起来，即成了水的相图。如图 4.1 所示。

表 4.1　水的相平衡数据

温度/℃	体系的饱和蒸气压 p/kPa		平衡压力 p/kPa
	水⇌水蒸气	冰⇌水蒸气	冰⇌水
−20	0.126	0.103	193.5×10^3
−15	0.191	0.165	156.0×10^3
−10	0.287	0.260	110.4×10^3
−5	0.422	0.414	59.8×10^3
0.01	0.610	0.610	0.610
20	2.338	—	—
100	101.325	—	—
374	22060	—	—

4.2.2　相图分析

在 p、T 平面上，OA、OB、OC 三条线相交于 O 点，将整个平面分成三个区域。O 点称为三相点，在该点三相平衡共存，$F=0$，表示 T、p 皆由体系自定，具有唯一性，也是物质的根本属性。OA 线表示液气平衡线，OB 线表示固气平衡线，OC 线表示固液平衡线，在这三条线上均为两相平衡共存，$F=1$，T、p 只有一个变量可以自由变动，另一个必须跟着变。在 Ⅰ、Ⅱ、Ⅲ 三个区域内，均为单相区，温度、压力可以任意变动，$F=2$。由图 4.1 可以看出，当体

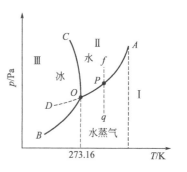

图 4.1　水的相图

系的状态处于 f 点时，表示体系处在液态水稳定区，当恒温降压时，体系状态由 f 垂直向下移动达 P，由于 P 在 OA 线上，因此开始出现气相，此时为水-气两相平衡，若再降压，则体系将离开 P 进入 Ⅰ 区，水相消失，全部变为水蒸气。当温度，压力均低于三相点数值时，冰可以直接变为水蒸气，这就是升华过程。升华是制药工业生产中有时会使用的一种分离或精制方法。利用冰的升华，可以在低温、低压的条件下除去药物水溶液中作为溶剂的水，达到干燥、精制药物的目的。而且由于在低温下操作，药物不会因受热而分解。这种方法叫冷冻干燥法，它一般运用于在水溶液中不稳定、而又不易精制得到结晶的药物。

4.2.3　单组分体系两相平衡时的 p、T 关系

由前面可知，纯物质在两相平衡时，温度（T）和压力（p）之间存在相互依赖关系，即温度随着压力而变或压力随着温度而变，p、T 之间存在一定的函数关系，即 $p=f(T)$，该关系可由相平衡条件（纯物质在两相中平衡的条件是：该物质在两相中的摩尔吉布斯函数相等，或该物质在两相中的化学势相等）导出，其形式为：

$$\frac{\mathrm{d}p}{\mathrm{d}t} = \frac{\Delta H_\mathrm{m}}{T \Delta V_\mathrm{m}} \tag{4.3}$$

式中，ΔH_m 为 1mol 纯物质的相变焓；ΔV_m 为摩尔相变体积。上式即为克拉贝龙（Clapeyron）方程。它表示单组分体系两相平衡时压力随温度的变化率。可适用于任何 1mol 纯物质的两相平衡。下面讨论克拉贝龙方程对两相平衡的具体应用。

（1）固液平衡　对固-液平衡，主要讨论压力对熔点的影响，克拉贝龙方程可写作为：

$$\frac{\mathrm{d}p}{\mathrm{d}T} = \frac{\Delta H_{\mathrm{m,f}}}{T \Delta V_\mathrm{m}} (\Delta V_\mathrm{m} = V_\mathrm{m,l} - V_\mathrm{m,s})$$

式中，$\Delta H_{\mathrm{m,f}}$ 为摩尔熔化热。在熔点变化不大时，$\Delta H_{\mathrm{m,f}}$ 及 ΔV_m 可视作常数，

积分：

$$\int_{p_1}^{p_2} \mathrm{d}p = \int_{T_1}^{T_2} \frac{\Delta H_{m,f}}{\Delta V_m} \frac{\mathrm{d}T}{T}$$

即得

$$\Delta p = \frac{\Delta H_{m,f}}{\Delta V_m} \ln \frac{T_2}{T_1} = \frac{\Delta H_{m,f}}{\Delta V_m} \ln \left(1 + \frac{T_2 - T_1}{T_1}\right) = \frac{\Delta H_{m,f}}{\Delta V_m} \ln \left(1 + \frac{\Delta T}{T_1}\right)$$

因熔点变化不大，故 $T_2 - T_1 = \Delta T \ll T_1$，即 $\dfrac{\Delta T}{T_1} \ll 1$。

令 $x = \dfrac{\Delta T}{T_1}$ 则 $x \ll 1$　由极限可知，当 $x \to 0$ 时，$\ln(1+x) = x$

$$\Delta p = \frac{\Delta H_{m,f}}{\Delta V_m} \frac{\Delta T}{T_1} = K_f \Delta T \tag{4.4}$$

其中

$$K_f = \frac{\Delta H_{m,f}}{T_1(V_{m,l} - V_{m,s})}$$

① 在熔点变化不大时，熔点的改变与压力的改变呈线性关系；

② K_f 是与物质有关的常数，不同的物质有不同的值，且可正可负；

③ $\Delta H_{m,f}$ 总为正，K_f 的正、负完全由 ΔV_m 决定。$K_f > 0$，则 p 升高，T 升高。

(2) 液气平衡（或固气平衡）　将式(4.3)应用于液气两相平衡，则表示纯液体的饱和蒸气压与温度的关系。$\Delta H_{m,v}$ 为摩尔蒸发热，ΔV_m 为气相与液相的摩尔体积差：$\Delta V_m = V_m(g) - V_m(l)$。一般情况下，液体的摩尔体积与气体的摩尔体积相比是很小的，$V_m(g) \gg V_m(l)$，又因液体与固体的蒸气压不太大，故蒸气可视为理想气体，式(4.3)可改写为：

$$\frac{\mathrm{d}p}{\mathrm{d}T} = \frac{\Delta H_{m,v}}{T V_{m,g}} = \frac{p \Delta H_{m,v}}{R T^2}$$

或

$$\frac{\mathrm{d}\ln p}{\mathrm{d}T} = \frac{\Delta H_{m,v}}{R T^2} \tag{4.5}$$

上式称为克劳修斯-克拉贝龙（Clausius-clapeyron）方程的微分式。它是由克拉贝龙方程经过近似处理后得到的。简称克-克方程。

在 T 变化不大时，将 $\Delta H_{m,v}$ 视为常数，对式(4.5)求不定积分得：

$$\lg p = -\frac{\Delta H_{m,v}}{2.303RT} + C = -\frac{A}{T} + C \left(A = \frac{\Delta H_{m,v}}{2.303R}\right) \tag{4.6}$$

求定积分得：

$$\lg \frac{p_2}{p_1} = \frac{\Delta H_{m,v}}{2.303R} \left(\frac{1}{T_1} - \frac{1}{T_2}\right) \tag{4.7}$$

① 以 $\lg p$-$\dfrac{1}{T}$ 作图为一直线，由直线斜率即可求出实验温度范围内的 $\Delta H_{m,v}$。实验测定物质的平均摩尔蒸发热即利用此原理。

② 若已知 $\Delta H_{m,v}$，利用某温度下的饱和蒸气压即可求另一温度下的饱和蒸气压。

应该说明：$\Delta p = K_f \Delta T$ 及 $\lg p = -\dfrac{\Delta H_{m,v}}{2.303RT} + C$ 都不如克拉佩龙方程严格，都作了一定的假设。

式(4.5)～式(4.7)对固气平衡同样适用，形式完全一样，只需将 $\Delta H_{m,v}$ 改为 $\Delta H_{m,升}$ 即可，p 表示的是纯固体的饱和蒸气压。

【例4.2】　水（H_2O）和氯仿（$CHCl_3$）在 101.325kPa 下的正常沸点分别为 100℃ 和 61.5℃，摩尔蒸发焓分别为 $\Delta H_{m,v}$（H_2O）$= 40.668$kJ·mol^{-1} 和 $\Delta H_{m,v}$（$CHCl_3$）$= 29.50$kJ·mol^{-1}。求两液体具有相同饱和蒸气压时的温度。

解　由克劳修斯-克拉贝龙方程 $\lg p = -\dfrac{\Delta H_{m,v}}{2.303RT} + C$

对水：$\lg p = -\dfrac{40668}{2.303RT} + C_1$

对氯仿：$\lg p = -\dfrac{29500}{2.303RT} + C_2$

将已知条件代入，解得 $C_1 = 10.70$，$C_2 = 9.61$

当 $\lg p(H_2O) = \lg p(CHCl_3)$，两液体具有相同的温度。

因此有
$$\frac{-40668}{2.303RT} + 10.70 = \frac{-29500}{2.303RT} + 9.61$$

解得　$T = 535K$（262℃）

4.3　气相组分的分离提纯

4.3.1　亨利定律

亨利（Henry）在 1803 年根据实验总结出了稀溶液中的一个重要经验定律——亨利定律。即亨利通过实验研究发现：在一定温度和平衡状态下，挥发性溶质在液体中的溶解度（摩尔分数）和该溶质的平衡分压成正比，数学式为：

$$p_B = k_x x_B \tag{4.8}$$

式中，k_x 为亨利常数，它并不代表纯溶质在同温下液体的饱和蒸气压，其数值与 T、p 及溶质、溶剂的性质等因素有关（见表 4.2）。使用亨利定律时应注意以下几点。

① 溶质采用不同浓度表示时，其亨利常数不同。$p_B = k_m m_B$（用质量摩尔浓度表示）或 $p_B = k_c c_B$（用物质的量浓度表示），此处 $k_x \neq k_m \neq k_c$。

② 亨利定律表达式中的压力 p 是挥发性溶质在液面上的分压力，对混合气体，在总压和溶解度都不大时，亨利定律能分别适用于每种气体。

③ 溶质在气相和在溶液中的分子状态必须相同，这点相当重要，否则亨定律不适用。对电离度较小的溶质，应用亨利定律时，必须注意公式中所用的浓度应是溶解态的分子在溶液中的浓度。

④ 亨利定律适用于稀溶液中的溶质，且溶液越稀，亨利定律越准确。

表 4.2　某些气体在溶剂为水和苯中的亨利常数（25℃）

气　体	亨利常数 k_x/GPa[①]		气　体	亨利常数 k_x/GPa[①]	
	水	苯		水	苯
H_2	7.12	0.367	CH_4	4.18	0.0569
N_2	8.68	0.239	C_2H_2	0.135	—
O_2	4.40	—	C_2H_4	1.16	—
CO	5.79	0.163	C_2H_6	3.07	—
CO_2	0.166	0.0114			

① $1GPa = 10^9 Pa$。

4.3.2　亨利定律的应用

亨利定律是化工单元操作——气体吸收的理论基础。气体吸收是利用混合气体中各种气体在溶剂中溶解度的差异，有选择性地将溶解度大的气体吸收，使之从混合气体中分离出来。若以相同的分压进行比较，则 k_x 越小，x_B 越大，因此 k_x 可作为吸收气体所用溶剂的选择依据，在化工生产中具有广泛的应用。如合成氨原料气中有 H_2、N_2 和 CO_2 等气体，由于 CO_2 在水中的 $k_x(CO_2)=1.67\times10^8$ Pa，而 H_2 是 7.12×10^9 Pa、N_2 是 8.68×10^9 Pa（298K），依此可用水洗法将 CO_2 除去。

【例 4.3】 将含 CO30%（体积分数）的煤气，用 25℃ 的水洗涤，问每用一吨水能洗出多少千克 CO 气体？

解 由式(4.8)可得

$$p(CO)=k_x x(CO)$$

从表 4.2 中可查出 25℃ 时，CO 在水中溶解的亨利常数 $k_x=5.79\times10^9$ Pa

因此

$$x(CO)=\frac{p(CO)}{5.79\times10^9}=\frac{0.30\times101325}{5.79\times10^9}=5.25\times10^{-6}$$

$$x(CO)=\frac{n(CO)}{n(CO)+n(H_2O)}$$

$$=\frac{\dfrac{W(CO)}{M(CO)}}{\dfrac{W(CO)}{M(CO)}+\dfrac{W(H_2O)}{M(H_2O)}}$$

$$=\frac{\dfrac{W(CO)}{28kg\cdot kmol^{-1}}}{\dfrac{W(CO)}{28kg\cdot kmol^{-1}}+\dfrac{1000kg}{18kg\cdot kmol^{-1}}}$$

$$=5.25\times10^{-6}$$

解得

$$W(CO)=0.0082kg$$

故每吨水可洗出 CO 气体 0.0082kg。

4.4 二组分液相分离提纯

对二组分体系 $C=2$，$F=4-\Phi$，$F_{max}=3$，要完整描述该体系需要三个独立变量，所以，对二组分体系通常保持一个变量不变（T 或 p），而得到二维坐标的平面图形，即 $t\text{-}x$ 图和 $p\text{-}x$ 图。二组分体系的相图很多，只能择要介绍一些典型的类型。

4.4.1 二组分完全互溶双液系

1）拉乌尔定律

纯液体在一定的温度下具有一定的饱和蒸气压，并且其数值随温度的变化而改变。当向纯溶剂中加入少量溶质形成稀溶液时，溶剂的蒸气压就会比相同温度下纯溶剂的蒸气压低。根据大量的实验事实，拉乌尔（Raoult）于 1886 年归纳总结出在稀溶液中，溶剂蒸气压降低的规律，即在一定的温度下，稀溶液中溶剂的蒸气压等于同温下纯溶剂的饱和蒸气压乘以溶液中溶剂的摩尔分数。用数学表达式可表示为

$$p_A=p_A^* x_A \tag{4.9}$$

或

$$p_A=p_A^*(1-x_B)=p_A^*-p_A^* x_B \tag{4.10}$$

式中，A 代表溶剂；B 代表溶质，以下同。

该式表明溶剂的蒸气压降低值 Δp（$\Delta p = p_A^* - p_A$）与纯溶剂的蒸气压 p_A^* 的比值等于溶质的摩尔分数 x_B。因此溶液中溶剂的蒸气压只与溶剂的性质及溶液的浓度有关而与溶质的种类无关。

拉乌尔定律是根据稀溶液实验总结出来的经验规律，因此只有稀溶液中的溶剂才能较准确地遵守该定律。我们可以从分子间作用力的角度来理解这一定律，在稀溶液中，因为溶质的分子数目很少，每个溶剂分子周围几乎都是溶剂分子，即溶剂分子间的作用力受溶质分子的影响很小，则溶液中溶剂分子间的作用力与纯溶剂状态时分子间的作用力几乎相同。所以溶剂分子从液相逸出的能力没有发生明显变化，只是由于溶质分子的加入，使得单位体积内溶剂分子的数目减少了，也就是说在单位时间、单位体积内可能离开溶液表面而变为气态溶剂分子的数目减少了，因此溶剂的蒸气压与稀溶液中溶剂的摩尔分数成正比。拉乌尔定律对挥发性溶质和非挥发性溶质都适用，对挥发性溶质，p_A 只表示平衡时溶剂的蒸气压。

当溶液浓度较大时，由于溶质分子会对溶剂分子间的作用力产生显著影响，此时溶剂的蒸气压不仅与溶剂的浓度有关，还与溶质的性质有关，拉乌尔定律就不能适用了。

2）理想液态混合物

在一定的温度下，若液态混合物中任一组分在全部浓度范围内均服从拉乌尔定律，则该混合物称为理想液态混合物，简称理想混合物。在理想液态混合物中，各种分子之间的相互作用力完全相同。即溶剂分子间、溶质分子之间、溶剂与溶质分子之间的相互作用力完全相同。只有在这种情况下，溶液中任意组分的处境与它在纯态时的情况完全相同。因此对于理想液态混合物，不论是溶剂还是溶质在全部浓度范围内都遵守拉乌尔定律。所以对于理想液态混合物有如下关系式：

$$p_i = p_i^* x_i \tag{4.11}$$

式中，p_i 为在一定温度下溶液中任意组分物质 i 在摩尔分数为 x_i 时的蒸气压；p_i^* 为在相同温度下该组分在纯态时的饱和蒸气压。所以一定温度下当两种液体混合形成理想混合物时，必然有以下几个特性。

① 混合前后总体积不变。即 $\Delta V_{mix} = 0$

② 混合时既不放热也不吸热。即 $\Delta H_{mix} = 0$

③ 混合过程是自发过程，故 $\Delta S_{mix} > 0$，$\Delta G_{mix} < 0$。

理想混合物与理想气体一样，是一种极限概念，它能以极其简单的形式总结溶液的一般规律。严格来讲，理想液态混合物客观上是不存在的，但某些物质的混合可近似认为是理想混合物。如光学异构体的混合物（如 d-樟脑和 l-樟脑）及结构异构体的混合物（如邻二甲苯和对二甲苯、邻二甲苯和间二甲苯）和紧邻同系物的混合物（如苯和甲苯、正己烷与正庚烷的混合物等），都可近似看作理想混合物。

3）二组分理想液态混合物的气液平衡相图

（1）压力-组成图（p-x 图）　在恒温下，表示两组分体系气液平衡时的压力与组成关系的相图，叫做压力-组成图。

以 A、B 两组分形成的理想混合物为例。在温度 T 一定，气液两相平衡时，拉乌尔定律适用于混合物中的任一组分。即有

$$p_A = p_A^* x_A = p_A^* (1 - x_B) \tag{4.12a}$$

$$p_B = p_B^* x_B \tag{4.12b}$$

式中，p_A、p_B 分别为在温度 T 气液两相平衡时 A、B 的平衡分压；p_A^*、p_B^* 分别为同温下

纯 A 和纯 B 的饱和蒸气压；x_A、x_B 分别为液相中 A 和 B 的摩尔分数。混合物的总蒸气压 p 为 A、B 的平衡分压之和，即

$$p = p_A + p_B = p_A^*(1-x_B) + p_B^* x_B = p_A^* + (p_B^* - p_A^*)x_B \qquad (4.12c)$$

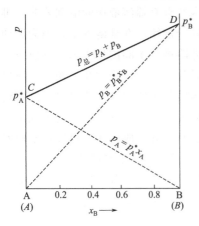

图 4.2　理想液态混合物 A、B 的蒸气压与液相组成的关系

由以上分析可看出，各组分的蒸气分压 p_A、p_B 及混合物的总蒸气压 p 与液相的组成 x_B 均呈线性关系，这是理想液态混合物的特点。若以压力对组成作图，便可得到如图 4.2 所示的三条直线。图中，AD 线表示组分 B 的蒸气压与液相组成的关系；BC 线表示组分 A 的蒸气压与液相组成的关系；CD 线表示溶液蒸气总压与液相组成的关系。由图可知，$p_B^* > p_A^*$，且理想液态混合物的总蒸气压介于两纯液体的饱和蒸气压之间，即

$$p_B^* > p > p_A^*$$

这说明易挥发组分 B 在气相中的相对含量比在液相中大。其原因是易挥发组分从液相中逸出的能力较强，所以进入气相中的量比较多，使其在气相中的浓度大于在液相中的浓度。这是液体混合物能采用蒸馏方法进行分离提纯的理论基础。

p-x 线表示混合体系的总蒸气压与液相组成之间的关系，称为液相线。从液相线上即可找出指定液相组成下的总蒸气压或指定总蒸气压下的液相组成。

若以 y_A、y_B 表示蒸气相中 A、B 的摩尔分数，并将蒸气视为理想气体混合物，则根据道尔顿分压定律有

$$y_B = \frac{p_B}{p} = \frac{p_B^* x_B}{p} \qquad (4.13a)$$

或

$$p = \frac{p_B^* x_B}{y_B} \qquad (4.13b)$$

由液相线结合式（4.13b）即可计算出混合体系在不同总蒸气压下的气相组成，得到总蒸气压随气相组成变化的关系。

p-y 线表示混合体系的总蒸气压与气相组成之间的关系，称为气相线。把液相线与气相线画在同一张图上，即得到如图 4.3 所示的压力-组成图。

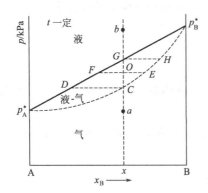

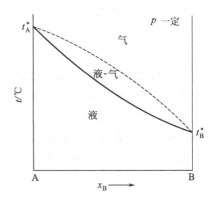

图 4.3　A、B 二组分理想液态混合物压力-组成图　　图 4.4　A、B 二组分理想液态混合物温度-组成图

从图 4.3 可以看出，图中的上方的直线为液相线，下方的曲线为气相线，在这两条线上均为两相平衡共存，$\Phi=2$、$F=1$，压力与组成只能其中一个任意变动，另外一个必须跟着变。液相线以上的区域为液体单相区（温度一定时，高压液相稳定），气相线以下的区域为气体单相区（低压气相稳定），在这两个单相区内，$\Phi=1$、$F=2$，压力和组成可以任意变动，不会引起相态变化。气相线与液相线所围成的区域是气液两相平衡区，$\Phi=2$、$F=1$，压力与气相组成和液相组成之间存在一定的函数关系，如果压力已定，平衡时的气相组成和液相组成也随之而定。

该相图的特点是：在两相平衡区（含液相线、气相线）中的任何一点，不论液相组成如何，存在关系 $p_B^* > p > p_A^*$，即混合物的总蒸气压介于两纯组分的饱和蒸气压之间。在任一平衡状态下，易挥发组分在平衡气相中的含量大于它在平衡液相中的含量，即 $y_B > x_B$。且 p_i^* 越大，物质的挥发能力越强。

应用相图可以了解体系在外界条件变化时的相态变化情况。在相图中，表示体系的总组成的点称为体系点，而用来表示体系中平衡共存的各相的组成的点叫相点。当体系呈单相时，体系点与相点重合，此时体系点就是相点。当体系呈多相平衡时，体系点与相点不重合，即体系点与相点不相同。例如，有一组成为 x 的 A、B 混合溶液，落在液相区 b 点（见图 4.3）。当压力缓慢降低时，体系点沿恒组成线垂直向下移动，在降到 G 点以前，未发生相态变化，仍保持液态，只是体系的压力降低。到达 G 点时，液体开始蒸发，最初产生的蒸气的状态如图中 H 点所示。之后，体系进入气液两相平衡区。在两相平衡区内，随着压力的降低，液相不断蒸发为蒸气，液相的状态沿液相线由 G 点向下方移动，而与之平衡的气相状态则沿气相线由 H 点向下移动。当体系点到达 O 点时，与之呈平衡的液相和气相状态点分别为 F、E 点（称为相点）。当压力继续降低达到 C 点时，液相行将消失，全部蒸发变为蒸气，最后残余的一滴液相的状态点如图中的 D 点。此后体系进入气体单相区，自 C 点至 a 点的过程为气相减压过程，无相态变化。

（2）温度-组成图（t-x 图）　在压力恒定下，表示两组分体系气液平衡时的温度与组成关系的相图，叫做温度-组成图。

对理想液态混合物，若已知两液体在不同温度下的饱和蒸气压，则可通过计算绘制出温度-组成图。

因
$$p = p_A + p_B = p_A^* + (p_B^* - p_A^*) x_B$$

故液相组成
$$x_1 = x_B = \frac{p - p_A^*}{p_B^* - p_A^*} \tag{4.14a}$$

而气相组成
$$x_g = y_B = \frac{p_B}{p} = \frac{p_B^* x_B}{p} \tag{4.14b}$$

因此，有了不同温度下的 p-x 图，即可由式(4.14a) 和式(4.14b) 计算出不同温度下与之平衡的液相组成 x_B 和气相组成 y_B。将这些数据在 t-x 图上描点，将这些点用曲线连接起来，即得如图 4.4 所示的温度-组成图。图中上方的虚线为气相线（又称露点线），表示溶液沸点与气相组成的关系；下方的实线为液相线（也称泡点线），表示溶液沸点与液相组成的关系。这两条线及其所包围的区域为气液两相平衡区，在该区域内 $\Phi=2$、$F=1$。气相线以上的区域为气体单相区（压力恒定时，高温气相稳定），液相线以下的区域为液体单相区（低温液相稳定）。

温度-组成的特点是：在两相平衡区（含液相线、气相线）中的任何一点，不论液相组成如何，存在关系 $t_B^* < t < t_A^*$，即混合物的沸点介于两纯组分的沸点之间。在任一平衡状态下，易挥发组分在平衡气相中的含量大于它在平衡液相中的含量，即 $y_B > x_B$。

通过温度-组成图可以了解在温度升高或降低的情况下，体系的相态和组成如何变化。可以仿照前面的压力-组成图自行分析。温度-组成是精馏操作的理论基础。

4）二组分真实液态混合物的气液平衡图

在完全互溶两组分体系中，由于两组分分子结构差异和相似程度不同，两组分所形成的混合物的性质也不尽相同。根据液态混合物遵循拉乌尔定律的情况，可将完全互溶二组分体系分为理想的和真实的液态混合物两种情况。理想的前面已经讨论过，下面讨论真实液态混合物的情况，即与拉乌尔定律呈偏差的情况。

（1）真实液态混合物 实际所遇液态混合物，大多为非理想溶液，即与拉乌尔定律呈一定偏差，视情况大致可分为三类：

① 正、负偏差都不大的体系，即真实溶液的蒸气压曲线高于或低于理想溶液的蒸气压曲线，溶液的总蒸气压介于两纯组分的饱和蒸气压之间，属这类体系的有 CCl_4-C_6H_6、$CHCl_3$-$C_2H_5OC_2H_5$、CS_2-CCl_4 等。

② 溶液中各组分都对拉乌尔定律呈较大正偏差，溶液的总蒸气压曲线出现最高点。该最高点在相应的 t-x 图上即为最低恒沸点。属此类体系的有 C_6H_6-C_6H_{12}、CH_3OH-$CHCl_3$、CS_2-CH_3COOCH_3 等。

③ 溶液中各组分都对拉乌尔定律呈较大负偏差，溶液的总蒸气压曲线出现最低点。该点在相应的 t-x 图上即为最高恒沸点。属这类体系的有 H_2O-HNO_3、HCl-H_2O、CH_3COOH-H_2O 等。

我们所指的偏差都是指对拉乌尔定律产生偏差，所以都是以 p-x 图为依据。经实验证明：若组分 A 发生正偏，则组分 B 也发生正偏，反之亦然。在热力学上可由杜亥姆-马居尔公式来证明。

（2）真实液态混合物的各类相图 真实液态混合物的 p-x 图和 t-x 图都是通过实验绘制的，与上面的偏差分类对应也分为三类。

① 第一类 包括理想（前面已讨论）的及一般正、负偏差的体系相图，如图 4.5 所示，其相图特点是：

a. 混合物的总蒸气压介于两纯组的饱和蒸气压之间，即 $p_A^* < p < p_B^*$；

b. $t_B^* < t < t_A^*$；

c. 易挥发组分在平衡气相中的含量大于在液相中含量，即 $y_B > x_B$。

② 第二类 蒸气压具有最大正偏差的体系相图（图 4.6），其相图特点如下：

a. 在 p-x 图上具有最高点 M，在 M 点气相线与液相线相切，$y_B = x_B$；在相应的 t-x 图上曲线具有最低点 C，C 点称为最低恒沸点，对应于该组成的混合物称恒沸混合物。

b. 最低恒沸点是外压的函数，即 $C(x,t) = f(p)$，恒沸混合物不是化合物。

c. 混合物组成低于恒沸混合物组成时，$y_B > x_B$，即 B 组分挥发能力较 A 强；当溶液组成高于恒沸混合物组成时，$y_B < x_B$，即 B 组分挥发能力较 A 弱。因此，对这类体系，A、B 两组分的相对挥发能力不仅与纯组分的饱和有关，也与溶液的组成有关。

③ 第三类 蒸气压具有最大负偏差的体系的相图（图 4.6）。

这类体系与第二类体系类似，可根据图形自己总结。

恒沸混合物在一定压力下其组成非常准确，例可利用这一性质来制备准确浓度的盐酸

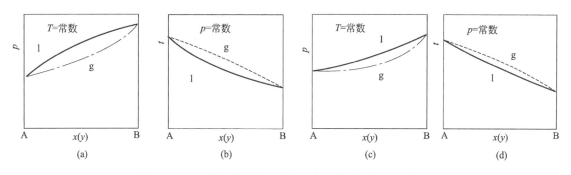

图 4.5　二组分真实液态混合物一般正负偏差气液平衡图

(a) 一般正偏差 p-x 图；(b) 一般正偏差 t-x 图；(c) 一般负偏差 p-x 图；(d) 一般负偏差 t-x 图

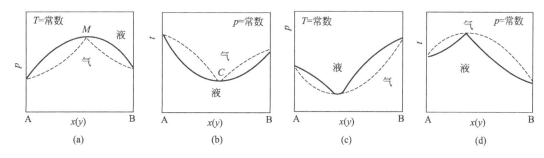

图 4.6　二组分真实液态混合物最大偏差体系气液平衡图

（a）最大正偏差 p-x 图；(b) 最大正偏差 t-x 图；(c) 最大负偏差 p-x 图；(d) 最大负偏差 t-x 图

水溶液，作为定量分析的标准溶液。

5）精馏原理

将液态混合物同时经过多次部分汽化和部分冷凝而使之分离的操作称为精馏。精馏是利用液态混合中各组分相对挥发能力的差异来分离提纯物质。现以一般偏差（或理想的）的 A、B 两组分体系为例，其温度-组成图如图 4.7 所示。

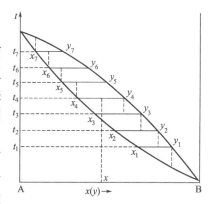

图 4.7　表明精馏原理的二组分体系温度-组成图

设有某 A、B 液态混合，其总组成为 x，在恒压下将混合液加热至 t_4，使它进行部分汽化，由图 4.7 可看出，平衡时液相组成为 x_4，气相组成为 y_4。分开气液两相后，若设想把组成为 x_4 的液相取出，加热至 t_5，液体又部分汽化，达到新的气液平衡，此时液相组成为 x_5，显然 x_5 与 x_4 相比所含难挥发组分 A 的浓度要高，其平衡气相组成为 y_5。再使气液两相分开，将组成为 x_5 的液相取出，继续升温至 t_6，液体又部分汽化，达到平衡时，其液相组成为 x_6，x_6 中所含 A 的浓度比 x_5 更高，由于 $x_4 > x_5 > x_6$（x 值越小，A 的含量越高，B 的含量越低），可见液相每部分汽化一次，A 在液相中的相对含量就增大一些，如此进行多次部分汽化操作，最后液相可得到纯 A 组分。若把组成为 y_4 的气相取出，降温至 t_3，气体部分冷凝，达到气液平衡后，其气相组成为 y_3，显然 y_3 大于 y_4，即 y_3 中含易挥发组分 B 的浓度有所提高。使气液两相分开后，将组成为 y_3 的蒸气继续降温到 t_2，气体又部分冷凝，达到平衡后，其气相组成为 y_2，则 y_2 含 B 的量比 y_3 更高。由于 $y_2 > y_3 > y_4$，可见气相每部分冷凝一次，B 在气相中的相对含量就增大一些。如此进行多次部分冷凝操作，最后气相可得到纯 B 组分。这样，通过精馏操作，就达到了将混合液体 A、B 分离提纯的目的。

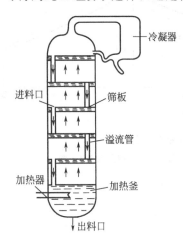

图 4.8　精馏塔示意

在实际工业生产中是通过设计多层精馏塔来完成这一工作的，精馏过程是在精馏塔中使部分汽化和部分冷凝操作同时连续进行，精馏塔示意如图 4.8 所示。

* 精馏塔的底部是盛混合液的加热釜。塔身内有许多层隔板，称为塔板，每块塔板上有许多小孔，下层气体通过小孔进入上层进行部分冷凝，小孔顶端盖有泡罩，泡罩边缘浸在液面下，使气体与液体充分接触，提高冷凝效率。另外，塔板上还有一些溢流管，当液体达到一定高度时，便溢流到下层隔板。使其进行部分汽化。从塔底到塔顶，温度逐渐降低，每一层隔板就相当于一个简单的蒸馏器。加料口设在塔的中部，塔的顶端装有冷凝器，将低沸点组分的气体冷凝、收集。液态高沸点组分则从加热釜排出。

对形成最大偏差体系的 A、B 二组分液态混合物进行精馏（如 $H_2O-C_2H_5OH$ 形成的体系），可以恒沸点为界，分为左右两个相图，仿照图 4.7 进行分析。由于恒沸混合物沸腾时气液两相组成相等，部分汽化或部分液化均不能改变混合物的组成，因此在指定压力下，对形成最大偏差体系的 A、B 二组分液态混合物进行精馏，只能得到一种纯物质和恒沸混合物，而不能同时得到两种纯物质。如工业酒精的最大浓度为 95%，即属于这种情况。

6）杠杆规则及其应用

杠杆规则是用来计算两相平衡时，两相物质相对量的一种工具。它适用于两相平衡体系。

在相图上不仅可描述体系的状态及状态变化，当体系点落在两相平衡区时，还可以由体系点及与之平衡两个相点在相图上的位置，确定平衡共存两相的数量比。

因此有了平衡相图，就知道了体系所处的平衡状态。若知道了体系的总组成 x，怎样来求处于平衡时的两相组成及数量呢？以气液平衡相图为例（见图 4.9），体系点为 O 点，其总组成为 x，相应的液相点和气相点为 F、E 点，其液相组成和气相组成分别为 x_1 和 x_g，设体系的总物质的量为 n，相应的气液两相的物质的量分别为 n_g 和 n_1，故 $n=n_1+n_g$。因 B 存在于气液两相中，故对 B 而言，满足关系：

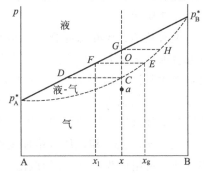

图 4.9　杠杆规则示意图

$$(n_1+n_g)\ x=n_1x_1+n_gx_g$$

即
$$n_1(x-x_1)=n_g(x_g-x) \qquad (4.15)$$

这就相当于以 O 点为支点，两个相点 F、E 点为力点所成的杠杆，因此称为杠杆规则，该规则只适用于两相平衡体系。

若选取 E 点作为支点，则 O、F 两点为力点，满足关系：

$$n(x_g-x)=n_1(x_g-x_1)$$

故有
$$n_1 = \frac{x_g - x}{x_g - x_1} \times n \qquad (4.16)$$

同理若选取 F 点作为支点，则 O、E 两点为力点，满足关系：

$$n(x - x_1) = n_g(x_g - x_1)$$

$$n_g = \frac{x - x_1}{x_g - x_1} \times n \qquad (4.17)$$

4.4.2　二组分部分互溶及不互溶体系

1）二组分部分互溶液体的相互溶解度

两液体之间相互溶解的能力与它们的性质有关，当两种液体的性质差别较大时，它们只能相互部分溶解。即在一定的温度范围内，两种液体的相互溶解度都不大，只有在一定的浓度范围内，才能形成均匀的一相，而超过该浓度范围，体系将分层而呈现两液相平衡共存的状况。此时平衡共存的两液相称为共轭溶液。例如，在常温下，将少量苯酚加到水中，苯酚可完全溶解在水中，形成苯酚在水中的不饱和溶液。若继续加入苯酚，将达到苯酚的溶解度。超过此极限，苯酚不再溶解，体系出现两个液层：一层是苯酚在水中的饱和溶液（简称水层）；另一层是水在苯酚中的饱和溶液（简称苯酚层）。这两个液层平衡共存。两液层的组成（浓度）就是在该温度下，两组分的相互溶解度，即苯酚在水中的溶解度及水在苯酚中的溶解度。

假设外压足够大[1]，大到使在所讨论的温度范围内不产生气相。测定不同温度下，共轭溶液的组成（见表 4.3），便可绘制出如图 4.10 所示的水-苯酚体系的温度-组成图。

图中曲线 ac 表示组分 B（苯酚）在 A（水）中的溶解度随温度变化情况，称为 B 在 A 中的溶解度曲线。曲线 bc 是 A 在 B 中的溶解度曲线，所以图 4.10 又称温度-溶解度图。在曲线 acb 以外，是单一的液相区，自由度 $F = 2 - 1 + 1 = 2$，温度和组成可以任意变动。其中，曲线左边表示 B 在 A 中的不饱和溶液，曲线右边表示 A 在 B 中的不饱和溶液。曲线 acb 以内是两液相共存区，自由度 $F = 2 - 2 + 1 = 1$，温度或组成只有一个能随意变动，另外一个必须跟着变。当体系点落入该区域时，过体系点作水平等温线（结线），与曲线 acb 相交所得的两个交点即为共轭两液相的相点。例如当体系点为 O 点时的两共轭溶液的相点为分别为 a' 和 b'。当体系的温度升高时，体系点垂直向上移动，两液相的相点分别沿 ac 线和 bc 线变化，可看出两组分相互溶解度增大，同时共轭两液相的数量比也在变化。最高点 c 对应的温度称为"最高临界溶解温度"。

表 4.3　苯酚和水的相互溶解度（101.325kPa）

温度/℃	水层 $w_{\text{酚}}$/%	酚层 $w_{\text{酚}}$/%	温度/℃	水层 $w_{\text{酚}}$/%	酚层 $w_{\text{酚}}$/%
2.6	6.9	75.6	50.0	11.5	62.0
23.9	7.5	71.2	55.5	12.0	60.0
29.6	7.8	70.7	59.8	13.6	57.7
32.5	8.0	69.0	60.5	14.0	55.5
38.8	8.8	66.6	61.8	15.0	54.0
45.7	9.7	64.6	65.0	18.5	50.0

在此温度以上，无论 A、B 两液体以何种比例混合，都能互溶为均匀的一相。

---

[1]　压力对两种液体的相互溶解度影响不大，通常不予考虑。

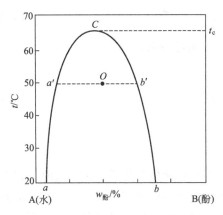

图 4.10 水(A)-苯酚(B)温度-溶解度图

在一定温度下,体系中 A、B 两组分的数量发生变化时,体系点在水平等温线上移动,两相点不变,说明共轭溶液的组成不变,只是两相的数量比按杠杆规则变化。

水-苯酚系属于低温部分互溶,高温完全互溶的情况。这是部分互溶相图的一种类型。属于这类体系的还有水-苯胺、正己烷-硝基苯、水-正丁醇等。

有的部分互溶体系当温度升高时,相互溶解度反而降低,例如,水和三乙基胺,在 18℃ 以下,它们能以任意比例完全互溶。但在 18℃ 以上,只能部分互溶。所以 18℃ 就是该体系的"最低临界溶解温度",这类体系属于高温部分互溶,低温完全互溶的情况。还有的部分互溶体系既有最高临界溶解温度又有最低临界溶解温度,这种体系的溶解度曲线为封闭曲线。属于高温和低温完全互溶,中温部分互溶的情况,水-烟碱体系就属于这种类型。苯-硫体系,在 163℃ 以下部分互溶,且在 226℃ 以上也部分互溶,但在这两个温度之间却完全互溶。这类体系属于高温和低温部分互溶,中温完全互溶,也具有最低临界溶解温度和最高临界溶解温度,不过,最低临界溶解温度位于最高临界溶解温度的上方。

2) 二组分完全不互溶体系

当两种液体的性质差异特别大时,它们相互间的溶解度非常小,以至于可以忽略不计,看成是完全不互溶的体系。水和多数有机液体形成的体系就属于这一类。

(1) 水蒸气蒸馏 在一定温度下,纯液体 A、B 有各自确定的饱和蒸气压 p_A^*、p_B^*,两不互溶液体 A、B 共存时,各组分的蒸气压就是其单独存在时的饱和蒸气压,与另一液体组分的数量多少无关。所以体系的蒸气总压等于两组分蒸气压之和。即

$$p = p_A^* + p_B^* \tag{4.18}$$

若某一温度下 p 等于外压,则两液体同时沸腾,这一温度称为共沸点。由于体系的蒸气总压均高于同温度下各组分的蒸气压,所以 A、B 混合体系的沸点低于任一纯液体组分的沸点。利用这一性质,可以把不溶于水的高沸点液体(多为有机物)和水一起蒸馏,能使混合液体在较低的温度下沸腾,以防止高沸点液体蒸馏时因温度过高而分解。在馏出液中包含了水和该高沸点液体,由于两者完全不互溶,所以很容易分离,这种方法称为水蒸气蒸馏。馏出物中的 A、B 组分的质量比可以进行计算。由道尔顿分压定律

$$p_A^* = p y_A = p \frac{n_A}{n_A + n_B} \qquad p_B^* = p y_B = p \frac{n_B}{n_A + n_B}$$

式中,p 是总蒸气压;y 和 n 是气相中的摩尔分数和物质的量。

两式相除:

$$\frac{p_A^*}{p_B^*} = \frac{n_A}{n_B} = \frac{W_A/M_A}{W_B/M_B} = \frac{W_A M_B}{W_B M_A} \tag{4.19}$$

式中,W 和 M 分别表示质量与摩尔质量。

若组分 A 为纯水,组分 B 为不互溶液体,由式(4.19) 可得:

$$\frac{W(H_2O)}{W_B} = \frac{p^*(H_2O)M(H_2O)}{p_B^* M_B} \tag{4.20}$$

$W(H_2O)/W_B$ 称为水蒸气消耗系数，即蒸出单位质量液体 B 所消耗水蒸气的量。显然，这一系数越小，蒸馏效率越高。

【例 4.4】　现有一含杂甲苯（杂质为非挥发性物质）需要提纯，在 86025Pa 下，采用水蒸气蒸馏。已知在此压力下水-甲苯体系的共沸点为 80℃，80℃时水的饱和蒸气压力为 47319Pa，试求：

(1) 蒸气中甲苯的含量（摩尔分数）；

(2) 每蒸出 100kg 甲苯需消耗水蒸气多少千克？

解　(1) 80℃时体系的蒸气压为 86025Pa，由于水和甲苯为不互溶体系，而此时水的蒸气压为 47319Pa，所以甲苯的蒸气压为 $p_{甲苯}=86025Pa-47319Pa=38706Pa$

蒸气中甲苯的摩尔分数

$$y_{甲苯}=\frac{38706Pa}{86025Pa}=0.45$$

(2) 由式(4.18)

$$\frac{W(H_2O)}{W(甲苯)}=\frac{p^*(H_2O)M(H_2O)}{p^*(甲苯)M(甲苯)}$$

$$M(H_2O)=18.0g\cdot mol^{-1}\qquad M(甲苯)=92.0g\cdot mol^{-1}$$

$$W(H_2O)=\left(100\times\frac{47319\times18.0}{38706\times92.0}\right)kg=23.9kg$$

答：每蒸出 100kg 甲苯需消耗水蒸气 23.9kg。

(2) **分配定律与萃取**　实验证明，在一定温定和压力下，某溶质溶解在两互不相溶的液体里形成稀溶液时，该溶质在两液相中的浓度之比等于常数。这就是分配定律。其数学表达式为：

$$k=\frac{c_i^\alpha}{c_i^\beta}\tag{4.21}$$

式中，c_i^α、c_i^β 分别为溶质 i 在 α、β 两液相中的浓度；k 称为分配系数。影响 k 的因素有温度、压力、溶质及两种溶剂的性质。应用公式时要注意，溶质在两液相中的分子形态必须相同。例如，碘可溶解在水中，也可溶解在四氯化碳中，都是以碘分子（I_2）的形态存在。在 25℃ 及 101325Pa 时，碘溶解在两不互溶液体水和 CCl_4 中，达平衡时，测定碘在两液层中的浓度，其结果如表 4.4 所示。

表 4.4　I_2 在 H_2O 和 CCl_4 之间的分配（101.325kPa，25℃）

I_2 在 H_2O 层中的浓度 $c_1/mol\cdot dm^{-3}$	I_2 在 CCl_4 层中的浓度 $c_2/mol\cdot dm^{-3}$	分配系数 $k=c_1/c_2$
0.000322	0.02745	0.0117
0.000503	0.0429	0.0117
0.000763	0.0654	0.0117
0.00115	0.1010	0.0114
0.00134	0.1196	0.0112

分配定律是工业萃取的理论基础。利用萃取的方法可以分离、提纯混合物中的某些组分。向含待萃取物质的溶液中加入萃取剂，要求萃取剂与待处理溶液不互溶并且待萃取物质在其中有较大的溶解度。使待处理溶液与萃取剂充分混合，达平衡时待萃取物质就会富集在萃取剂中。待萃取物质在萃取剂中的溶解度越大，萃取效果越好。对一定量的萃取剂，分成若干份进行分次萃取要比将全部萃取剂作一次萃取的效率高。

假定在 V(mL) 的溶液中含有某种待萃物质，质量为 W(g)，若每次用 V'(mL) 的萃取剂进行萃取，设萃取一次后残留在原溶液中的溶质的量为 W_1(g)，由式（4.21）则有：

$$k = \frac{\dfrac{W_1}{V}}{\dfrac{W-W_1}{V'}}$$

整理后可得

$$W_1 = W\frac{kV}{kV+V'}$$

若假设原溶液的体积不变，则萃取第二次后残留在原溶液中的溶质的量 W_2(g) 为，

$$W_2 = W_1\frac{kV}{kV+V'}$$

或

$$W_2 = W\left(\frac{kV}{kV+V'}\right)^2$$

同理可得，萃取 n 次后残留在原溶液中的溶质的量 W_n(g) 为

$$W_n = W\left(\frac{kV}{kV+V'}\right)^n \tag{4.22}$$

在工业上，采用逆流萃取，以提高被萃物质在萃取剂中的浓度。

*4.4.3 稀溶液的依数性

依数性 即液态溶液的性质只依赖于所存在溶质分子的数量，而与溶质本质无关的那些性质。稀溶液的依数性包括蒸气压降低、沸点升高、凝固点下降和渗透压，这些性质都只依赖于所存在溶质的数量。

1）蒸气压降低

对 A、B 二组分形成的稀溶液，溶剂（A）服从拉乌尔定律，故有

$$p_A = p_A^* x_A（因 x_A + x_B = 1）$$

即有

$$p_A = p_A^* x_A = p_A^*(1-x_B) = p_A^* - p_A^* x_B$$

气压降低的值

$$\Delta p = p_A^* - p_A = p_A^* x_B \tag{4.23}$$

即 Δp 的数值正比于溶质的数量——溶质的摩尔分数 x_B，比例系数即为纯 A 的饱和蒸气压 p_A^*。

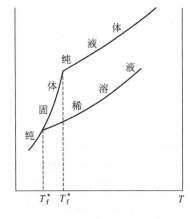

图 4.11 稀溶液凝固点下降

可由热力学的方法导出。

2）凝固点（析出纯固态溶剂）下降

固体物质与其液体呈平衡时的温度称为凝固点。若在纯液体溶剂（A）中加入少量溶质（B）形成稀溶液，并假定 A、B 不生成固态溶液，则从溶液中析出纯固态溶剂的温度（即溶液的凝固点）会低于纯溶剂在同样压力下的凝固点，即凝固点下降。因为，纯固体溶剂的凝固点是纯固体溶剂的蒸气压曲线与纯液体溶剂的蒸气压曲线的交点，而溶液的凝固点是纯凝固体溶剂的蒸气压曲线与溶液的蒸气压曲线的交点。由拉乌尔定律可知，溶液中溶剂的蒸气压小于同温下纯溶剂的蒸气压，故溶液的蒸气压曲线位于纯液体溶剂的蒸气压曲线下方，因而溶液的凝固点会低于纯液体溶剂的凝固点（见图 4.11）。凝固点下降的值 ΔT_f

$$\Delta T_f = T_f^* - T_f = K_f m_B \tag{4.24}$$

其中
$$K_f = \frac{R(T_f^*)^2 M_A}{\Delta_f H_{m,A}}$$

式中，$\Delta_f H_{m,A}$ 为纯 A 的摩尔熔化热；T_f^* 为纯 A 的凝固点；T_f 为稀溶液的凝固点；K_f 称为凝固点下降常数，显然，其数值只与溶剂的性质有关，而与溶质的性质无关。

式 (4.24) 的用途：求溶质的摩尔质量；确定溶质在溶液中的形态；确定溶剂的纯度；测溶剂的摩尔熔化热。

3）沸点升高（溶质不挥发）

沸点是液体或溶液的蒸气压 p 等于外压时的温度。外压为 101.325kPa 时的沸点称为正常沸点。若加入的溶质不挥发，则溶液的蒸气压等于溶剂的蒸气压 $p = p_A$，由拉乌尔定律 $p_A = p_A^* x_A$，$p_A < p_A^*$，所以，稀溶液的蒸气压曲线在纯溶剂蒸气压曲线之下。当纯溶剂的蒸气压等于外压时，溶液的蒸气压仍小于外压，要使得溶液的蒸气压等于外压，温度必须提高，溶液的沸点 T_b 必须大于纯溶剂的沸点 T_b^*，即沸点升高，如图 4.12 所示。沸点升高的数值 ΔT_b 可由热力学的方法导出：

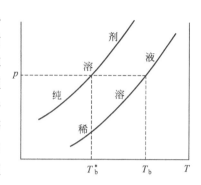

图 4.12 稀溶液的沸点升高

$$\Delta T_b = T_b - T_b^* = K_b m_B \tag{4.25}$$

$$K_b = \frac{R(T_b^*)^2 M_A}{\Delta_v H_{m,A}}$$

式中，$\Delta_v H_{m,A}$ 为纯 A 的摩尔蒸发热；K_b 为沸点升高常数，其数值只与溶剂的性质有关。

4）渗透压

有许多人造的或天然的膜对于物质粒子的透过有明显的选择性，这类膜称为半透膜。例如，亚铁氰化铜的膜就只允许水而不允许水中的糖分子透过；又如动物的膀胱（是天然的半透膜）可让水分子透过，而不允许摩尔质量大的溶质或胶体粒子透过。

在恒温下用一个带半透膜的容器将溶剂与溶液隔开，则溶剂会透过半透膜而进入溶液，使溶液液面上升达一定的高度而达到渗透平衡。若要阻止这种渗透作用发生，则必须在溶液的上方额外施加一个压力，这种由于阻止渗透作用发生而额外施加的压力称为渗透压，用符号 π 表示。

渗透压的大小与溶液的组成有关，可应用热力学的原理求出两者之间的关系，其关系可表示为：

$$\pi = c_B RT \tag{4.26}$$

或
$$\pi V = n_B RT \tag{4.27}$$

通过测定渗透压，可求出大分子溶质的摩尔质量。

*4.4.4 逸度与逸度系数

为了使真实气体及其混合物中组分 B 的化学势的表达式也具有理想气体的简单形式，而引入气体的逸度和逸度系数的概念。

逸度即校正后的压力，也称校正压力，表示实际气体的压力，因而具有普遍意义。逸度用符号 f 表示。因一切气体在压力趋于零时即为理想气体，故理想气体的逸度就是压

力，即

$$\lim_{p\to 0}\frac{f}{p}=1$$

对实际气体而言，逸度与压力之间存在一个比例关系，即 $\frac{f}{p}=\varphi$。φ 称为逸度系数，是一个无单位的比值。对理想气体 $\varphi=1$，φ 偏离 1 的远近表明了实际气体偏离理想气体的程度。

*4.4.5 活度及活度系数

为使实际溶液的性质能像理想溶液一样用一个简便的公式来表示，同时又反映实际溶液的真实情况，路易斯提出了活度的概念。

对实际溶液，拉乌尔定律不适用。为使实际溶液能保持拉乌尔定律的简单形式，必须对拉乌尔定律进行修正，修正为：

$$\frac{p_B}{p_B^*}=r_B x_B=a_B$$

式中，a_B 即为 B 组分的活度，该式可作为活度的定义式。

a_B 可理解为校正后的浓度或有效浓度。由于分子间的相互作用，实际溶液中，有效浓度与实际配制的浓度相差较大，故必须加以校正。r_B 称为活度系数，是反映实际溶液与理想溶液偏差的一个参数，实际上就是拉乌尔定律的偏差系数。对理想溶液，$r_B=1$，$a_B=x_B$。活度系数是有单位的，活度是一无单位的比值，它体现在物理方面，只能用物理的方法测定。

4.5 二组分固液平衡体系相图

我们将只有液体和固体存在的体系称为凝聚体系，对二组分凝聚系，压力对其影响很小，故不予考虑。所以相律可表达为：$F=3-\Phi$，$\Phi_{max}=3$，$F_{max}=2$。只需用温度及组成两个变量就可描述该体系，即用 t-x 图来描述这种体系相态的变化。

二组分凝聚体系相图，除几种最简单的类型外，一般都比较复杂。这是因为两组分除固态时可完全不互溶、部分互溶体系和完全互溶以及晶型转变外，液态也可能部分互溶，而且它们之间还可能生成一种或多种化合物。本节仅介绍几种典型的二组分凝聚系相图，即液态完全互溶、固态完全不互溶以及生成化合物体系的相图。

4.5.1 具有简单低共熔点体系相图

1）热分析法

（1）相图绘制 简单低共熔点体系的温度-组成图是由实验数据绘制的，常采用的绘制方法有两种，即热分析法和溶解度法。溶解度法适用于在常温下有一个组分呈液态的体系。如水-盐体系。首先重点介绍热分析法。热分析法是绘制相图常用的基本方法，其基本原理是根据体系在冷却过程中，温度随时间的变化情况，来判断体系是否有相变化发生。通常的作法是：先配制若干组不同组成的 A、B 固体混合物样品，加热分别使之全部熔化成液态，然后让其在一定环境下（常压、室温）缓慢均匀冷却，观察并记录冷却过程中不同时刻每组样品的温度值，由所得数据以时间为横坐标、温度为纵坐标绘制温度-时间曲线，即得不同组成下的温度-时间曲线（也称步冷曲线）。在体系冷却过程中，若未发生相变化，则温度随时间均匀下降，步冷曲线平滑。若体系内发生相变，即有固相析出，则由于放出凝固热而使温度随时间变化平缓或出现温度不随时间而变的现象；在步冷曲线上则出现曲线发生转折或水平段。而转折点及水平线段所对应的温度就是发生相变化的温度。将这些不同组成下的步冷曲线出现转折或平台的温度点引向温度-组成图上，然后将所有的点用曲线连接起来，即得所要的相图。现以 Bi-Cd 体系为例予以说明，图 4.13(a) 是根据实验数据绘制出来的 Bi-Cd 体系步冷曲线。

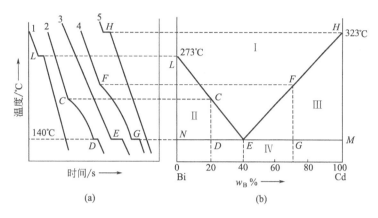

图 4.13　Bi-Cd 体系的步冷曲线(a) 及 Bi-Cd 体系的温度-组成图 (b)

图 4.13(a) 的曲线 1 是纯 Bi 的冷却曲线。在 L 点以前，是纯熔体 Bi 的冷却，温度随时间均匀下降。到达 L 点，即达到了纯 Bi 的凝固点 (或熔点，273℃)，固体 Bi 从熔体中析出，一直到熔体消失，全部变成固体为止。由于固体的凝固过程是放热过程，所放出之热可以抵消环境所需吸收的热，因而出现了图中的温度基本不随时间而变的水平段。之后，随着冷却的进行，固体的温度随时间直线下降。

曲线 2 是含 Cd 20％(质量分数，下同)的 Bi-Cd 混合物的冷却曲线。在 C 点以前是熔体的降温过程，温度随时间直线下降。到达 C 点后，开始有固体 Bi 析出，固、液两相平衡共存。由于有固体析出，放出了凝固热，可以部分抵消环境所需吸收的热，使得降温速率变慢，因而冷却曲线的斜率变小，所以曲线在 C 点后发生转折。随着冷却的进行，固体 Bi 析出的量不断增多，液相的量相对减少。到达 D 点时，固体 Bi、Cd 按照一定的比例同时析出，析出的固体混合物称为低共熔混合物，对应的温度即为低共熔点。一直到液相消失为止，此时体系三相平衡共存 (二个固相，一个液相)。之后温度又继续下降，是固体 Bi 和 Cd 的降温过程。

曲线 3 是含 Cd 40％的 Bi-Cd 混合物的冷却曲线。在 E 点以前，是熔体的降温过程，无相变发生，温度随时间直线下降。到达 E 点时，固体 Bi、Cd 按照一定的比例同时析出，此时体系三相平衡共存，一直到液相消失。之后，随着冷却的进行，是固体 Bi 和 Cd 的降温过程。该混合物的组成正好是低共熔混合物的组成，所以熔体开始凝固时 Bi 和 Cd 便按照一定的比例同时析出。这条冷却曲线的形状与纯物质的相似，没有转折点，只有水平段，只是水平段的位置不同。

曲线 4 是含 Cd 70％的 Bi-Cd 混合物的冷却曲线，这条曲线与曲线 2 类似，只是 F 点与 C 点的位置不同而已。

曲线 5 是纯 Cd (含 Cd 100％) 的冷却曲线。曲线形状与曲线 1 相似，只是水平段的位置不同而已 (纯 Bi 的熔点 273℃，而纯 Cd 的熔点 323℃)。

将上述五条冷却曲线中的转折点和水平段的温度及相对应的组成引向温度-组成图（与温度-时间曲线的温度坐标对应），在温度-组成图上描点，即得图 4.13(b) 中的 L、C、D、E、F、G、H 点。连接 L、C、E 三点所构成的 LCE 线为 Bi 的凝固点下降曲线；连接 H、F、E 三点所构成的 HFE 线为 Cd 的凝固点下降曲线；连接 D、E、G 三点所构成的 DEG 水平线 是一条三相线，称为二元共晶线（或二元共熔线）。即得 Bi-Cd 体系相图。

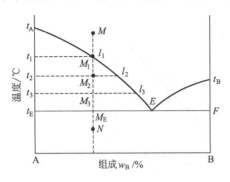

图 4.14　具有低共熔点的二组分体系相图

（2）相图分析　见图 4.13(b)，Bi-Cd 体系相图由 LCE、HFE 和 NM 三条线构成。在 LCE、HFE 线上，$\Phi=2$、$F=1$；在 NM 线（不含 N、M 两个端点）上的任何一点，$\Phi=3$、$F=0$。Ⅰ区表示液体单相区，$\Phi=1$、$F=2$；Ⅱ区是液相与固体 Bi 两相平衡共存区，$\Phi=2$、$F=1$；Ⅲ区是液相与固体 Cd 两相平衡共存区，$\Phi=2$、$F=1$；Ⅳ区为固体 Bi 与固体 Cd 两相平衡区，$\Phi=2$、$F=1$。L、H 两点分别为纯 Bi 和纯 Cd 的凝固点（或熔点），E 点称为低共熔点，相图也因此而得名，称为低共熔点相图。

下面让我们分析体系在总组成不变的情况下，体系点为 M 点的液相在降温过程中的相态变化情况，如图 4.14 所示。在冷却过程中体系点沿垂直线 MN 移动，MM_1 段为液相的降温过程。降温到 t_1 时（即到达 M_1 点时），开始有纯固体 A 析出，体系呈固液两相平衡共存。随着温度继续下降，在 M_1M_E 段之间，固态 A 不断析出，与之平衡共存的液相中 B 物质的含量增大，液相组成沿 l_1E 线向 E 移动。当体系点达 M_2 时，固态 A 的相点为 t_2，液相的相点为 l_2，两相的相对量可通过杠杆规则计算。温度降到 t_E 时，体系点达 M_E 点，固态 A 与固态 B 按一定的比例同时析出，即为最低共熔混合物，继续冷却，液相不断凝固成低共熔混合物，此时体系呈固体 A、固体 B 及液相三相平衡共存状态，两固相的相点为 t_E 和 F，液相的相点为 E，在恒定的温度 t_E 下（$F=0$）发生共晶反应。随着冷却的继续进行，低共熔混合物不断析出，熔液的量不断减少，直至液相完全消失，温度才能继续下降。温度低于 t_E 时，体系离开 E 点，M_EN 段是固体 A 和固体 B 的降温过程，两个固相平衡共存，它们是先析出的固体 A（在 M_1M_E 段析出的）与后析出的最低共熔混合物所构成的混合物体系，低共熔混合物中的固体 A 与原先析出的固体 A 是一个相，低共熔混合物中的固体 B 是另一个相。

以上分析的是体系点在最低共熔点 E 左边时的体系降温的情况，若体系点在 E 点的右边，则体系降温过程的情况与前者相类似，只不过首先析出的是固相是 B，熔液中 A 的浓度不断增大，其液相组成沿曲线 t_BE 向 E 移动。

若体系的组成正好为最低共熔混合物的组成时，情况较特殊。体系的温度在 t_E 以上时，为液体单相，达 t_E 时，固体 A 和固体 B 按一定的比例同时析出，即形成低共熔混合物，温度维持 t_E 直至液相消失，全部变为低共熔混合物为止。然后温度才继续下降。

2）溶解度法

将盐水溶液降温时，会有固体析出，所析出的是哪一种固态物质呢？这要由盐水溶液的组成来决定，若溶液的浓度很稀时，降温首先析出的固相是冰。不同浓度的稀溶液析出冰时的温度不同，却都低于水的冰点 0℃。当溶液较浓时，首先析出的固相是盐。与固态盐平衡共存的溶液是盐的饱和溶液，其浓度就是盐的溶解度。盐在水中的溶解度因温度的不同而异。理论上，测出不同温度下与固相成平衡时的溶液的组成，便可绘制出水-盐体系固-液平衡相图。这种绘制相图的方法叫溶解度法。H_2O-$(NH_4)_2SO_4$ 体系的有关平衡数据如表 4.5 所示。

表 4.5　不同温度下 H_2O-$(NH_4)_2SO_4$ 体系的固-液平衡数据

温度/℃	$(NH_4)_2SO_4$ 质量分数/%	平衡时的固相	温度/℃	$(NH_4)_2SO_4$ 质量分数/%	平衡时的固相
−5.55	16.7	冰	40	44.8	$(NH_4)_2SO_4$
−11	28.6	冰	50	45.8	$(NH_4)_2SO_4$
−18	37.5	冰	60	46.8	$(NH_4)_2SO_4$
−19.1	38.4	冰+$(NH_4)_2SO_4$	70	47.8	$(NH_4)_2SO_4$
0	41.4	$(NH_4)_2SO_4$	80	48.8	$(NH_4)_2SO_4$
10	42.2	$(NH_4)_2SO_4$	90	49.8	$(NH_4)_2SO_4$
20	43.0	$(NH_4)_2SO_4$	100	50.8	$(NH_4)_2SO_4$
30	43.8	$(NH_4)_2SO_4$	108	51.8	$(NH_4)_2SO_4$

根据表 4.5 所列的数据，以温度为纵坐标，以组成为横坐标作图，得到 H_2O-$(NH_4)_2SO_4$ 体系固液平衡相图，如图 4.15 所示。图中 L 点是水的凝固点，AN 线是 $(NH_4)_2SO_4$ 在不同温度时的溶解度曲线，AL 线是水的冰点下降曲线，在这两条线上，$\Phi=2$、$F=1$。AN 与 AL 两线相交于 A 点，在该点冰、$(NH_4)_2SO_4$（s）和溶液三相平衡共存，自由度 $F=0$。A 点对应的温度为 −19.1℃，是最低共熔点，在这一温度析出的固体是低共溶混合物，又称低共熔冰盐合晶。过 A 点与横轴平行的线是三相平衡线，在这条线上的任何一点都有（两端点除外）$\Phi=3$、$F=0$。图中已表明了各区域的稳定相态。

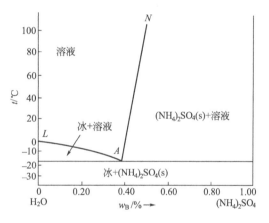

图 4.15　H_2O-$(NH_4)_2SO_4$ 体系相图

3）简单低共熔体系相图在工业中的应用

简单低共熔体系相图在工业上具有广泛应用。

（1）实验室制冷　水-盐系能形成低共熔混合物，因此，若向冰水中加入盐，会使其凝固点降低，冰将熔化，熔化时体系吸热而使温度下降，这是实验室常用的制冷方法。根据相图可得到不同的盐-水体系所能达到的最低温度，即其最低共熔温度。表 4.6 列出了一些盐-水体系的最低共熔点，可供我们根据需要进行选择。

表 4.6　一些水-盐体系的最低共熔点

盐	最低共熔点/℃	低共熔混合物组成 w/%	盐	最低共熔点/℃	低共熔混合物组成 w/%
NaCl	−21.1	23.3	NH_4Cl	−15.4	18.9
KCl	−10.7	19.7	$(NH_4)_2SO_4$	−19.1	38.4
$CaCl_2$	−55	29.9	KNO_3	−3.0	11.2
Na_2SO_4	−1.1	16.5			

（2）用冷却结晶的方法分离固体混合物和提纯盐类　若二组分体系能形成具有简单低共熔体系相图，则可采用冷却结晶的方法分离这两种固体混合物。即先将待分离的样品加热熔化，然后降温，即可从熔液中得到纯固体 A 或纯固体 B，这样就可以将纯 A 或纯 B 从固体混合物中分离出来。相图能指导我们选择进行分离的条件，例如用结晶法分离纯组分时，温度不能低于或等于最低共熔温度；待分离样品的组成不能与最低共熔混合物的组成相同等。

同样可利用水-盐系相图，采用冷却结晶的方法来提纯盐类（假定盐中含有不溶性固体杂质）。即将待提纯的粗盐溶于热水，控制浓度高于其低共熔点组成，过滤以除去不溶性杂质，冷却并控制温度在低共熔温度以上，再过滤，便可得到纯盐。通过反复操作，即可将粗盐提纯。

（3）熔融电解制取金属铝　铝是一种重要的工业材料，工业上采用熔融电解氧化铝（Al_2O_3）来制取铝。但 Al_2O_3 的熔点很高（高达 2050℃），对电解带来极大的困难。通常是加冰晶石（Na_3AlF_6）来解决这一问题，因为冰晶石与氧化铝能形成低共熔混合物。只要控制好体系中氧化铝的含量（小于 15%，因为当 Al_2O_3 的含量大于 15% 时，二元系的熔点上升很快，电解温度稍稍降低就会有 Al_2O_3 析出），便可使电解在 1000℃ 以下进行，大大降低了电解温度和减少能耗。因此，在工业生产中通常控制 Al_2O_3 的含量不超过 10%。

（4）配制低熔点合金　低熔点的合金可用来做低温保险丝和焊接用的焊锡等。例如，锡（Sn）和铅（Pb）的熔点分别为 232℃ 和 327℃，而 Sn 和 Pb 能形成低共熔混合物，其低共熔点为 183.3℃。对 Sn-Pb-Bi 三组分形成的低熔合金，其低共熔点为 96℃，可用于生产自动灭火栓。

4.5.2　生成化合物体系的相图

有的两组分固液平衡体系，可能生成化合物，而形成第三组分，由于三物质间有一化学平衡方程式来联系，故组分数仍为二，仍可用两个独立变量来描述。所形成的化合物有稳定化合物和不稳定化合物两种情况：

1）生成稳定化合物

所谓稳定化合物，是指这种化合物无论在固态或液态都能存在，而且熔化时所产生的液相与化合物有相同的组成，化合物有固定的熔点（又称同分化合物）。这类相图的特点是：

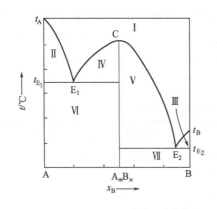
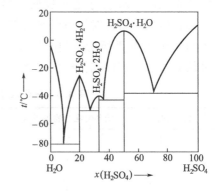

（a）生成一种化合物　　　　（b）生成多种化合物

图 4.16　形成稳定化合物体系相图

它是由两个或两个以上的简单低共熔点相图组合而成，即代表化合物的组成线与熔化曲线相交。如图 4.16 所示。

2）生成不稳定化合物

不稳定化合物，即该化合物在熔化之前就发生了分解，分解成了另外一种固相和一种液相，即 $L + B(s) \rightleftharpoons A_n B_m(s)$。故这类化合物没有熔点，或熔化所产生的液相与原固体化合物的组成不同（又称异分化合物）。很显然，代表化合物的组成线没有伸到熔化曲线上，这是形成稳定化合物和不稳定化合物的标志，如图 4.17 所示。

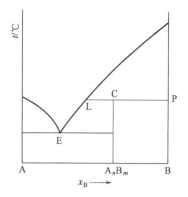

图 4.17　形成不稳定化合物相图

思考题

1. 什么是组分数？组分数与物种数有何区别和联系？

2. 试以 NaCl 和水构成的体系为例说明体系的物种数可以随考虑问题的出发点和处理方法而有所不同，但组分数却不受影响。

3. "单组分体系的相数一定少于多组分体系的相数，一个相平衡体系的相数最多只有气、液、固三相。"这个说法是否正确？为什么？

4. 水和水蒸气在 363K 时平衡共存，若保持温度不变，将体积增大一倍，蒸气压将如何改变？

5. 什么是自由度？自由度数是否等于体系状态的强度变量数？如何理解自由度为零的状态？

6. 将固体 $CaCO_3$ 置于密闭真空容器中加热，以测定其分解压力，问 $CaCO_3$ 的用量是否需精确称量？若 $CaCO_3$ 量过少可能会发生什么现象？

7. 固体盐 NaCl、KCl、$NaNO_3$、KNO_3 的混合物与水振荡直至平衡，求体系的独立组分数和自由度数。

8. "I_2 在水和 CCl_4 间的分配平衡，当无固态 I_2 存在，$C = 3 - 1 = 2$，$\Phi = 2$，因此其自由度 $F = 2 - 2 + 2 = 2$，当温度及压力一定时，则溶液的浓度一定。"此分析对否？为什么？

9. 二液体组分若形成恒沸混合物，试讨论在恒沸点时组分数、相数和自由度数各为多少？

10. "二元溶液缓慢冷却凝固时，不论体系组成为何值，也不论体系属何种类型，其凝固过程都是在一定温度范围内完成。"这种说法对吗？为什么？

11. 实验室中有时用冰盐混合物做制冷剂。试解释当把食物放入 273.15K 的冰水平衡体系中时，为何会自动降温？降温的程度是否有限度？为什么？这种制冷剂最多可有几相共存？

习题

1. 试计算下列平衡体系的自由度数：

（1）298.15K、101 325Pa 下固体 NaCl 与其水溶液平衡；

（2）$I_2(s) \rightleftharpoons I_2(g)$；

（3）NaCl(s) 与含有 HCl 的 NaCl 饱和溶液。

2. 固体 NH_4HS 和任意量的 H_2S 及 NH_3 气体混合物组成的体系按下列反应达到平衡：

$$NH_4HS(s) \rightleftharpoons NH_3(g) + H_2S(g)$$

(1) 求该体系组分数和自由度数；

(2) 若将 NH_4HS 放在一抽空容器内分解，平衡时，其组分数和自由度数又为多少？

3. 求下列体系的组分数和自由度数：

(1) 由 $Fe(s)$、$FeO(s)$、$C(s)$、$CO(g)$、$CO_2(g)$ 组成的平衡体系；

(2) 由 $Fe(s)$、$FeO(s)$、$Fe_3O_4(s)$、$C(s)$、$CO(g)$、$CO_2(g)$ 组成的平衡体系；

(3) Na_2SO_4 水溶液，其中有 $Na_2SO_4(s)$ 和 H_2O。

4. 已知 $Na_2CO_3(s)$ 和 $H_2O(l)$ 可形成的水合物有三种：$Na_2CO_3 \cdot H_2O(s)$、$Na_2CO_3 \cdot 7H_2O(s)$ 和 $Na_2CO_3 \cdot 10H_2O(s)$ 试问：

(1) 在 101325 Pa 下，与 Na_2CO_3 水溶液及冰平衡共存的含水盐最多可有几种？

(2) 在 293.15K 时，与水蒸气平衡共存的含水盐最多可有几种？

5. 在高温下有下列反应发生：

$$C(s) + CO_2 \xlongequal{\quad} 2CO$$
$$CO_2 + H_2 \xlongequal{\quad} CO + H_2O$$

如果：(1) 开始由任意量的 $C(s)$、CO_2 和 H_2 相混合，(2) 开始由任意的 $C(s)$、CO_2、H_2、CO 和 H_2O 相混合，说明体系的组分数和自由度数。

6. 硫酸钙加热分解如下：

$$2CaSO_4(s) \xlongequal{\quad} 2CaO(s) + 2SO_2 + O_2$$

求下列情形的组分数和自由度数：(1) 在抽空的容器中开始只有 $CaSO_4$ 固体；(2) 开始有不同数量的 $CaSO_4$ 和 CaO 固体。

7. 汞 Hg 在 100kPa 下的熔点为 $-38.87℃$，此时的比熔化焓为 $9.75J \cdot g^{-1}$；液态汞和固态汞的密度分别为 $\rho(l) = 13.690g \cdot cm^{-3}$ 和 $\rho(s) = 14.193g \cdot cm^{-3}$。求：

(1) 压力为 10MPa 下汞的熔点；

(2) 若要汞的熔点为 $-35℃$，压力需增大之多少。

8. 萘在其正常熔点 353.2K 时的熔化热为 $150J \cdot g^{-1}$，若固态萘的密度为 $1.145g \cdot cm^{-3}$，液态萘为 $0.981g \cdot cm^{-3}$ 时，试计算萘的熔点随压力的变化。

9. 已知水在 77℃ 时的饱和蒸气压为 41.891kPa。在 101.325kPa 下的正常沸点为 100℃。求：

(1) 下面表示水的蒸气压与温度关系的方程式中的 A 和 B 值；

$$\lg(p/Pa) = -A/T + B$$

(2) 在此温度范围内水的摩尔蒸发焓；

(3) 在多大压力下水的沸点为 105℃。

10. 固态 SO_2 的蒸气压与温度的关系式为

$$\lg\left(\frac{p}{p^{\ominus}}\right) = -\frac{1871.2}{T} + 7.7096$$

液态 SO_2 的蒸气压随温度的关系式为

$$\lg\left(\frac{p}{p^{\ominus}}\right) = -\frac{1425.7}{T} + 5.4366$$

试求 (1) 固态液态与气态 SO_2 共存时的温度与压力；

(2) 在该温度下的固态 SO_2 的摩尔熔化热。

11. 固态氨的饱和蒸气压与温度的关系可表示为 $\ln(p/kPa) = 21.01 - \dfrac{3754}{T}$；液体氨饱和蒸气压与温度的关系为 $\ln(p/kPa) = 17.47 - \dfrac{3065}{T}$，试求：

（1）三相点的温度及压力；

（2）三相点时的蒸发热、升华热和熔化热。

12. 有一水蒸气锅炉，能耐压 1524kPa，问此锅炉加热到什么温度有爆炸的危险？已知水的汽化热为 2255J·g^{-1}，并看作常数。

13. 100℃时水的汽化热为 2255J·g^{-1}，求水的蒸气压随温度的变化率。

14. 在 101.325kPa 下，正丁醇沸点为 117.8℃，汽化热为 591.2J·g^{-1}，问在 100kPa 时的沸点是多少？

15. 60℃时甲醇的饱和蒸气压为 84.4kPa，乙醇的饱和蒸气压为 47.0kPa。二者可形成理想液态混合物。若混合物的组成为二者的质量分数各 50%，求 60℃时此混合物的平衡蒸气组成，以摩尔分数表示。

16. 80℃时纯苯的蒸气压为 100kPa，纯甲苯的蒸气压为 38.7kPa。两液体可形成理想液态混合物。若有苯-甲苯的气液平衡混合物，80℃时气相中苯的摩尔分数 $y(苯)=0.30$，求液相的组成。

17. 在 18℃，气体压力 101.352kPa 下，$1dm^3$ 的水中能溶解 O_2 0.045g，能溶解 N_2 0.02g。现将 $1dm^3$ 被 202.65kPa 空气所饱和了的水溶液加热至沸腾，赶出所溶解的 O_2 和 N_2，并干燥之，求此干燥气体在 101.325kPa、18℃下的体积及其组成。设空气为理想气体混合物。其组成体积分数为：$y(O_2)=0.21$，$y(N_2)=0.79$。

18. 20℃下 HCl 溶于苯中达平衡，气相中 HCl 的分压为 101.325kPa 时，溶液中 HCl 的摩尔分数为 0.0425。已知 20℃时苯的饱和蒸气压为 10.0kPa，若 20℃时 HCl 和苯蒸气总压为 101.325kPa，求 100g 苯中溶解多少克 HCl。

19. （1）25℃时将 0.568g 碘溶于 $50cm^3$ CCl_4 中，所形成的溶液与 $500cm^3$ 水一起摇动，平衡后测得水层中含有 0.233mmol 的碘。计算碘在两溶剂中的分配系数 k。设碘在两种溶剂中均以 I_2 分子形式存在。（2）若 25℃时 I_2 在水中的浓度是 1.33mmol·dm^{-3}，求碘在 CCl_4 中的浓度。

20. 20℃某有机酸在水和乙醚中的分配系数为 0.4。今有该有机酸 5g 溶于 $100cm^3$ 水中形成的溶液。

（1）若用 $40cm^3$ 乙醚一次萃取（所用乙醚已事先被水饱和，因此萃取时不会有水溶于乙醚），求水中还剩下多少有机酸？

（2）将 $40cm^3$ 乙醚分为两份，每次用 $20cm^3$ 乙醚萃取，连续萃取两次，问水中还剩下多少有机酸？

21. 10g 葡萄糖（$C_6H_{12}O_6$）溶于 400g 乙醇中，溶液的沸点较纯乙醇的上升 0.1428℃。另外有 2g 有机物质溶于 100g 乙醇中，此溶液的沸点则上升 0.1250℃。求此有机物质的相对分子质量。

22. 已知樟脑（$C_{10}H_{16}O$）的凝固点下降常数为 40K·kg·mol^{-1}。

（1）某一溶质相对分子质量为 210，溶于樟脑形成质量分数为 5% 的溶液，求凝固点下降多少？

（2）另一溶质相对分子质量为 9000，溶于樟脑形成质量分数为 5% 的溶液，求凝固点下降又是多少？

23. CCl_4 的蒸气压 $p_1^{\ominus}$ 和 $SnCl_4$ 的蒸气压 $p_2^{\ominus}$ 在不同温度时的测定值如下：

T/K	350	353	363	373	383	387
$p_1^{\ominus}/kPa$	101.325	111.458	148.254	193.317	250.646	—
$p_2^{\ominus}/kPa$	—	34.397	48.263	66.261	89.726	101.325

（1）假定这两个组分形成理想溶液，绘出其沸点-组成图。

（2）CCl_4 的摩尔分数为 0.2 的溶液在 101.325kPa 下蒸馏时，于多少摄氏度开始沸腾？最初的馏出物中含 CCl_4 的摩尔分数是多少？

24. 下列数据为乙醇和乙酸乙酯在 101.325kPa 下蒸馏时所得，乙醇在液相和气相中摩尔分数为 x 和 y。

T/K	350.3	348.15	344.96	344.75	345.95	349.55	351.45
$x(C_2H_5OH)$	0.000	0.100	0.360	0.462	0.710	0.942	1.000
$y(C_2H_5OH)$	0.000	0.164	0.398	0.462	0.600	0.880	1.000

（1）依据表中数量绘制 t-x 图。

（2）在溶液成分 $x(C_2H_5OH)=0.75$ 时最初馏出物的成分是什么？

（3）用分馏塔能否将 $x(C_2H_5OH)=0.75$ 的溶液分离成纯乙醇和纯乙酸乙酯？

25. Mg 的熔点为 923K，$MgNi_2$ 的熔点为 1418K，Ni 的熔点为 1725K。Mg_2Ni 无熔点，但在 1043K 分解成 $MgNi_2$ 及含 Ni 50% 的液体，在 783K（含 Ni 25%）及 1353K（含 Ni 89%）有两个低共熔点。各固相互不相溶，试作出 Mg-Ni 系相图（各组成均为质量分数）。

26. 图 4.18 为 Sb-Cd 的温度-组成图，

（1）标明各区域相态；

（2）确定物系形成化合物的组成；

（3）确定该化合物的化学式（$M_{cd}=112.41$、$M_{sb}=121.75$）。

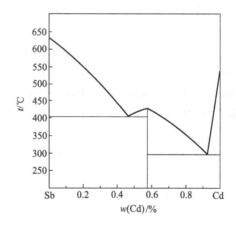

图 4.18　Sb-Cd 的温度-组成图

第5章 电 化 学

学习目的与要求

① 理解电解质溶液的导电机理及离子迁移数。

② 掌握法拉第电解定律；掌握原电池、电解池、阴极、阳极等有关基本概念。掌握衡量电解质溶液导电能力的参数——电导、电导率、摩尔电导率。掌握电导的测定及应用。

③ 理解离子独立运动定律。

④ 了解活度的概念和电解质离子的平均活度度、活度系数。了解德拜-许克尔极限公式。

⑤ 理解可逆电池和电极电势，掌握可逆电池的必备条件。

⑥ 掌握电池符号与电池反应的互译，掌握电池电动势测定及其应用，掌握原电池电动势与热力学函数的关系。

⑦ 掌握能斯特（Nernst）方程及其计算，掌握各种电极的特征。

⑧ 了解极化现象、极化的种类及其产生的原因，了解分解电压的概念。

⑨ 理解超电势和极化的双重性。

⑩ 掌握电解时的电极反应和应用。

⑪ 了解电化学腐蚀与防腐，了解化学电源的种类及性能。

电化学主要是研究电能与化学能相互转化过程及其规律的一门科学。它属于物理化学的一大分支。其研究主要内容有：电解质溶液理论、电化学平衡、电极过程动力学和电化学应用。本章主要讨论电解质溶液的导电性、原电池热力学、电极和电池的极化。

电化学发展至今已有 200 多年的历史，自 1799 年伏打（Alessandro Volta，1745—1827，意大利物理学家）制造了第一个燃料电池之后，就初具利用直流电进行广泛研究的可能性。之后，就有人对水进行了电解；同时，利用电解的方法获得了碱金属。1833 年，法拉第（Michael Faraday，1791—1867，英国物理学家和化学家）根据多次实验结果，总结、归纳出了电解中的法拉第定律，为以后的电解工业奠定了理论基础。但直到 1870 年发电机问世以后，电解才广泛应用于工业生产。

电化学的研究虽然起步较晚，但发展非常快速，主要是工业生产的发展和需要推动了电化学的快速发展。电化学已渗入许多学科之中，形成了一些新的边缘学科，如生物电化学、半导体电化学和环境电化学等。

电化学工业在国民经济建设中起着极为重要的作用，我国的几大支柱产业都离不开电化学。在化学工业中，一些基本化工产品（如烧碱、氯酸钠、过氧化氢等）都是利用电解的方法来制取，有机电合成则是合成许多有机化合物简便、少污染的新的合成途径。在冶金工业中，利用电解的方法来冶炼金属、制取纯金属。在电镀工业、机械工业和电子工业中，绝大部分机械部件、电子工业中的各种电器零件都要进行电镀，以起到防腐、增强抗磨能力或装饰等作用。此外，工业上近年来发展快速的电解加工、电铸、电抛光、电着色以及电用喷漆法等，也都是采用电化学的方法。化学电源是电化学在工业中应用的另一个重要方面，化学电源经历 100 多年的发展历史，现已形成独立完整的科技与工业体系，成为人民生活中应用极为广泛的方便能源；锂离子电池、金属氢化物-镍电池（MH-Ni）、燃料电池、太阳能电池等作为 21 世纪的绿色环保电源，将推动我国航空、航天技术和交通运输的纵深发展。

5.1 电化学基本概念

5.1.1 导体

导体，即能导电的物体。根据导电的机理不同，导体可分为两类。

（1）第一类导体　又称电子导体，如金属、某些金属化合物和部分非金属。它是借助自由电子导电，导电时导体本身不发生化学变化，可能发生温度变化。温度升高会致使导体内部质点热运动加剧，阻碍自由电子的定向移动，而导致电阻增大，导电能力降低。

（2）第二类导体　又称离子导体，如电解质溶液或熔融电解质等。它依靠离子的定向迁移而导电，导电时，导体本身发生氧化-还原作用。因为电子不能穿过溶液，所以，在电极表面必须有接受电子或释放电子的物质，电子才能流通。这类导体在温度升高时，由于溶液黏度降低，离子运动速率加快，而使导电能力增强。

5.1.2 原电池

（1）电极反应　在电极上进行的有电子得失的化学反应称为电极反应。两电极反应之和即为电池反应。在电化学中规定：凡发生氧化反应的电极称为阳极，发生还原反应的电极称阴极。即在电化学体系中，阳极恒发生氧化反应，而阴极恒发生还原反应。

（2）原电池　化学能转变成电能的装置称为原电池，或利用两电极反应以产生电流的装置。原电池的阴极为正极，阳极为负极，见图 5.1(a)。

5.1.3 电解池

电解池是电能转变为化学能的装置，或借助电流使电解质溶液发生氧化还原反应的装置。电解池也叫电解槽。电解池的阴极为负极，阳极为正极，见图 5.1(b)。

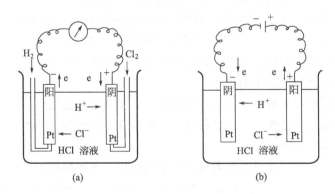

图 5.1　电化学装置示意图

（a）原电池；（b）电解池

5.1.4　法拉第定律

1833 年，法拉第通过多次实验结果总结出了电解中的法拉第定律：即通电于电解质溶液之后，在电极上起化学变化的物质的量与所通过溶液的电量成正比。

若以 W 表示电极上所获产物的质量（g），Q 为通过溶液的电量（库仑，C），

则

$$W = KQ = KIt \tag{5.1}$$

式中，K 是比例系数，即是一个换算常数；I 为电流强度；t 为通电时间。法拉第通过实验发现，每析出 M/z（g）物质，需 1F（法拉第）的电量。其中 M 为析出物的摩尔质量，其值随所取的基本单元而定；z 为得失电子的物质的量（mol）。故

$$W = \frac{MIt}{zF} = \frac{MIt}{96500z} \tag{5.2}$$

F 为法拉第常数，$F = 96485.309\,C \cdot mol^{-1}$，一般近似为 $96500\,C \cdot mol^{-1}$。

法拉第定律是自然科学中最准确的定律之一。它不受温度、压力、浓度等因素的影响，无论是水溶液或非水溶液中，还是熔融状态下，只要没有其他副反应发生，电解时都遵从法拉第定律。像这类定律在科学上是极为少见的。

在实际电解过程中，电极上常伴随有副反应的发生，因此，一般电解某物质实际消耗的电量往往大于按法拉第定律所计算的理论值，二者之比称为电流效率，用 η 表示。

$$电流效率\ \eta = \frac{按法拉第定律计算所需理论电量}{实际所消耗的电量} \times 100\%$$

$$或电流效率\ \eta = \frac{电极上所获产物的实际质量}{按法拉第定律计算应产物的质量} \times 100\%$$

【例 5.1】　用 Pt 电极电解 $CuSO_4$ 水溶液，通电电流为 0.100A，通电时间 10min。试求阴极上析出多少 Cu？阳极上析出多少克 O_2？

解

电极反应　　阴极　　　　　　　　$Cu^{2+} + 2e \longrightarrow Cu$

　　　　　　阳极　　　　　　　$OH^- \longrightarrow \frac{1}{2}O_2 + H^+ + 2e$

根据式(5.2)，在阴极上析出 Cu 和在阳极上 O_2 的质量分别为：

$$W(Cu) = \frac{MIt}{96500z} = \left(\frac{63.5 \times 0.100 \times 600}{2 \times 96500}\right)g = 0.0197g$$

$$W(O_2) = \frac{MIt}{96500z} = \left(\frac{16 \times 0.100 \times 600}{2 \times 96500}\right)g = 0.0050g$$

5.2　电解质溶液的导电

5.2.1　离子的电迁移数

离子在电场的作用下而发生的迁移现象称为离子的电迁移。当电流通过电解质溶液时，在外电场作用下，溶液中的正离子向阴极迁移，负离子向阳极迁移，正、负离子共同完成导电任务。由于正、负离子的迁移速度不同，所以，它们在迁移时所携带的电量也是不同的。

某种离子迁移时所传递的电量与通过溶液的总电量之比，叫做该离子的迁移数，用 t_+、t_- 表示。t_+、t_- 分别为正、负离子的迁移数，

$$t_+ = \frac{Q_+}{Q} = \frac{Q_+}{Q_+ + Q_-} \tag{5.3}$$

$$t_- = \frac{Q_-}{Q} = \frac{Q_-}{Q_+ + Q_-} \tag{5.4}$$

$$t_+ + t_- = 1 \tag{5.5}$$

影响离子运动速度的因素都将影响离子迁移数。故电解质溶液的温度、浓度及本质等都对离子迁移数有影响。在一定的条件下，离子迁移数的大小，反映了离子导电能力的强弱。因此，离子迁移数是衡量离子导电能力强弱的一个参数。

5.2.2 电导与电导率

导体的导电能力常以电阻 R（resistance，单位为欧姆，用 Ω 表示）或电导 G（electric conductance）来表示。电导即为电阻的倒数，$G = 1/R$。电导的单位为西门子，用 S 表示。

因为
$$R = \rho \times \frac{l}{A} \tag{5.6}$$

故
$$G = \frac{1}{R} = \left(\frac{1}{\rho}\right) \times \left(\frac{A}{l}\right) = \kappa \times \frac{A}{l} \tag{5.7}$$

κ 称为电导率（electyolytic conductivity）或比电导（specific conductance），其单位为

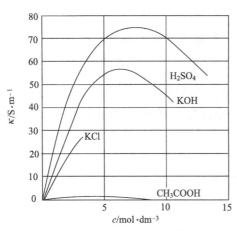

图 5.2　电导率与浓度的关系

S·m^{-1}。对第一类导体，κ 表示长为 1m，截面积为 1m^2 的导体所产生的电导；对电解质溶液，则表示将相距为 1m、截面积 1m^2 的两平行板电极间充满电解质溶液时所产生的电导。电导和电导率都可以相加。电导率与温度、电解质本质及浓度等有关。对强电解质，在低浓度时，电导率近似与浓度成正比；随着浓度的增大，离子间的距离缩短，相互作用加强，电导率的增加逐渐缓慢；在高浓度时，因离子间作用力增大，电导率虽浓度的增加反而下降。对弱电解质，起导电作用的只是电离了的那部分离子，因受电离平衡的制约，故电导率随浓度的变化很小，且弱电解质溶液的电导率均很小，见图 5.2。

5.2.3 摩尔电导率

电导和电导率都不便于比较不同电解质导电能力的强弱，为了比较不同电解质导电能力的强弱，引入摩尔电导率的概念。

摩尔电导率（molor conductivity，用 Λ_m 表示，单位为 S·m^2·mol^{-1}）是指把含有 1mol 电解质的溶液置于相距为 1m 的电导池的两平行电极之间时所产生的电导。用公式表示为

$$\Lambda_m = \kappa / c \tag{5.8}$$

式中，c 表示物质的量浓度，mol·m^{-3}。

【例 5.2】 在 291K 时，浓度为 10mol·m^{-3} 的 $CuSO_4$ 溶液的电导率为 0.1434S·m^{-1}，试求 $CuSO_4$ 溶液的摩尔电导率 Λ_m（$CuSO_4$）和 $\left(\frac{1}{2}CuSO_4\right)$ 的摩尔电导率 $\Lambda_m\left(\frac{1}{2}CuSO_4\right)$。

解　根据式(5.8) 可知

$$\Lambda_m(CuSO_4) = \frac{\kappa}{c(CuSO_4)} = \frac{0.1434 S \cdot m^{-1}}{10 mol \cdot m^{-3}} = 14.34 \times 10^{-3} S \cdot m^2 \cdot mol^{-1}$$

$$\Lambda_m\left(\frac{1}{2}CuSO_4\right) = \frac{\kappa}{c\left(\frac{1}{2}CuSO_4\right)} = \frac{0.1434 S \cdot m^{-1}}{2 \times 10 mol \cdot m^{-3}} = 7.17 \times 10^3 S \cdot m^2 \cdot mol^{-1}$$

注意：在使用摩尔电导率这个量时，应将浓度为 c 的物质的基本单元置于 Λ_m 后的括号中，以免出错。例如 $\Lambda_m(CuSO_4)$ 与 $\Lambda_m\left(\frac{1}{2}CuSO_4\right)$ 都可称为摩尔电导率，只是所取的基本单元不同，显然 $\Lambda_m(CuSO_4) = 2\Lambda_m\left(\frac{1}{2}CuSO_4\right)$。

5.2.4　摩尔电导率与浓度的关系

从式(5.8)可以看出，摩尔电导率与浓度成反比，即随着浓度的增大，摩尔电导率减小；随浓度减小，摩尔电导率增大，无论强电解质还是弱电解质都一样。虽然结论一样，但产生原因不同。对强电解质，摩尔电导率随浓度的减小而增大的原因，是由于浓度减小，含有 1mol 电解质溶液的体积增大，离子之间的距离增大，相互之间作用力减小，溶液的导电能力增强（是离子间相互作用力起主导作用）。而对弱电解质，摩尔电导率随浓度的减小而增大，是由于浓度减小，电离度增大（弱电解质在溶液中部分电离），含有 1mol 电解质的溶液中导电离子数目增多，溶液的导电能力增强（导电离子数目起主导作用）。显然，无论强、弱电解质，当浓度 c 趋于零时（此时，无强、弱电解质之分），摩尔电导率 Λ_m 趋于极限值，记作 Λ_m^∞，Λ_m^∞ 称为无限稀溶液的极限摩尔电导率。

科尔劳施（Kohlrausch，1840—1910，德国化学家、物理学家）根据实验结果发现，对强电解质的极稀溶液，Λ_m 与其浓度的平方根几乎成直线关系（见图 5.3）。可表达为

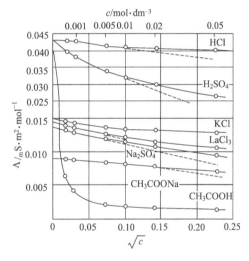

图 5.3　在 298K 时一些电解质在水溶液中的摩尔电导率与浓度的关系

$$\Lambda_m = \Lambda_m^\infty - A\sqrt{c} \tag{5.9}$$

式中，A 为与浓度无关的常数。将 Λ_m 对 $\sqrt{c}$ 作图，利用外推作图法即可求出强电解质的极限摩尔电导率 Λ_m^∞。式(5.9)对弱电解质不适用，弱电解质的极限摩尔电导率 Λ_m^∞ 可用科尔劳施离子独立运动定律求得。

5.2.5　离子独立运动定律

科尔劳施通过实验研究了大量强电解质溶液的摩尔电导率 Λ_m，并由外推作图法求得了部分强电解质的极限摩尔电导率 Λ_m^∞。他发现在溶液极稀时，具有相同正离子的氯化物和硝酸盐的极限摩尔电导率之差与正离子的本性无关，如：

$$\Lambda_m^\infty(KCl) - \Lambda_m^\infty(KNO_3) = \Lambda_m^\infty(LiCl) - \Lambda_m^\infty(LiNO_3) = 4.9 \times 10^{-4} S \cdot m^2 \cdot mol^{-1}$$

同样具有相同负离子的钾盐和锂盐溶液的 Λ_m^{∞} 之差也与负离子的本性无关，如：

$$\Lambda_m^{\infty}(KCl) - \Lambda_m^{\infty}(LiCl) = \Lambda_m^{\infty}(KNO_3) - \Lambda_m^{\infty}(LiNO_3) = 34.9 \times 10^{-4} S \cdot m^2 \cdot mol^{-1}$$

无论水溶液还是非水溶液都发现了此规律。

科尔劳施认为，在溶液无限稀时，每种离子对电解质的摩尔电导率都有一定的贡献，离子间相互作用力等于零，彼此独立运动，互不影响。通电于溶液后，电流的传递分别由正、负离子独立承担，因而电解质的 Λ_m^{∞} 可认为是两种离子的摩尔电导率之和，即 $\Lambda_m^{\infty} = \Lambda_{m,+}^{\infty} + \Lambda_{m,-}^{\infty}$。此即离子独立运动定律。由该定律可得结论：即凡在一定温度下和一定溶剂中，不论另一种离子为何种离子，只要溶液是极稀，同种离子的 Λ_m^{∞} 总相等。这样即可由强电解质的极限摩尔电导率 Λ_m^{∞} 求出弱电解质的极限摩尔电导率 Λ_m^{∞}。例如，醋酸的极限摩尔电导率：

$$\Lambda_m^{\infty}(CH_3COOH) = \Lambda_m^{\infty}(CH_3COO^-) + \Lambda_m^{\infty}(H^+)$$
$$= \Lambda_m^{\infty}(CH_3COO^-) + \Lambda_m^{\infty}(Na^+) + \Lambda_m^{\infty}(H^+) + \Lambda_m^{\infty}(Cl^-) - \Lambda_m^{\infty}(Na^+) - \Lambda_m^{\infty}(Cl^-)$$
$$= \Lambda_m^{\infty}(CH_3COONa) + \Lambda_m^{\infty}(HCl) - \Lambda_m^{\infty}(NaCl)$$
$$= (91.0 + 426.2 - 126.5) \times 10^{-4} S \cdot m^2 \cdot mol^{-1} = 390.7 \times 10^{-4} S \cdot m^2 \cdot mol^{-1}$$

298.15K 时无限稀释水溶液中离子的摩尔电导率如表 5.1 所示。

表 5.1　298.15K 时无限稀释水溶液中离子的摩尔电导率

正离子	$\lambda_{m,+}^{\infty}/S \cdot m^2 \cdot mol^{-1}$	负离子	$\lambda_{m,-}^{\infty}/S \cdot m^2 \cdot mol^{-1}$
H^+	349.82×10^{-4}	OH^-	198.0×10^{-4}
Li^+	38.69×10^{-4}	Cl^-	76.34×10^{-4}
Na^+	50.11×10^{-4}	Br^-	78.4×10^{-4}
K^+	73.52×10^{-4}	I^-	76.8×10^{-4}
NH_4^+	73.4×10^{-4}	NO_3^-	71.44×10^{-4}
Ag^+	61.92×10^{-4}	CH_3COO^-	40.9×10^{-4}
$\frac{1}{2}Ca^{2+}$	59.50×10^{-4}	ClO_4^-	68.0×10^{-4}
$\frac{1}{2}Ba^{2+}$	63.64×10^{-4}	$\frac{1}{2}SO_4^{2-}$	79.8×10^{-4}
$\frac{1}{2}Sr^{2+}$	59.46×10^{-4}		
$\frac{1}{2}Mg^{2+}$	53.06×10^{-4}		
$\frac{1}{3}La^{3+}$	69.6×10^{-4}		

5.2.6　电导测定及其应用

1）电导的测定

电导即电阻的倒数。因此，测定电解质溶液的电导，实际上是测定其电阻。随着实验技术的不断发展，目前已有不少测定电导、电导率的仪器（如 DDS11-A 型电导率仪），并可将测出的电阻值换算成电导值在仪器上反映出来。其测定原理与物理学上测电阻用的韦斯登（Wheatstone）电桥类似。

图 5.4 为测电导用的韦斯登电桥装置示意图。图中 AB 为均匀滑线电阻；R_1 为可变电阻；M 为待测电导池，其电阻为 R_x；K 为抵消电导池电容而设置的可变电容；R_3、R_4 分别为 AC、CB 段的电阻；I 为具有一定频率的交流电源；T 为检流器。测定时，接通电源，

移动接触点 C，直至 T 中的电流为零。此时，电桥已达平衡，存在如下关系：

$$R_1/R_x = R_3/R_4$$

故溶液的电导

$$G_x = \frac{1}{R_x} = \frac{R_3}{R_1 R_4} = \frac{\overline{AC}}{\overline{CB}} \times \frac{1}{R_1}$$

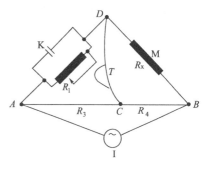

图 5.4　韦斯登电桥装置示意图

根据式(5.7)，待测溶液的电导率为

$$\kappa = G_x \times \frac{l}{A} = \frac{1}{R_x} \times \frac{l}{A} = \frac{1}{R_x} \times k_{cell} \qquad (5.10)$$

对于一个固定电导池，两极之间的距离 l 和电极面积 A 都是定值，故其比值 $\dfrac{l}{A}$ 为一常数，称为电导池常数 (cell constant of a conductivity cell)，用符号 k_{cell} 表示，单位为 m^{-1}。

为了求得某一电导池的电导池常数 k_{cell}，可将一电导率已知的溶液注入该电导池中，测其电阻，然后根据式(5.10) 计算其 k_{cell} 值。该电导池的电导池常数测出后，即可用它测任何待测溶液的电导，转而分别用式(5.10)和式(5.8)计算待测溶液的电导率和摩尔电导率。

实验室中常采用各种浓度的 KCl 溶液来测定电导池常数。它们的电导率已被精确测定，见表 5.2。

表 5.2　不同浓度 KCl 水溶液的电导率

$c/mol \cdot L^{-1}$	$\kappa/S \cdot m^{-1}$		
	273.15K	295.15K	298.15K
1.0	6.453	9.820	11.173
0.1	0.7154	1.1192	1.2886
0.01	0.07751	0.1227	0.14114

【例 5.3】　298K 时在一电导池中盛以 $0.02mol \cdot dm^{-3}$ 的 KCl 溶液，测得其电阻为 82.4Ω；若改盛为 $0.0025mol \cdot dm^{-3}$ 的 K_2SO_4 溶液，则测得其电阻为 326.0Ω。已知 298K 时 $0.02mol \cdot dm^{-3}$ KCl 溶液的电导率为 $0.2768S \cdot m^{-1}$。试求：(1) 该电导池的电导池常数 k_{cell}；(2) $0.0025mol \cdot dm^{-3}$ K_2SO_4 溶液的电导率和摩尔电导率。

解　(1) 由式(5.10)可知，电导池常数

$$k_{cell} = \frac{l}{A} = \kappa (KCl) \times R (KCl) = 0.2768S \cdot m^{-1} \times 82.4\Omega = 22.81m^{-1}$$

(2) 由式(5.10)，$0.0025mol \cdot dm^{-3}$ K_2SO_4 溶液的电导率为

$$\kappa (K_2SO_4) = k_{cell}/R (K_2SO_4) = 22.81m^{-1}/326.0\Omega = 0.06997S \cdot m^{-1}$$

$$\Lambda_m (K_2SO_4) = \kappa (K_2SO_4)/c (K_2SO_4) = 0.06997S \cdot m^{-1}/2.5mol \cdot m^{-3}$$
$$= 0.02799S \cdot m^2 \cdot mol^{-1}$$

2) 电导测定的应用

电导测定的应用很广，在此仅介绍几种重要的应用：

(1) 测定水的纯度　水中含正、负离子越多，电导率值就会越大，因此可根据水的电导率值来检验水的纯度。一般自来水因含有 Na^+、K^+、Ca^{2+}、Mg^{2+}、CO_3^{2-}、Cl^-、SO_4^{2-} 等多种离子。其电导率 κ 值约为 $1.0 \times 10^{-1} s \cdot m^{-1}$，经过蒸馏或离子交换柱处理过的普通蒸馏水或去离子水的 κ 值约为 $3.5 \times 10^{-3} \sim 1.0 \times 10^{-4} s \cdot m^{-1}$。由于水本身有微弱的离解

$$H_2O \Longleftrightarrow H^+ + OH^-$$

故虽经反复蒸馏，仍有一定的电导。理论计算纯水的 κ 值应为 $5.5 \times 10^{-6}\,s \cdot m^{-1}$。在半导体工业上或涉及使用电导测量的研究中，常需要高纯度的水，即所谓的"电导水"，要求水的 κ 在 $1 \times 10^{-4}\,s \cdot m^{-1}$ 以下。因此，我们只需测定水的电导率 κ 就可知道其纯度是否符合要求。

(2) 计算弱电解质的电离度及电离常数　在弱电解质溶液中，只有已电离的部分才能承担导电任务。弱电解质在无限稀释时可认为全部电离，且离子间无相互作用力，此时溶液的摩尔电导率为 Λ_m^∞，可用离子的极限摩尔电导率相加而得。而在一定浓度下弱电解质的 Λ_m 反映的则是弱电解质部分电离，且离子间存在一定相互作用时的导电能力，考虑到弱电解质的电离度 α 较小，溶液中离子的浓度较低，离子间的相互作用可忽略不计，则 Λ_m 与 Λ_m^∞ 的差别就可以看成是部分电离与全部电离产生的离子数目不同所致，所以

$$\alpha = \frac{\Lambda_m}{\Lambda_m^\infty} \tag{5.11}$$

设弱电解质为 AB 型（即 1-1 型），若 c 为电解质的起始浓度，电离度为 α，则

$$AB \longrightarrow A + B$$

起始时 $\qquad\qquad\qquad c \qquad\quad 0 \quad\ 0$

平衡时 $\qquad\qquad\quad c(1-\alpha) \quad c\alpha \quad c\alpha$

$$K_c^\ominus = \frac{c\alpha^2}{c^\ominus (1-\alpha)}$$

将式(5.10)代入并整理后可得：

$$K_c^\ominus = \frac{c\left(\dfrac{\Lambda_m}{\Lambda_m^\infty}\right)^2}{c^\ominus \left(1 - \dfrac{\Lambda_m}{\Lambda_m^\infty}\right)} = \frac{c\Lambda_m^2}{c^\ominus \Lambda_m^\infty (\Lambda_m^\infty - \Lambda_m)} \tag{5.12}$$

上式亦可写作

$$\frac{1}{\Lambda_m} = \frac{1}{\Lambda_m^\infty} + \frac{c\Lambda_m}{c^\ominus K_c^\ominus (\Lambda_m^\infty)^2} \tag{5.13}$$

显然，$\dfrac{1}{\Lambda_m}$ 与 $c\Lambda_m$ 呈直线关系，即将 $\dfrac{1}{\Lambda_m}$ 对 $c\Lambda_m$ 作图为一直线，截距为 $\dfrac{1}{\Lambda_m^\infty}$，由直线斜率可求得 $K_c^\ominus$ 之值。

(3) 计算难溶盐的溶解度　一些难溶盐如 $AgCl$、$BaSO_4$ 等在水中的溶解度很小，其浓度不能用普通的滴定方法滴定，但可用电导法来求得。以 $AgCl$ 为例，$AgCl$ 饱和溶液的浓度就是其溶解度，先测定配制溶液的高纯度水的电导率 $\kappa(H_2O)$，再测定其饱和溶液的电导率 $\kappa(溶液)$，计算出 $AgCl$ 的电导率 $\kappa(AgCl)$。由于溶液极稀，水的电导率不能忽略，所以必须用饱和溶液的电导率减去水的电导率才能得到 $AgCl$ 的电导率。

$$\kappa(AgCl) = \kappa(溶液) - \kappa(H_2O)$$

由于难溶盐的溶液极稀，故可认为电解质的 $\Lambda_m \approx \Lambda_m^\infty$，而 Λ_m^∞ 之值可由离子的极限摩尔电导率相加而得，因此，可由式(5.8)求难溶盐的溶解度。

【例 5.4】　测得 298K 时氯化银饱和水溶液的电导率为 $3.41 \times 10^{-4}\,s \cdot m^{-1}$。已知同温下配置此溶液所用的水的电导率为 $1.6 \times 10^{-4}\,s \cdot m^{-1}$。时计算 298K 时氯化银的溶解度。

解

$$\kappa(AgCl) = \kappa(溶液) - \kappa(H_2O)$$

$$= (3.41 \times 10^{-4} - 1.6 \times 10^{-4})\ s \cdot m^{-1}$$
$$= 1.81 \times 10^{-4} s \cdot m^{-1}$$

由表 5.1 查得

$$\Lambda_m^\infty\ (Ag^+) = 61.92 \times 10^{-4} S \cdot m^2 \cdot mol^{-1}$$
$$\Lambda_m^\infty\ (Cl^-) = 76.34 \times 10^{-4} S \cdot m^2 \cdot mol^{-1}$$
$$\Lambda_m\ (AgCl) \approx \Lambda_m^\infty\ (AgCl) = \Lambda_m^\infty\ (Ag^+) + \Lambda_m^\infty\ (Cl^-)$$
$$= 138.26 \times 10^{-4} S \cdot m^2 \cdot mol^{-1}$$

由式(5.8) 即可计算出氯化银的溶解度

$$c = \kappa/\Lambda_m = 1.81 \times 10^{-4} s \cdot m^{-1}/138.26 \times 10^{-4} S \cdot m^2 \cdot mol^{-1} = 0.0131 mol \cdot m^{-3}$$

（4）电导滴定　利用滴定过程中溶液电导变化的转折来确定滴定终点的方法称为电导滴定。电导滴定常被用来测定溶液中电解质的浓度。当溶液混浊或有颜色而不能用指示剂时，这种方法就更显得有效。

电导滴定通常是被滴定的溶液中的一种离子与滴定试剂中的一种离子相结合，生成离解度极小的弱电解质或沉淀，而使溶液的电导发生改变。在滴定终点附近，电导将发生突变，从而找到滴定终点。

例如，用 NaOH 溶液滴定 HCl 溶液。在滴加 NaOH 之前，溶液中只有 HCl 一种电解质，由于 H^+ 离子的电导率很大，所以此时溶液的电导很大。随着 NaOH 溶液的滴入，溶液中的 H^+ 与加入的 OH^- 结合生成了弱电解质 H_2O，因此，溶液的电导逐渐减小。当滴加的 NaOH 恰与 HCl 的物质的量相等时溶液的电导最小，即为滴定终点。当滴入的 NaOH 过量后，由于 OH^- 离子的电导率很大，所以溶液的电导随之增大。若将电导与所加入的 NaOH 溶液体积作图，则可得 AB、BC 两条直线，其交点即为滴定终点。如图 5.5 所示。

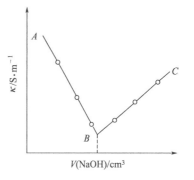

图 5.5　电导滴定示意图

由于电解质溶液电导的不同，在通电时将显示出不同的电流。因此，对于化学反应速率的测定、酸或盐溶液的蒸发及盐水溶液的漏损等实际过程，都可利用电流信号的大小来实现工艺过程的自动记录或自动控制。

*5.3　电解质离子的平均活度及活度系数

5.3.1　电解质离子的平均活度及活度系数

电解质的活度比非电解质的活度要复杂得多，因电解质在溶液中要发生电离，离解为正、负离子，质点数增多。以电解质 C_xA_y 的水溶液为例：

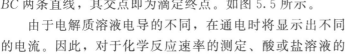

电解质的活度

$$a = a_+^x \cdot a_-^y \tag{5.14}$$

我们测不出单个离子的活度，只能测出离子的平均活度，因此定义电解质的平均活度 $a_\pm$ 为：

$$a_\pm = (a_+^x \cdot a_-^y)^{1/k}\quad (k = x + y)$$
$$a = a_\pm^k = a_+^x \cdot a_-^y \tag{5.15}$$

定义正、负离子的活度系数 r_+、r_- 为：

$$r_+ = a_+ / (b_+ / b^\ominus) \qquad r_- = a_- / (b_- / b^\ominus) \quad (b^\ominus \text{为标准浓度})$$

正、负离子的平均活度系数：$r_\pm = (r_+^x \cdot r_-^y)^{1/k}$ (5.16)

正、负离子的平均质量摩尔浓度 $b_\pm = (b_+^x \cdot b_-^y)^{1/k}$ (5.17)

$$a_\pm = r_\pm (b_\pm / b^\ominus) \tag{5.18}$$

路易斯根据实验得出电解质离子平均活度系数与离子强度 I 的关系：

$$\lg r_\pm = -A \sqrt{I} \tag{5.19}$$

式中，A 为常数。

$$I = \frac{1}{2} \sum b_B Z_B^2 \tag{5.20}$$

式中，Z_B 为 B 离子价数。

5.3.2 德拜-许克尔极限公式

德拜（Debye）和许克尔（Hückel）在阿伦尼乌斯经典电离理论的基础上，于 1923 年提出了强电解质的离子互吸理论。他们认为：强电解质在低浓度溶液中完全电离，且强电解质溶液与理想溶液的偏差主要是由于静电引力所致。同时还提出了离子氛的概念，认为溶液中的每个离子都被其反电离子所包围，由于离子间的相互作用，使得离子分布不均匀而形成离子氛。又进一步提出理论假设而导出了计算单个离子活度系数的公式：

$$\lg r_B = -A Z_B^2 \sqrt{I} \tag{5.21}$$

当温度和溶剂一定时 A 为常数。由于实验只能测出 $r_\pm$，故必须将 r_B 转化为 $r_\pm$，以便和实验值比较。

因 $r_\pm^k = r_+^x \cdot r_-^y$

故有 $k\lg r_\pm = x\lg r_+ + y\lg r_- = -xA Z_+^2 \sqrt{I} - yA Z_-^2 \sqrt{I}$

即 $-k\lg r_\pm = (x Z_+^2 + y Z_-^2) A \sqrt{I}$

由电中性原理：$x Z_+ = y Z_-$

故 $-k\lg r_\pm = (x Z_+ Z_- + y Z_+ Z_-) A \sqrt{I} = (x+y) Z_+ Z_- A \sqrt{I} = k Z_+ Z_- A \sqrt{I}$

故 $\lg r_\pm = -A Z_+ Z_- \sqrt{I}$ (5.22)

此即德拜-许克尔极限公式，只适用于稀溶液，若溶液浓度较大，必须对之修正。298.5K 时水溶液中电解质离子的平均活度系数 $r_\pm$ 见表 5.3。

表 5.3 298.5K 时水溶液中电解质离子的平均活度系数 $r_\pm$

$m/\text{mol} \cdot \text{kg}^{-1}$		0.001	0.005	0.01	0.05	0.10	0.50	1.0	2.0	4.0
$r_\pm$	HCl	0.965	0.928	0.904	0.830	0.796	0.757	0.809	1.009	1.762
	NaCl	0.966	0.929	0.904	0.823	0.778	0.682	0.658	0.671	0.783
	KCl	0.965	0.927	0.901	0.815	0.769	0.650	0.605	0.575	0.582
	HNO₃	0.965	0.927	0.902	0.823	0.785	0.715	0.720	0.783	0.982
	NaOH			0.899	0.818	0.766	0.693	0.679	0.700	0.890
	CaCl₂	0.887	0.783	0.724	0.574	0.518	0.448	0.500	0.792	2.934
	K₂SO₄		0.781	0.715	0.529	0.441	0.262	0.210		
	H₂SO₄	0.830	0.639	0.544	0.340	0.265	0.154	0.130	0.124	0.171
	CdCl₂	0.819	0.623	0.524	0.304	0.228	0.100	0.066	0.044	
	BaCl₂		0.781	0.725	0.556	0.496	0.396	0.399		
	CuSO₄		0.560	0.444	0.230	0.164	0.066	0.044		
	ZnSO₄	0.734	0.477	0.387	0.202	0.148	0.063	0.043	0.035	

5.4　原　电　池

原电池即将化学能转变为电能的装置。要将一个化学反应设计为一个能产生电流的电池必须满足两个条件：首要条件是该反应是一个氧化-还原反应，或经历了氧化-还原过程；其次是必须给予适当的装置，使电子能流通而产生电流。

5.4.1　原电池的表示法

绘出如图 5.1(a) 所示的原电池装置既麻烦又不方便。为书写方便和便于文献记载，常采用电池符号来表示。

以铜-锌电池（又称丹尼尔电池，是一种典型的原电池）为例，此电池可用电池符号表示如下：

$$Zn \mid ZnSO_4(c_1) \mid CuSO_4(c_2) \mid Cu$$

对原电池符号作如下规定：

① 阴极（发生还原反应的电极，正极）写在右边，阳极（发生氧化反应的电极，负极）写在左边。

② 电极材料写在两头，电解质溶液写在中间并注明浓度（活度）。同时还要注明温度、压力（如不写明，一般指 298.15K 和标准压力 $p^{\ominus}$）和电极的物态。因为这些都会影响电池的电动势。

③ 用单垂线"｜"表示不同物相之间的界面（有时也用逗号表示）有接界电势存在。界面包括电极与溶液的界面、两种不同电解质溶液间的界面、同种电解质但两种不同浓度的溶液间的界面等。

④ 用双垂线"‖"表示盐桥，说明此时溶液与溶液间的接界电势通过盐桥已经降低到可以乎略不计。

5.4.2　盐桥

两种不同电解质溶液，或同种电解质但浓度不同的两种溶液相接触时，存在着微小的电势差，称为液体接界电势或扩散电势，其大小通常不超过 0.03V。液体接界电势产生的原因是由于离子的迁移速度不同所引起的。

液体接界电势一般都不大，但在较精确的测量中也不容忽视，必须设法消除。其消除办法就是在两电解质溶液间加入一盐桥。盐桥通常是用 U 形管制成，在盐桥中装入高浓度的盐，用琼脂聚凝，让盐桥中盐的离子代替溶液界面离子迁移。由此来消除液体接界电势。

（1）盐桥的作用　消除液体接界电势；勾通两个半电池。

（2）对盐桥的要求　用作盐桥的盐必须 $t_+ = t_-$；盐的浓度要求高；用作盐桥的盐不能与电解质溶液发生化学反应。

5.4.3　可逆电池

（1）可逆电池　可逆电池：能以热力学可逆方式将化学能转变为电能的装置称为可逆电池（reversible cell）。

（2）可逆电池必须具备的两个条件

① 可逆电池放电时的反应与充电时的反应必须互为逆反应（如图 5.6 中的电池）。

当 $E > E'$ 时，电池放电：阳极　　　　　　　　　　　　$H_2 - 2e \longrightarrow 2H^+$

$$阴极 \qquad Cl_2 + 2e \longrightarrow 2Cl^-$$
$$放电反应 \quad H_2 + Cl_2 \longrightarrow 2H^+ + 2Cl^-$$

当 $E < E'$ 时，电池充电：阴极 $\quad 2H^+ + 2e \longrightarrow H_2$

$$阳极 \qquad 2Cl^- - 2e \longrightarrow Cl_2$$
$$充电反应 \quad 2H^+ + 2Cl^- \longrightarrow H_2 + Cl_2$$

电池充、放电反应互为逆反应。

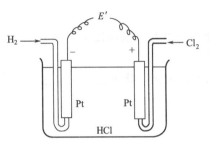

图 5.6 可逆电池装置

② 可逆电池中所通过的电流必须为无限小。只有当 $E = E \pm dE$ 时，通过电池的电流才十分微弱，才不会有电能变为热能而损失，电池放电时，对外做最大电功。若用电池放电时放出的能量对其充电，恰好使体系与环境同时复原。

严格说来，凡是具有两个不同电解质溶液接界的电池都是热力学不可逆的。因为在液体接界处存在不可逆的扩散过程。如不考虑溶液间离子扩散所产生的影响，则可近似当作可逆电池处理。实际过程中的电池一般都是不可逆的，但可逆电池这个概念相当重要，它是联系电化学与热力学的桥梁。

5.4.4 韦斯登标准电池

韦斯登（Weston）标准电池是一个高度可逆电池。其特点是电动势稳定，重复性好，电动势的温度系数较小，即电动势不易随温度而变。所以，它主要是用作测定电池电动势的标准电池。韦斯登电池分饱和型和不饱和型两种。

饱和型韦斯登标准电池其结构如图 5.7 所示。电池的阴极为汞与硫酸亚汞的糊状体，浸入硫酸镉的饱和溶液中。为使引出的导线与糊状体接触紧密，在糊状体下面放少许汞。阳极为含 12.5% 镉的镉汞齐，将其浸入含有 $CdSO_4 \cdot \frac{8}{3}H_2O$ (s) 晶体的硫酸镉的饱和溶液中。

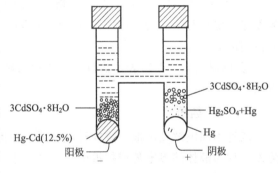

图 5.7 韦斯顿标准电池示意图

韦斯登电池表示式为：

$$12.5\%Cd（汞齐）\mid CdSO_4 \cdot \frac{8}{3}H_2O\ 饱和溶液 \mid Hg_2SO_4（s），Hg（l）$$

电极反应及电池反应为

阴极（正极）： $\qquad Hg_2SO_4(s) + 2e \Longrightarrow 2Hg(l) + SO_4^{2-}$

阳极（负极）： $\quad Cd(汞齐) + SO_4^{2-} + \frac{8}{3}H_2O \Longrightarrow CdSO_4 \cdot \frac{8}{3}H_2O(s) + 2e$

电池反应： $\quad Cd(汞齐) + Hg_2SO_4(s) + \frac{8}{3}H_2O \Longrightarrow 2Hg(l) + CdSO_4 \cdot \frac{8}{3}H_2O(s)$

在 293.15K 时，标准电池电动势 $E = 1.018646V$；298.15K 时，$E = 1.018421V$。其他

温度时：

$$E_T = 1.018646 - 4.06 \times 10^{-5}(T/K - 293.15) - 9.5 \times 10^{-7}(T/K - 293.15)^2 +$$
$$1 \times 10^{-8}(T/K - 293.15)^3。$$

由上式可知，E_T 随温度的变化很小。

5.4.5　电池电动势的测定

原电池电动势 E 是通过电池的电流趋于零时两极间的电势差。因此，电动势不能直接用伏特计来测量。因为用伏特计测量时有电流流过电池，在电池的内电阻上产生内电位降，这时测得的只能是两电极间的端电压，其值要小于电池电动势。根据全路欧姆定律：

$$I = \frac{E}{(R+r)}$$
$$E = I(R+r) = IR + Ir$$

因此，原电池电动势 E 是外阻（R）、内阻（r）产生的电位降之和。只有通过电池的电流 I 趋于零时，电动势 E 才等于两电极间的端电压。

电池电动势采用波根多夫（Poggendorff）对消法（又称补偿法）测定。波根多夫对消法是根据上述原理设计的。在外电路上加一个方向相反而电动势几乎相等的电池，以对抗原电池的电动势，使测量电路中无电流通过。

图 5.8 是电池电动势测定的线路示意图，图中工作电池（E_W），它的作用是给均匀滑线电阻（AB）提供电流，产生电位降来对消标准电池电动势（E_S）和待测电池电动势（E_X），在实际应用中应注意 E_W 一定要大于 E_S；均匀滑线电阻（AB）；检流计（G）；待测电池（E_X）和电动势已知的标准电池（E_S，韦斯登标准电池）；双向选择开关 K；C、C' 为可在 AB 上自由滑动的接触头。

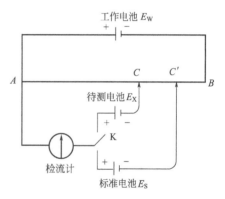

图 5.8　对消法测电动势原理图

测定步骤如下：将电路按图连好，将 K 与 E_S 接触，快速移动接触头 C 直至检流计 G 中无电流通过。此时标准电池的电动势 E_S 恰好与 AC 间的电势降等值反向而对消。即 $E_S = IR_{AC}$，或 $I = E_S/R_{AC}$。此操作的作用，在于控制和校正通过均匀滑线电阻 AB 的工作电流为一确定不变的值。调好后，再将 K 与 E_X 接通，迅速移动 C 至 C' 点，使检流计 G 中无电流通过，此时待测电池的电动势 E_X 恰好与 AC' 的电势降等值反向而对消。即 $E_X = IR_{AC'}$，或 $I = E_X/R_{AC'}$。由于工作电流在测量中保持不变，故：

$$E_X/R_{AC'} = E_S/R_{AC}，\text{或} E_X = E_S R_{AC'}/R_{AC}$$

在实际测量中，常用 UJ-25 型电子电位差计，均匀滑线电阻用电阻箱代替。

5.5　原电池热力学

原电池是将化学能转变为电能的装置，说明原电池的电能来源于化学反应。由第三章的吉布斯函数的判别式可知，在等 T、p 及可逆的条件下，体系吉布斯函数的改变值等于体系所做的最大可逆非体积功，即 $\Delta_r G_m = W'_{r,m}$。此处的非体积功 $W'_{r,m}$ 即为电功。对一恒温、恒压下的可逆电池，若发生了 1mol 反应，输出的电子为 $z$mol（即阴、阳极发生得失 $z$mol

电子的化学反应），则每摩尔反应的电功等于摩尔电池反应的电量与电池电动势的乘积，故有

$$W'_{r,m} = -zFE \tag{5.23}$$

式中，F 为法拉第常数；E 代表可逆电池电动势。

由 $\Delta_r G_m = W'_{r,m}$，则有

$$\Delta_r G_m = -zFE \tag{5.24a}$$

此关系说明：可逆电池的电能来源于化学反应的化学能。这个关系十分重要，它是联系热力学与电化学的桥梁。通过测量可逆电池的电动势即可计算电池反应的摩尔反应吉布斯函数的改变值。

若电池反应处在标准状态下，则必然有

$$\Delta_r G_m^{\ominus} = -zFE^{\ominus} \tag{5.24b}$$

式中，$E^{\ominus}$ 为电池的标准电动势。

5.5.1 原电池电动势的温度系数

由式(5.24a) 得

$$E = -\frac{\Delta_r G_m}{zF}$$

在恒温、恒压下，两边同时对温度求导得

$$\left(\frac{\partial E}{\partial T}\right)_p = -\frac{1}{zF}\left(\frac{\partial \Delta_r G_m}{\partial T}\right)_p = \frac{\Delta_r S_m}{zF}，\quad 即$$

$$\Delta_r S_m = zF\left(\frac{\partial E}{\partial T}\right)_p \tag{5.25}$$

式中，$\left(\frac{\partial E}{\partial T}\right)_p$ 称为原电池电动势温度系数，它表示恒压下原电池电动势随温度的变化率，其值由实验测定。只要测出原电池在不同温度下电动势 E 值，把电动势表达成函数的关系，就可求得不同温度下电池电动势的温度系数。由电动势的温度系数，便可计算出电池反应的摩尔反应熵变 $\Delta_r S_m$。

5.5.2 $\left(\frac{\partial E}{\partial T}\right)_p$ 与 $\Delta_r H_m$ 及可逆热 $Q_{r,m}$ 的关系

1) $\left(\frac{\partial E}{\partial T}\right)_p$ 与 $\Delta_r H_m$ 的关系

由 $\Delta_r G_m = \Delta_r H_m - T\Delta_r S_m$，可得

$$\Delta_r H_m = \Delta_r G_m + T\Delta_r S_m = -zFE + zFT\left(\frac{\partial E}{\partial T}\right)_p \tag{5.26}$$

由式(5.26) 可以看出，由实验测出了电动势 E 及其温度系数 $\left(\frac{\partial E}{\partial T}\right)_p$ 之值，便可根据式 (5.26) 计算化学反应的 $\Delta_r H_m$。由于现代电化学测试技术日益先进，可以很准确地测出电池电动势值，因此，由式(5.26) 得出的 $\Delta_r H_m$ 值常比用量热法测得的 $\Delta_r H_m$ 值更为可靠。

2) $\left(\frac{\partial E}{\partial T}\right)_p$ 与可逆热 $Q_{r,m}$ 的关系

在恒温、恒压下，原电池可逆放电时的反应过程热 $Q_{r,m}$ 为：

$$Q_{r,m} = T\Delta_r S_m = zFT\left(\frac{\partial E}{\partial T}\right)_p \tag{5.27}$$

由式(5.27) 可以看出，原电池可逆放电时是吸热还是放热，完全由 $\left(\frac{\partial E}{\partial T}\right)_p$ 决定。

当 $\left(\dfrac{\partial E}{\partial T}\right)_p > 0$ 时，$Q_{r,m} > 0$，表明原电池在恒温下可逆放电时，要从环境吸热以维持温度恒定。

而 $\left(\dfrac{\partial E}{\partial T}\right)_p < 0$ 时，则 $Q_{r,m} < 0$，表明原电池在恒温下可逆放电时，要向环境散热来维持温度恒定。

若 $\left(\dfrac{\partial E}{\partial T}\right)_p = 0$，则 $Q_{r,m} = 0$，表明原电池在恒温下可逆放电时，与环境无热交换。

显然，$\Delta_r H_m = Q_{p,m} = \Delta_r G_m + T\Delta_r S_m = -zFE + zFT\left(\dfrac{\partial E}{\partial T}\right)_p$

$$= -zFE + Q_{r,m}$$

$Q_{p,m}$ 与 $Q_{r,m}$ 的差值就等于电池所做的可逆非体积功，即 $Q_{p,m}$ 是表示化学反应在恒温、恒压、非体积功为零时的热；而 $Q_{r,m}$ 是表示化学反应在恒温、恒压、非体积功不为零时的热。亦即相当于某恒温、恒压下的可逆化学反应，若通过电池来完成，与环境交换的热为 $Q_{r,m}$，若不通过电池来完成，则相同条件下与环境交换的热为 $Q_{p,m}$。

【例 5.5】 由饱和韦斯登标准电池电动势与温度的函数关系（见 5.4.4），求在 25℃ $z=2$ 可逆放电时，电池反应的 $\Delta_r G_m$、$\Delta_r H_m$、$\Delta_r S_m$、$Q_{r,m}$ 及 $W'_{r,m}$。

解　$z=2$ 时的电池反应为：

$$\text{Cd（汞齐）} + Hg_2SO_4(s) + \frac{8}{3}H_2O \Longrightarrow 2Hg(l) + CdSO_4 \cdot \frac{8}{3}H_2O(s)$$

由 5.4.4 可知，该电池在 $T = 298.15K$ 的电动势为 $E_{298} = 1.01842V$。

$$\Delta_r G_m = W'_{r,m} = -zFE = (-2 \times 96500 \times 1.01842)J \cdot mol^{-1} = -196.56kJ \cdot mol^{-1}$$

$$\left(\frac{\partial E}{\partial T}\right)_p = [-4.06 \times 10^{-5} - 2 \times 9.5 \times 10^{-7}(T/K - 293.15) + 3 \times 10^{-8}(T/K - 293.15)^2]V \cdot K^{-1}$$

在 298.15K

$$\left(\frac{\partial E}{\partial T}\right)_p = [-4.06 \times 10^{-5} - 2 \times 9.5 \times 10^{-7} \times 5 + 3 \times 10^{-8} \times 25]V \cdot K^{-1} = -49.35 \times 10^{-6}V \cdot K^{-1}$$

$$\Delta_r S_m = zF\left(\frac{\partial E}{\partial T}\right)_p = [2 \times 96500 \times (-49.35 \times 10^{-6})]J \cdot mol^{-1} \cdot K^{-1}$$

$$= -9.525J \cdot mol^{-1} \cdot K^{-1}$$

$$Q_{r,m} = T\Delta_r S_m = [298.15 \times (-9.525)]J \cdot mol^{-1} = -2.84kJ \cdot mol^{-1}$$

$$\Delta_r H_m = \Delta_r G_m + Q_{r,m} = (-196.56 - 2.84)kJ \cdot mol^{-1} = -199.40kJ \cdot mol^{-1}$$

注意：电池的电动势 E 与电池反应的书写无关，但 $\Delta_r G_m$、$\Delta_r H_m$、$\Delta_r S_m$、$Q_{r,m}$ 及 $W'_{r,m}$ 这些热力学函数都与电池反应的写法有关，必须按所书写的电池反应计算。

5.5.3　能斯特方程

设恒温、恒压下的电池反应为：

$$eE(a_E) + fF(a_F) \Longrightarrow lL(a_L) + mM(a_M)$$

由第三章的化学反应等温方程式可知，该电池反应的等温方程式为：

$$\Delta_r G_m = \Delta_r G_m^{\ominus} + RT\ln\frac{a_L^l \times a_M^m}{a_E^e \times a_F^f}$$

若反应为多相反应，则气体的活度用 $\dfrac{p_B}{p^{\ominus}}$ 表示（严格来说要用 $\dfrac{f_B}{p^{\ominus}}$ 表示）。由于状态函数的变值只由始终状态决定，因此，电池反应与一般化学反应的区别仅在于过程不同，始终状态可以完全相同。故化学反应的等温方程式适用于各类化学反应，当然也适用于电池反应。

将（5.24a）$\Delta_r G_m = -zFE$ 和（5.24b）$\Delta_r G_m^\ominus = -zFE^\ominus$ 代入等温方程式中，即得

$$E = E^\ominus - \frac{RT}{zF}\ln\frac{a_L^l \times a_M^m}{a_E^e \times a_F^f} = E^\ominus - \frac{RT}{zF}\ln J_a \tag{5.28}$$

式（5.28）称为能斯特（Nernst）方程，是原电池计算的基本方程，在电化学中是一个非常重要的关系。它表示了在一定温度下电池电动势与参与电池反应的各物质活度间的关系。其中 $J_a = \dfrac{a_L^l \times a_M^m}{a_E^e \times a_F^f}$，$E^\ominus$ 为电池标准电动势，即参加电池反应的各物质都处于标准状态时的电动势。由标准平衡常数 $K^\ominus$ 的关系式 $\Delta_r G_m^\ominus = -RT\ln K^\ominus$ 及 $\Delta_r G_m^\ominus = -zFE^\ominus$，可以得出：

$$E^\ominus = -\frac{\Delta_r G_m^\ominus}{zF} = \frac{RT}{zF}\ln K^\ominus \tag{5.29}$$

式（5.29）表明，利用原电池的标准电动势可以计算电池反应的标准摩尔反应吉布斯改变值或反应的标准平衡常数。同样，有了某温度下反应的标准平衡常数 $K^\ominus$，亦可计算电池的标准电动势 $E^\ominus$。

5.6 电极电势与电极的种类

5.6.1 电极电势

前面由波根多夫对消法所测原电池电动势实际上等于构成电池的所有相间电势差的代数和。如以 Cu 作导线的丹尼尔电池为例：

$$\text{Cu} \mid \text{Zn} \mid \text{ZnSO}_4 （c_1） \mid \text{CuSO}_4 （c_2） \mid \text{Cu}$$
$$\Delta\varphi_1 \quad \Delta\varphi_2 \qquad\qquad \Delta\varphi_3 \qquad\qquad \Delta\varphi_4$$
$$E = \Delta\varphi_1 + \Delta\varphi_2 + \Delta\varphi_3 + \Delta\varphi_4$$

式中，$\Delta\varphi_2$、$\Delta\varphi_4$ 分别表示阳极和阴极两极的绝对电极电势，其值是测不出来的。为了与之区别，以后讨论的电极电势用 $E_{电极}$ 表示，它是相对于"标准氢电极的电极电势为零"所确定的电极电势，是相对值。$\Delta\varphi_1$ 为接触电势差，即金属 Zn 与 Cu 之间的电势差，其值很小；$\Delta\varphi_3$ 为液体接界电势差，可以设法降至最小。所以，$\Delta\varphi_1$ 与 $\Delta\varphi_3$ 均可忽略不计。由此原电池的电动势 E 可简化为

$$E = \Delta\varphi_2 + \Delta\varphi_4 = E_{阴} - E_{阳}$$

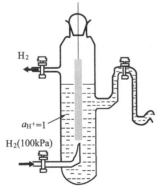

图 5.9 标准氢电极结构图

到目前为止，我们还不能从实验上测定或从理论上计算单个电极的电极电势值，只能测得由两个电极所构成电池的电动势。为方便比较不同电极上电势差的大小及电动势的计算，需选择一个基准，求单个电极的电极电势相对值。利用相对电势值，即可计算任意两电极组成电池的电动势。采用什么电极作基准非常重要。国际纯化学与应用化学联合会（IUPAC）规定，采用标准氢电极作为标定电极电势相对值的标准电极。

1）标准氢电极

标准氢电极的结构如图 5.9 所示，它是将镀有铂黑（镀铂黑的目的是增大电极表面的面积，有利于氢气在电极表面的吸附以及氢气与氢离子间的平衡）的铂片插入氢离子活度

$a_{H^+}=1$ 的溶液中，并不断通入压力为 $p^\ominus$ 的纯氢气拍打铂黑表面所构成。其电极反应为：

$$H^+(a=1)+e \longrightarrow \frac{1}{2}H_2(g, p^\ominus)$$

这样的氢电极就作为标准氢电极，并规定在任意温度下其电极电势值为零，即 $E^\ominus(H^+/H_2)=0$。

2）电极电势与标准电极电势

对于任意给定的电极，将其与标准氢电极构成原电池，若消除了液体接界电势，则所测出的电池电动势即为该给定电极的电极电势，用 $E_{电极}$ 表示。电极电势 $E_{电极}$ 的符号有两种不同的表示惯例，本书采用如下惯例：

标准氢电极 ‖ 给定电极

即将标准氢电极作阳极，给定电极作阴极，按这种组合测出的给定电极的电极电势称为还原电极电势。若该给定电极实际进行的是还原反应，则 $E_{电极}$ 为正值，表示实际进行的反应与电池结构一致；若该电极实际进行的是氧化反应，则 $E_{电极}$ 为负值，表示实际进行的反应与电池结构相反。若给定电极的各物质处于标准态，则所测电池的标准电动势即为该给定电极的标准电极电势，用 $E_{电极}^\ominus$ 表示。

如欲测定铜电极 $Cu^{2+}[a(Cu^{2+})]|Cu$ 的电极电势，则组成电池如下：

$$Pt|H_2(g, p^\ominus)|H^+[a(H^+)=1] \ \| \ Cu^{2+}[a(Cu^{2+})]|Cu$$

电极反应：阴极　　　$Cu^{2+}[a(Cu^{2+})]+2e \longrightarrow Cu$

　　　　　阳极　　　$H_2(g, p^\ominus) \longrightarrow 2H^+[a(H^+)=1]+2e$

电池反应：$Cu^{2+}[a(Cu^{2+})]+H_2(g, p^\ominus)=Cu+2H^+[a(H^+)=1]$

根据能斯特方程式(5.28) 则有

$$E=E^\ominus-\frac{RT}{2F}\ln\frac{a(Cu)\times a^2(H^+)}{a(Cu^{2+})\times a(H_2)}$$

由于 $a(H^+)=1$，$a(H_2)=1$，Cu 为纯固体，其活度可认为等于 1。所以，上式变为：

$$E=E^\ominus-\frac{RT}{2F}\ln\frac{1}{a(Cu^{2+})}$$

按规定该电池的电动势 E 即为铜电极的电极电势 $E(Cu^{2+}, Cu)$，电池的标准电动势 $E^\ominus$ 即为铜电极的标准电极电势 $E^\ominus(Cu^{2+}, Cu)$。于是可写作：

$$E(Cu^{2+}, Cu)=E^\ominus(Cu^{2+}, Cu)-\frac{RT}{2F}\ln\frac{1}{a(Cu^{2+})}$$

或写作

$$E(Cu^{2+}, Cu)=E^\ominus(Cu^{2+}, Cu)+\frac{RT}{2F}\ln a(Cu^{2+})$$

上述电池在 298K，当 $a(Cu^{2+})=1$ 时，测得电池电动势为 0.3400V，即 $E^\ominus(Cu^{2+}, Cu)=0.3400V$。电动势为正值，说明在该条件下电池反应与电池结构一致。

同理，若将锌电极与标准氢电极组合成电池，则可得

$$E(Zn^{2+}, Zn)=E^\ominus(Zn^{2+}, Zn)+\frac{RT}{2F}\ln a(Zn^{2+})$$

上述电池在 298K，当 $a(Zn^{2+})=1$ 时，测得电池电动势为 $-0.7630V$，即 $E^\ominus(Zn^{2+}, Zn)=-0.7630V$。电动势为负值，说明在该条件下电池反应与电池结构相反。

对任一给定作阴极的电极，其电极反应的通式为：

$$氧化态 + z_e \longrightarrow 还原态$$

其电极电势的通式为：

$$E_{电极} = E_{电极}^{\ominus} - \frac{RT}{zF} \ln \frac{a_{还原态}}{a_{氧化态}} \qquad (5.30a)$$

或

$$E_{电极} = E_{电极}^{\ominus} + \frac{RT}{zF} \ln \frac{a_{氧化态}}{a_{还原态}} \qquad (5.30b)$$

在 298K 时亦或

$$E_{电极} = E_{电极}^{\ominus} - \frac{RT}{2.303zF} \lg \frac{a_{还}}{a_{氧}} = E_{电极}^{\ominus} - \frac{0.05916}{z} \lg \frac{a_{还}}{a_{氧}}$$

因为在 298K 时，$\dfrac{RT}{2.303zF} = \dfrac{0.05916}{z}$

因此，由任意两电极构成电池时，其电池电动势 $E = E_{阴} - E_{阳}$。

5.6.2 电极的种类

将化学反应设计成能产生电流的电池，关键的问题是如何选择合适的电极，电极是构成电池的基本元件。电极通常可分为三类：

1）第一类电极

结构特点：这类电极是将某种金属或吸附了某种气体的惰性金属浸入含有该金属元素离子的溶液中构成。它包括金属电极、氢电极、氧电极和卤素电极等。由于气体物质是非导体故借助于铂或其他惰性电极起导电作用，并使氢、氧或卤素与其离子呈平衡状态。例如：

铜电极 $\qquad Cu^{2+} \mid Cu;$ $\qquad\qquad Cu^{2+} + 2e \longrightarrow Cu$

氯电极 $\qquad Cl^- \mid Cl_2 \mid Pt;$ $\quad Cl_2(g) + 2e \longrightarrow 2Cl^-$

酸性氢电极 $\quad H^+ \mid H_2 \mid Pt;$ $\qquad 2H^+ + 2e \longrightarrow H_2(g)$

通常所说的氢电极是在酸性溶液中，但也有将镀有铂黑的铂片浸入碱性溶液中并通入氢气，此即碱性氢电极，其结构为：

$$H_2O, OH^- \mid H_2 \mid Pt$$

电极反应为 $\qquad 2H_2O + 2e \longrightarrow H_2(g) + 2OH^-$

氧电极在结构上与氢电极类似，也是将镀有铂黑的铂片浸入酸性或碱性（常见）溶液中，并通入 O_2。

酸性氧电极 $\qquad\qquad H_2O, H^+ \mid O_2 \mid Pt$

电极反应为 $\qquad\qquad O_2(g) + 4H^+ + 4e \longrightarrow 2H_2O$

碱性氧电极 $\qquad\qquad OH^-、H_2O \mid O_2 \mid Pt$

电极反应为 $\qquad O_2(g) + 2H_2O + 4e \longrightarrow 4OH^-$

2）第二类电极（沉积物电极）

结构特点：以一种金属及该金属的难溶盐（或氧化物）为电极，浸入含与该难溶盐（或氧化物）具有相同负离子的溶液中构成。常见的有甘汞电极、银-氯化银电极和氧化汞电极等。饱和甘汞电极 $Cl^- \mid Hg_2Cl_2(s)，Hg$。如图 5.10 所示。

电极反应为 $\qquad 2Hg + 2Cl^- + 2e \Longleftrightarrow Hg_2Cl_2(s)$

电极电势的表达式为 $\qquad E_{甘汞} = E_{甘汞}^{\ominus} - \frac{RT}{F} \ln a_{Cl^-} \qquad (5.31)$

甘汞电极的电极电势值在恒温下只与溶液中 Cl^- 的活度有关，按 KCl 溶液浓度的不同，常用的甘汞电极有三种，见表 5.4。

饱和 KCl 溶液

$Hg + Hg_2Cl_2$

图 5.10 甘汞电极示意图

表 5.4　不同浓度甘汞电极的电极电势

KCl 溶液浓度	E/V	$E(25℃)/V$
$0.1 mol \cdot dm^{-3}$	$0.3335 - 7.0 \times 10^{-5}(t/℃ - 25)$	0.3335
$1.0 mol \cdot dm^{-3}$	$0.2799 - 2.4 \times 10^{-4}(t/℃ - 25)$	0.2799
饱和溶液	$0.2410 - 7.6 \times 10^{-4}(t/℃ - 25)$	0.2410

甘汞电极的特点是电极电势稳定、制备简单，在测量电池电动势和溶液的 pH 等时，常用作参比电极。由于氢电极不易制备、使用时要求条件较高、铂黑容易中毒等原因，故在电动势测量中常用甘汞电极、银-氯化银代替氢电极而作参比电极。

锑-氧化锑电极　　　　　$OH^-, H_2O \mid Sb_2O_3(s) \mid Sb$

电极反应为　　　　　$Sb_2O_3(s) + H_2O + 6e \Longrightarrow 2Sb + 6OH^-$

3）第三类电极（氧化-还原电极）

结构特点：电极材料只用作导体，在电极上起反应的是溶液中某些物质的还原态被氧化或氧化态被还原。如

$$Fe^{2+}, \quad Fe^{3+} \mid Pt$$

$$Fe^{3+} + e \longrightarrow Fe^{2+}$$

醌氢醌电极也属于这一类，这种电极制备简单，在溶液中加入少量醌氢醌，使其达饱和，插入光亮的铂电极即成。醌氢醌是等分子比的醌和氢醌的复合物，微溶于水，在 25℃，其饱和浓度约为 $0.005 mol \cdot L^{-1}$，在水溶液中按下式分解：

$$C_6H_4O_2 \cdot C_6H_4(OH)_2 \Longrightarrow C_6H_4O_2 + C_6H_4(OH)_2$$

氢醌为有机弱酸，按下式电离：$C_6H_4(OH)_2 \Longrightarrow C_6H_4O_2^{2-} + 2H^+$，电离度很小。其电极反应为：

$$C_6H_4O_2^{2-} - 2e \longrightarrow C_6H_4O_2$$

在酸性溶液可认为 $a_{QV} = a_Q$ 故其电极电势 $E = E_{电极}^{\ominus} + \dfrac{RT}{F} \ln a(H^+)$，常用它来与甘汞电极组成原电池测溶液 pH。

摩尔甘汞电极 $\parallel$ 酸性醌氢醌饱和溶液（pH<7.1）$\mid$ Pt(pH>7.1 时，电池反向)

在 25℃时，$E = E_{QH} - E_{甘汞} = 0.6995 - 0.0592 pH - 0.2800 = 0.4195 - 0.0592 pH$

$$pH = \frac{0.4195 - E}{0.0592} \tag{5.32}$$

只要测出了 E，即可计算 pH。醌氢醌电极不能用于碱性溶液，当溶液 pH>8.5 时，由于醌氢醌的大量电离而影响其浓度，使溶液中 $a(C_6H_4O_2) \neq a[C_6H_4(OH)_2]$ 而产生误差。

5.7　电池电动势的计算

由前面的内容可知，电池电动势的计算通常有两种方法。一是直接用能斯特方程计算，其中 $E^{\ominus} = E_{阴}^{\ominus} - E_{阳}^{\ominus}$。另一种是先由能斯特方程计算出两电极的电极电势 $E_{阴}$ 与 $E_{阳}$，然后用 $E = E_{阴} - E_{阳}$ 计算。这两种方法实质上是一样的。不管用那种方法，在计算电池电动势时都必须注意：电极反应的物量和电量必须平衡，必须指明反应温度、各物质的物态、溶液中各种离子的活度（气体要注明压力）等。

5.7.1 已知电池书写电池反应并计算电动势

在已知电池书写电池反应时，首先确定电池的阴、阳极。根据电池符号规定，阴极写在右边，阳极写在左边。阴极发生还原反应，得电子，化合价降低；阳极发生氧化反应，失电子，化合价升高。将阴、阳极反应相加即为电池反应。

【例 5.6】 写出下面电池的电极反应和电池反应，并计算 298K 时电池的电动势。设 $H_2(g)$ 为理想气体。

$$\text{Pt,}H_2(g,91.19\text{kPa}) \mid H^+[a(H^+)=0.01] \parallel Cu^{2+}[a(Cu^{2+})=0.10] \mid Cu$$

解

阴极反应　$Cu^{2+}[a(Cu^{2+})=0.10]+2e \longrightarrow Cu$

阳极反应　$H_2(g,91.19\text{kPa}) \longrightarrow 2H^+[a(H^+)=0.01]+2e$

电池反应　$H_2(g, 91.19\text{kPa})+Cu^{2+}[a(Cu^{2+})=0.10] \longrightarrow 2H^+[a(H^+)=0.01]+Cu$

由题给条件可知，$a(H^+)=0.01$，$a(Cu^{2+})=0.10$，$a(H_2)=\dfrac{91.19}{100}=0.912$，$a(Cu)=1$

由附录 10 查得 $E^{\ominus}(Cu^{2+},Cu)=0.3400V$，$E^{\ominus}(H^+/H_2)=0$

方法 1

$$E=E_{阴}-E_{阳}=[E^{\ominus}(Cu^{2+},Cu)+\frac{RT}{2F}\ln a(Cu^{2+})]-[E^{\ominus}(H^+/H_2)-\frac{RT}{2F}\ln\frac{a(H_2)}{a^2(H^+)}]$$

$$=0.3400+\frac{RT}{2F}\ln 0.10+\frac{RT}{2F}\ln\frac{0.912}{(0.01)^2}=0.427V$$

方法 2

$$E=E^{\ominus}-\frac{RT}{zF}\ln J_a$$

$$=[E^{\ominus}(Cu^{2+},Cu)-E^{\ominus}(H^+,H_2)]-\frac{RT}{2F}\ln\frac{a^2(H^+)\times a(Cu)}{a(H_2)\times a(Cu)}$$

$$=(0.3400-0)-\frac{RT}{2F}\ln\frac{(0.01)^2}{0.912\times 0.10}=0.427V$$

5.7.2 已知电池反应设计电池并计算电动势

在将一个化学反应设计成电池时，首先将电池反应拆分成阴极反应和阳极反应；然后选择合适的电极材料，对于非导体，必须添加惰性金属，以传导电流；最后按电池符号书写的规定将电池表示出来。

【例 5.7】 将反应

$$Ag+1/2Cl_2(g,p^{\ominus})=\!=\!=AgCl(s)$$

设计成电池，并计算该电池在 298K 时的电动势 E。

解 反应为 $AgCl(s)$ 的生成反应，Ag 被氧化，阳极应为第二类电极。

阳极反应　$Ag+Cl^-(a) \longrightarrow AgCl(s)+e$（氧化反应）

阴极反应　$1/2Cl_2(g,p^{\ominus})+e \longrightarrow Cl^-(a)$（还原反应）

故相应的电池可设计为：　　$Ag \mid AgCl(s) \mid Cl^-(a) \mid Cl_2(g,p^{\ominus}),Pt$

因各物质均处于标准状态，故：

$$E=E^{\ominus}=E_{阴}^{\ominus}-E_{阳}^{\ominus}=(1.3580-0.7994)V=0.5586V$$

该电池为单液电池。

5.7.3　电极电位与电极电动势的应用

1）判断化学反应的方向

电极电势的高低，代表了参加电极反应的物质得失电子的能力大小。电极电势越低，还原态物质越易失去电子而发生氧化反应；电极电势越高，则氧化态物质越易获得电子而发生还原反应。E（或 $E^{\ominus}$）大于零，表明电池反应在该条件下能自发进行。因此，可以利用有关电极电势和电动式的数值来判断化学反应的方向。

2）求氧化还原反应的标准平衡常数

根据 $\Delta_r G_m^{\ominus} = -zFE^{\ominus} = -RT\ln K^{\ominus}$，若已知电池反应的 $E^{\ominus}$，即可求得化学反应的 $K^{\ominus}$。

【例 5.8】　用电动势 E 的数值判断在 298K 时，亚铁离子能否依下式将碘（I_2）还原成碘离子（I^-）。并计算在反应条件下的标准平衡常数 $K^{\ominus}$。

$$Fe^{2+}[a(Fe^{2+})=1]+\frac{1}{2}I_2(s)\longrightarrow I^-[a(I^-)=1]+Fe^{3+}[a(Fe^{3+})=1]$$

解　根据电池反应，设计的电池可表示如下：

$$Pt\,|\,Fe^{2+}[a(Fe^{2+})=1],Fe^{3+}[a(Fe^{3+})=1]\,\|\,I^-[a(I^-)=1]\,|\,I_2(s),Pt$$

显然，参与电池反应的各物质都处于标准状态，所以

$$E=E^{\ominus}=E^{\ominus}(I^-,I_2)-E(Fe^{3+},Fe^{2+})$$

查表得：$E^{\ominus}(I^-,I_2)=0.535V$，$E^{\ominus}(Fe^{3+},Fe^{2+})=0.770V$。故

$$E=E^{\ominus}=E^{\ominus}(I^-,I_2)-E(Fe^{3+},Fe^{2+})=0.535V-0.770V=-0.235V$$

$$\begin{aligned}\Delta_r G_m=\Delta_r G_m^{\ominus}&=-zFE=-zFE^{\ominus}=-1\times96500C\cdot mol^{-1}\times(-0.235V)\\&=22.678kJ\cdot mol^{-1}\end{aligned}$$

由计算可知，反应的 $E<0$，或 $\Delta_r G_m>0$。故上述反应不能自发进行，即亚铁离子不能将碘（I_2）还原成碘离子（I^-）；发生的应该是铁离子将碘离子（I^-）氧化成碘（I_2）。

由 $\Delta_r G_m^{\ominus}=-zFE^{\ominus}=-RT\ln K^{\ominus}$，可得

$$\ln K^{\ominus}=-\frac{\Delta_r G_m^{\ominus}}{RT}=\frac{-22678}{8.314\times298}=-9.153$$

故

$$K^{\ominus}=e^{-9.153}=1.06\times10^{-4}$$

3）求难溶盐的溶度积

难溶盐的溶度积 K_{sp} 实质上就是难溶盐在达到溶解平衡时的平衡常数，难溶盐的在水中的离解并非氧化还原反应，但可根据难溶盐解离时的离子反应设计成电池，求此电池的标准电动势 E，即可求出难溶盐的溶度积。

4）测定溶液的 pH

溶液的 pH 是其氢离子活度的负对数，即 $pH=-\lg a(H^+)$，由于单独的 $a(H^+)$ 无法测定，只有在作了某些近似的假设后，才能得到通常测定的 pH 的近似值，严格说，此值并无明显的热力学意义。用电势法测定溶液的 pH，在组成电池时必须有一个电极是电极电势已知的参比电极，通常用甘汞电极；另一个电极必须是对氢离子可逆的电极，常用的有三种，即氢电极、醌氢醌电极和玻璃电极。

(1) 用氢电极测溶液的 pH 通常将待测溶液组成如下电池：

$$Pt, H_2(g, p^{\ominus}) | 待测溶液[a(H^+)] \| 甘汞电极$$

此电池在 298K 时的电动势为

$$E = E_{甘汞} - E(H_2, H^+) = E_{甘汞} - \frac{RT}{F} \ln a(H^+) = E_{甘汞} + 0.05916 pH$$

因此

$$pH = \frac{E - E_{甘汞}}{0.05916} \tag{5.33}$$

(2) 用醌-氢醌电极测溶液的 pH 氢电极实际使用时有很多不便之处，醌氢醌电极使用时要方便些。在测定溶液时的 pH 时，常向待测溶液中加入少量醌氢醌，使其达饱和，再在溶液中插入铂电极，组成下列电池

$$甘汞电极 \| 酸性醌氢醌饱和溶液（pH<7.1） | Pt$$

pH 与电动势的关系在 5.6.2 中已作详述，此处不再赘述。

(3) 用玻璃电极测溶液的 pH 玻璃电极是测溶液 pH 时最常用的一种指示电极。用一玻璃薄膜将两个 pH 不同的溶液隔开时，在膜两边会产生电势差，其值与膜两侧溶液的 pH 有关。若将溶液一侧的 pH 固定，则此电势差仅随一侧溶液的 pH 而改变，这就是用玻璃电极测定溶液 pH 的根据。其构造为：在一支玻璃管下端焊接一个特殊原料的玻璃球形薄膜，膜内盛一定 pH 的缓冲溶液，或用 $0.1 mol \cdot kg^{-1}$ 的 HCl 溶液，溶液中浸入一根 Ag-AgCl 电极，将玻璃膜置于待测溶液中。甘汞电极与玻璃电极组成如下电池：

$$玻璃膜$$
$$Ag, AgCl | HCl(0.1m) | 待测溶液[a(H^+)] \| 甘汞电极$$

玻璃电极具有可逆电极的特性，其电极电势可用下式表示：

$$E_{玻} = a - b pH \tag{5.34}$$

式中，a、b 为常数。a 相当于 $E_{玻}^{\ominus}$（即当 pH=0 时的电极电势），b 相当于 $2.303RT/F$。

测出此电池的电动势 E，即可求出待测溶液的 pH。因为：

$$E = E_{甘汞} - E_{玻}$$
$$E_{玻} = E_{甘汞} - E = a - b pH$$

故

$$pH = \frac{a + E - E_{甘汞}}{b} \tag{5.35}$$

式中的 a 对于指定的玻璃电极为一常数，但对不同的玻璃电极 a 值不同。所以实验测定时，要先用已知 pH 的缓冲溶液进行标定，然后再对未知液进行测量。

玻璃电极不受待测溶液中的氧化剂、还原剂或某些毒物的影响，操作简便，也能用于测定 pH 较高的溶液。故在实验室及工业上得到广泛的应用。

5）电势滴定

在滴定分析中，用电池电动势的突变来指示终点，称为电势滴定法，这种分析方法的原理是：把含有待分析的离子溶液作为电池液，用一支对该种离子可逆的电极与另一支参比电极组成电池，随着滴定液的不断加入，电池电动势不断发生变化，在接近终点时，电池电动势有一突跃。若以电动势 E 对滴定液体积 V 作图，可确定滴定终点。电势滴定法可用于酸碱中和、沉淀反应、氧化还原反应等。该方法的主要优点是，可使滴定过程自动化，且不受溶液颜色或产生沉淀物的干扰，能快速、准确确定滴定终点。

5.8　电解与极化

5.8.1　分解电压

电解是利用直流电使电解质溶液发生氧化还原反应的过程。分解电压是指在电解过程中，使电解质溶液显著发生电解时所需的最小外加电压或使电流显著增大时所需的最小外加电压。分解电压存在的原因是刚开始电解出来的产物与相应的电极一起形成了原电池，而此时原电池的电动势正好与外加电压方向相反，与外加电压相对抗。随着电解产物的增多，所形成的原电池的电动势也随之增大，达到原电池的最大可逆电动势为止。只有当外加电压大于该最大可逆电动势时，电解才会显著进行。因此，在理论上，分解电压应等于原电池的可逆电动势 $E_{可逆}$，但实际上分解电压 E 要大于 $E_{可逆}$，超出部分是由于极化所致。

在电解过程中，使电极反应显著进行时电极所具有的最小电极电势，称为某物质的析出电势。即外加电压等于分解电压时，两极所具有的电极电势。理论析出电势即为发生可逆电解时电极的平衡电极电势，某物质的实际析出电势要大于理论析出电势，超出部分，是由于极化所致。

5.8.2　极化与超电势

当电极上无电流通过时，电极处于平衡状态，与之相对应的电势是平衡（可逆）电极电势。而电极上有电流流过时，电极的平衡状态被打破，因此，电极电势值将偏离平衡值，且随着电流密度增大，其偏离程度也越大。有电流流过电极时的电极电势值偏离平衡值的现象，称为极化现象。某电流密度下的电极电势值与其平衡电极电势值之差的绝对值称为超电势，以 η 表示。

$$阴极超电势 \qquad \eta_{阴} = E_{阴,平} - E_{阴} \qquad (5.36)$$

$$阳极超电势 \qquad \eta_{阳} = E_{阳} - E_{阳,平} \qquad (5.37)$$

η 总是大于零，η 数值的大小，表明了电极极化程度的大小。

当有电流流过电极时，在电极上要发生一系列的过程，并以一定的速率进行，每一步都或多或少地存在一定的阻力，要克服这些阻力，相应地需要一定的推动力，因而产生超电势。根据极化产生原因，除电阻极化外，通常将极化分为浓差极化与电化学极化两类。

1）浓差极化

浓差极化是由于电解过程中，电极附近溶液的浓度与本体溶液的浓度发生了差别所引起的。以 Ag 阴极电解浓度为 c 的 $AgNO_3$ 溶液为例。在一定电流密度下电解时，Ag^+ 被还原沉积在 Ag 阴极上。由于离子的扩散速度很慢，使得电极附近 Ag^+ 浓度低于溶液本体浓度，而导致阴极电极电势低于平衡电势值。这种由于浓度差而引起的极化，称为浓差极化。由浓差极化所引起的超电势，称为浓差超电势，其数值由浓度梯度决定。而浓度梯度又与搅拌及电流密度有关，浓差极化可以通过搅拌部分消除。

2）电化学极化

电化学极化是由于离子放电速度缓慢所引起的，其超电势称为电化学超电势。仍以 Ag 阴极电解 $AgNO_3$ 溶液为例。由于 Ag^+ 放电速度缓慢，来不及立即还原而及时消耗电子，使得电极表面有过剩负电荷的积累，而导致阴极的电极电势值低于平衡值，这就产生了电化学极化。对阳极而言，不管是浓差极化还是电化学极化，均使阳极的电极电势值高于其平衡值。

综上所述，就单个电极而言，阴极极化的结果，使电极电势越变越负；而阳极极化的结果，使电极电势越变越正。

5.8.3 电解池与原电池极化

描述电流密度（即单位电极面积上的电流强度）与电极电势之间关系的曲线，称为极化

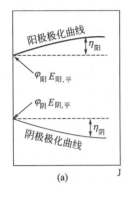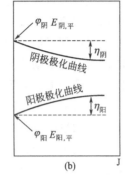

图 5.11 电解池和原电池极化曲线示意图
（a）电解池；（b）原电池

曲线。实验表明，电流密度不同时，两极的电极电势不同，超电势亦不相同。电解池与原电池极化的极化曲线如图 5.11 所示。当两个电极组成电解池时，由于电解池的阳极为正极，阴极为负极，随着电流密度的增大，阳极朝正的方向变化，阴极朝负的方向变化。故极化的结果是两极间的电势差越来越大，即电解池端电压增大。因此，电解池极化随着电流密度的增大，电能消耗增多。

而原电池则不同，原电池的阴极是正极，阳极是负极，随着电流密度的增大，阳极朝正的方向变化，阴极朝负的方向变化。故极化的结果是两极间的电势差变得越来越小，即原电池的端电压减小，或原电池对外做功能力减小。因此，不论是原电池还是电解池，从能量角度分析，极化的存在是不利的，希望减小极化。

5.8.4 电解时的电极反应

在对电解质溶液进行电解时，溶液中一般都有多种离子。溶液中的正离子往阴极迁移，在阴极发生还原作用；而负离子往阳极迁移，在阳极发生氧化作用。即溶液中的正离子都有可能在阴极得到还原，而负离子都有可能在阳极被氧化。究竟哪种离子优先在阴极还原或优先在阳极氧化呢？在阴极，电极电势愈正者愈容易还原；在阳极，电极电势愈负者愈容易被氧化。因此，只需比较阴、阳极极化电极电势的大小予以判断。即

$$E_阴 = E_{阴,平} - \eta_阴, \quad E_阳 = E_{阳,平} + \eta_阳$$

以 Cd 阴极电解 $CdSO_4$（$a=1$）溶液为例。H_2 在 Cd 板上析出的超电势在 $10A/m^2$ 的电流密度下可达 1V 左右，利用 H_2 析出的超电势，使电动顺序在氢以前的金属也可通过电解的办法制取。在利用电解的方法提取金属时，最不希望有氢气析出。因为氢气的析出一是使电解时的电流效率降低，二是氢气析出时会在电极板上鼓泡，从而影响产品质量。

由前面可知，电池的极化具有双重性。从能量的角度来看极化，极化的存在是不利的，因为极化的结果是消耗能量。但从电解产品的角度看极化，极化的存在却是有利的，正是由于利用氢在某些金属上析出的超电势，使得电动顺序在氢以前的金属可以通过电解的方法来制取，同时确保了产品质量，提高了电流效率。

5.9 电化学腐蚀与防腐

5.9.1 金属的腐蚀

金属与周围的气体或液体等介质相接触时，发生化学作用或电化学作用而引起的破坏的

过程，称为金属的腐蚀。金属腐蚀的现象非常普遍。金属发生腐蚀后，在外形、色泽以及力学性能等方面都将发生变化。金属由于腐蚀而遭受的损失是相当严重的。据统计，全世界每年因腐蚀而报废的金属材料和设备的量约为金属年产量的 $20\% \sim 30\%$。由此而造成的安全隐患和经济损失则则是无可估价的。因此，研究金属的腐蚀与防腐具有相当重要的意义。

金属腐蚀的本质，是金属原子失去电子变成离子的过程。由于金属接触的介质不同，发生腐蚀的情况也不同，因此金属的腐蚀可分为化学腐蚀和电化学腐蚀两大类。

1）化学腐蚀

化学腐蚀是金属表面和介质（如气体或非电解质液体等）因发生化学作用而引起的腐蚀，如高温下的铁被空气中的氧所氧化。其特点是在腐蚀过程中无电流产生，腐蚀只发生在金属表面，使金属表面形成一层化合物，如氧化物、硫化物等。如果所生成的化合物能形成一层致密的氧化膜覆盖在金属表面上，则反而能起到保护金属内部、降低腐蚀速度的作用。

2）电化学腐蚀

电化学腐蚀是由于金属表面与潮湿的空气、或电解质溶液等形成局部微电池发生电化学作用而引起的腐蚀。电化学腐蚀比化学腐蚀更为严重。

从电化学角度来看，发生电化学腐蚀的必要条件是由金属与介质组成的体系中应同时发生两类电极反应，即氧化反应（阳极反应）和还原反应（阴极反应）。相应于这两类电极反应的电极就可以构成一个局部原电池。如暴露在潮湿空气中的钢铁（普通碳钢）。由于钢铁本身不纯，含有 C、Si 等杂质，这些杂质与铁相比都不易失去电子，但都能导电。这样，铁和其中的杂质就构成了原电池的两极。钢铁在潮湿的空气中会自动吸附一层水膜，水膜中溶解了空气中的 O_2、CO_2、SO_2 等气体便形成了电解质溶液。铁和杂质正好形成了原电池。由于杂质是极小的颗粒，且分散在钢铁之中，因此在钢铁的表面便形成了无数个微电池。在微电池中，铁是阳极，杂质是阴极。铁与杂质直接接触，等于导线连接两极形成通路，进行如下电极反应：

阳极（一）　　　　　　　　　　　$Fe \longrightarrow Fe^{2+} + 2e$

阴极（+）在阴极上由于条件不同可能发生不同的反应

① 析氢腐蚀　　　　　　　　　　$2H^+ + 2e \longrightarrow H_2$（g）

② 吸氧腐蚀　　　　　O_2（g）$+ 4H^+ + 4e \longrightarrow 2H_2O$

反应不断地进行，Fe 变成 Fe^{2+} 离子而进入溶液，在阴极（杂质）上氧气和氢离子被消耗掉，生成水。Fe^{2+} 离子继而与溶液中的 OH^- 结合，生成氢氧化亚铁 $Fe(OH)_2$。然后 $Fe(OH)_2$ 又与潮湿空气中的水分和氧发生作用，最后生成铁锈

$$4Fe(OH)_2 + 2H_2O + O_2 \Longleftrightarrow 4Fe(OH)_3$$

其结果是铁遭到腐蚀。

5.9.2　金属的防腐

金属的腐蚀主要是金属与周围介质发生化学反应的结果，因此，防止腐蚀的方法也就要从金属和介质两方面来考虑。

1）隔离法

即将金属与周围介质隔离开来。通常是将一些耐腐蚀性的物质，如油漆、搪瓷、陶瓷、玻璃、高分子材料（如塑料、橡胶等），涂在待保护的金属表面上，使金属与腐蚀介质隔开。或用耐腐蚀性较强的金属、合金覆盖在被保护的金属表面上，覆盖的方法有电镀、喷镀等。保护层又有阳极保护层和阴极保护层之分。前者是镀上比被保护金属有较负电极电势的

金属，如把锌镀在铁上（锌为阳极，铁为阴极）；而后者是镀上比被保护金属有较正电极电势的金属，如将锡镀在铁上（此时铁为阳极，锡为阴极）。就将被保护金属与介质隔离而言，这两种保护层无原则上区别。但当保护层受到破坏而不完整时，情况就完全不同了。对阴极保护层来说，保护层的存在不仅失去了保护作用，反而加速了被保护金属的腐蚀（因被保护金属是阳极，发生氧化）。阳极保护层则不然，即使保护层被破坏，被保护金属也不会受到腐蚀。因为被保护金属是阴极，所以被腐蚀的是保护层金属本身。

2）电化学保护法

根据原电池阴极不受腐蚀的原理，可使被保护的金属作阴极，以免遭腐蚀。如在海上航行的船舶，在船底四周镶嵌锌块，此时，船体是阴极受到保护；而锌块是阳极代替船体而受腐蚀。到一定时候，锌块消耗完了，再换新的锌块。这样可以保护船体不受腐蚀。常用这种方法来保护海轮外壳、锅炉、海底设备、地下金属管道等。

防止金属腐蚀的方法根据具体情况可以采用多种方法，除以上介绍的方法之外，还有缓蚀剂法等。但最根本的办法还是研究开发新的耐腐蚀材料，如特种合金、陶瓷材料等。

5.10　化学电源简介

自 1859 年普兰特（G. R. Plante）试制成功铅酸电池以来，化学电源经历了近 150 年的发展历史，现已形成了独立、完整的科技与工业体系。全世界已有 1000 多种不同系列、不同型号规格的电池产品。化学电源在人们的日常生活、航天航空技术、交通、通讯等方面得到了广泛的应用。随着高新技术的发展和人类生存环境的需要，对新型化学电源提出了更高的要求，同时也加速了化学电源的发展。性能优越的锂离子电池、金属氢化物-镍电池、燃料电池、太阳能电池等将是 21 世纪最受欢迎的绿色、环保型能源。

5.10.1　化学电源的分类

化学电源就是实用的原电池，其品种繁多，用途广泛，且有多种分类的方法。若按其工作性质和及储存方式的不同分类，可分为以下四类：

1）一次电池

这种电池即为原电池。若电池中的电解质不流动，则称为干电池。由于电池反应本身的不可逆或可逆反应很难进行，这类电池放电后不能充电再用。如：

锌-锰干电池　$Zn \mid NH_4Cl, ZnCl_2 \parallel MnO_2, C$

锌-汞电池　$Zn \mid KOH \mid HgO$

锌-银电极　$Zn \mid KOH \mid Ag_2O$

碱性锌-空气电池　$Zn \mid KOH \mid O_2, C$

2）二次电池

二次电池习惯上又称蓄电池。这类电池在工作时，电极反应和电池反应可逆，即电池放电后可用充电的方法使活性物质恢复到荷电状态。因此，二次电池是一类可以反复充、放电而循环使用的电池。如：

铅酸电池　$Pb \mid H_2SO_4 \mid PbO_2$

氢-镍电池　$Pt, H_2 \mid KOH \mid NiOOH(s)$

金属氢化物-镍电池　$MH(s) \mid KOH \mid NiOOH(s)$

锂离子电池　$C(s) | LiPF_6 | LiCoO_2(s)$

3）储备电池

储备电池也称"激活电池"，这类电池的阴、阳极活性物质在储存期不直接接触，使用前临时注入电解液或采用其他方法将电池激活。根据激活的方式不同，可分为气体激活电池、液体激活电池、热激活电池等。由于这类电池在储存期间处于惰性状态，阴、阳极活性物质不发生化学变化，电池不存在自放电现象，故可以长时间储存。如：

锌-银电池　$Zn | KOH | Ag_2O$

镁-银电池　$Mg | MgCl_2 | AgCl$

铅-高氯酸电池　$Pb | HClO_4 | PbO_2$

4）燃料电池

燃料电池又称"连蓄电池"，是一类只要将活性物质和氧化剂连续注入，便能连续不断地输出电能的电池。如：

氢-氧原料电池　$Pt, H_2 | KOH | O_2, Pt$

肼-空气燃料电池　$Pt, N_2H_4 | KOH | O_2(空气), Pt$

5.10.2　化学电源的性能

化学电源的性能包括电池的电压，容量，内阻，充、放电性能，寿命，比能量和比功率，储存性能和安全性能等。其中充电性能只对二次电池才有，此处主要介绍电池的电压、电池容量、比能量和比功率、储存性能和自放电、电池寿命、安全性能几个方面。

1）电池电压

根据电池的工作状态不同，电池电压分为开路电压和工作电压。开路电压是指外电路无电流通过时两极之间的电势差，开路电压一般小于电池的电动势。工作电压也称为端电压或者放电电压、负荷电压，是指外电路有电流通过时，电池两极间的电势差。工作电压总是低于开路电压，因为当有电流流过电池内部时，必须克服极化电阻和欧姆内阻所产生的阻力。

2）电池内阻

电池内阻是指当电流流过电池时所受到的阻力，包括欧姆电阻和极化电阻。欧姆电阻由电极材料、电解液、隔膜电阻和各部分零件的接触电阻组成。隔膜电阻是当电流流过电解液时，隔膜有效微孔中电解液所产生的电阻。极化电阻是由于发生电化学反应时引起极化而产生的电阻。它包括浓差极化和电化学极化所引起的电阻。在不同场合各种极化所起的作用不同，相应所占的比重亦不相同，这主要由电极材料、电极的结构和制造工艺以及使用条件等因素决定。

3）储存性能和自放电

电池的储存性能是指电池开路时，在一定条件下（如温度、湿度等）储存时容量下降率的大小。化学电源在储存过程中容量下降主要是由于两个电极的自放电所引起。无论是二次电池或原电池，在使用及储存过程中，都会存在一定程度的自放电。引起电池自放电的原因主要有，电极的腐蚀、活性物质的溶解和在电极上发生歧化反应等。

4）比能量和比功率

在一定条件下，单位质量或单位体积的电池所输出的能量，称为质量比能量或体积比能量，也称能量密度。对应的单位分别为 $W \cdot h \cdot kg^{-1}$（瓦小时每千克）或 $W \cdot h \cdot L^{-1}$（瓦小时每升）。电池的比功率是指在一定条件下，单位质量或单位体积的电池所能输出的功率，称为质量比功率或体积比功率。其单位分别为 $W \cdot kg^{-1}$（瓦每千克）或 $W \cdot L^{-1}$（瓦每升）。电池比功率的大小，表明在单位时间内，单位质量或单位体积的电池输出能量的多少。电池的比功率越大，则单位质量或单位体积电池输出的能量越多，表示此电池能用较大的电流放电。因此，电池的比功率是衡量电池性能的一个重要指标。

5）电池的寿命

一次电池的寿命是表示给出额定容量的工作时间。二次电池的寿命分充、放电循环使用寿命和湿搁置（带电解液）使用寿命。充、放电循环寿命是衡量二次电池性能的一个重要参数。电池经历一次充放电，称为一次循环或一个周期。电池在一定的充放电制度下，容量降至某一规定值之前，电池所能承受的循环次数，称为二次电池的循环寿命。

影响电池循环寿命的因素较多，如电极材料、电解液、隔膜及制作工艺等。这些因素相互影响，共同决定了电池的使用寿命。所以，各种蓄电池的循环寿命是有差别的。即便同一材料制成的同一类型的电池，由于制作工艺不同，循环寿命也略有差异。通常的 Cd-Ni 电池和 MH-Ni 电池的循环寿命可达 500～1000 次，有的甚至几千次。

思考题

1. 电解质溶液的导电能力和哪些因素有关？在表示电解质溶液的导电能力方面，为什么除电导率之外还要提出摩尔电导率的概念？

2. 为什么强电解质和弱电解质溶液的极限摩尔电导率的测定方法不同？

3. "因为溶液是电中性的，溶液中阳、阴离子所带的总电量相等，所以，阴、阳离子的迁移数也相等，即 $t_+ = t_-$。"这种说法对吗？

4. 为什么讨论强电解质在溶液中的活度 a 时要涉及电解质的离子平均活度 $a_\pm$？

5. 为何不能用一般的电压表测原电池的电动势？

6. 有人说"凡 $E^\ominus_{电极}$ 为正的电极必为原电池的正极，$E^\ominus_{电极}$ 为负的电极必为负极"。这种说法对吗？

7. 输送 $CuSO_2$ 溶液时能否使用铁管？试说明其原因？

8. 液体接界电势是怎样产生的？用盐桥能否完全消除液体接界电势？为什么？

9. 何谓浓差极化？何谓电化学极化？其各自产生的原因是什么？

10. 何谓超电势？

11. 电解池极化与原电池极化有何异同？

12. 什么是极化的双重性？

13. 为什么电动顺序在氢以前的金属（如锌、镍等）可通过电解的方法制取？

14. 什么是金属钝化？产生的原因是什么？

习题

1. 用铂电极电解氯化铜（$CuCl_2$）溶液。通电电流为 10A，经过 20min 后，在阴极上能析出多少克 Cu？在阳极上能析出多少体积的氯气（300K、101.325kPa）？

2. 在一电路中串联两个电量计，一个是氢电量计，另一个是银电量计。通电 1h 后，在氢电量计中收集到 19℃、99.19kPa 下的 $H_2(g)$ 95cm³；在银电量计中沉积 Ag0.8368g。试分别用两个电量计的数据计算电路中通过的电流为多少。

3. 在一电导池中装入 0.02mol·dm⁻³ 的 KCl 水溶液，298K 时测得其电阻为 453Ω。已知 298K 时 0.02mol·dm⁻³ 溶液的电导率为 0.2768S·m⁻¹。在同一电导池中装入同样体积的浓度为

$0.555g \cdot dm^{-3}$ 的 $CaCl_2$ 溶液，测得其电阻为 1050Ω。计算该电导池的电导池常数和 $CaCl_2$ 溶液的电导率与摩尔电导率 Λ_m $(1/2CaCl_2)$。

4. 某电导池盛以 $0.02mol \cdot dm^{-3}$，在 298K 测得其电阻为 82.4Ω，再换用 $0.0050mol \cdot dm^{-3}$ 测得电阻为 163Ω，求 K_2SO_4 溶液的电导率和摩尔电导率？已知 $0.02mol \cdot dm^{-3}$ 溶液在 298K 时电导率 κ 为 $2.767 \times 10^{-1}S \cdot m^{-1}$。

5. 在 298K 时，H^+ 和 HCO_3^- 离子的极限摩尔电导率 Λ_m^{∞} (H^+) $= 3.4982 \times 10^{-2}S \cdot m^2 \cdot mol^{-1}$，$\Lambda_m^{\infty}$ (HCO_3^-) $= 4.45 \times 10^{-3}S \cdot m^2 \cdot mol^{-1}$。在同温下测得 $0.0275mol \cdot dm^{-3}$ 的 H_2CO_3 溶液的电导率 $\kappa = 3.86 \times 10^{-3}S \cdot m^{-1}$，求 H_2CO_3 离解为 H^+ 和 HCO_3^- 的离解度。

6. 已知 291K 时 NaCl、NaOH 和 NH_4Cl 的极限摩尔电导率 Λ_m^{∞} 分别为 $1.086 \times 10^{-2}S \cdot m^2 \cdot mol^{-1}$、$2.172 \times 10^{-2}S \cdot m^2 \cdot mol^{-1}$ 及 $1.298 \times 10^{-2}S \cdot m^2 \cdot mol^{-1}$，291K 时 $0.1mol \cdot dm^{-3}$ 及 $0.01mol \cdot dm^{-3}NH_3 \cdot H_2O$ 的摩尔电导率 Λ_m 分别为 $3.09S \cdot m^2 \cdot mol^{-1}$ 和 $9.62 \times 10^{-4}S \cdot m^2 \cdot mol^{-1}$，利用上述实测数据求 $0.1mol \cdot dm^{-3}$ 及 $0.01mol \cdot dm^{-3}NH_3 \cdot H_2O$ 的离解常数 K。

7. 293K 时 HI 溶液的极限摩尔电导率为 $381.5 \times 10^{-4}S \cdot m^2 \cdot mol^{-1}$，浓度为 $0.405mol \cdot dm^{-3}$ 时的电导率为 $13.32S \cdot m^{-1}$，试求此时 HI 的电离度。

8. 试计算下列各溶液的离子强度：

(1) $0.025mol \cdot kg^{-1}NaCl$ 溶液；

(2) $0.025mol \cdot kg^{-1}CuSO_4$ 溶液。

9. 电池 Pb，$PbSO_4(s) | Na_2SO_4 \cdot 10H_2O | Hg_2SO_4(s)$，Hg 在 25℃ 时的电池电动势为 $0.9647V$，电动势的温度系数为 $1.74 \times 10^{-4}V \cdot K^{-1}$。

(1) 写出电池反应；

(2) 计算 25℃ 时该反应的 $\Delta_r G_m$、$\Delta_r H_m$、$\Delta_r S_m$，以及电池恒温可逆放电时的可逆热 $Q_{r,m}$。

10. 电池 $Pt | H_2$ $(101.325kPa)$ $| HCl$ $(0.1mol \cdot kg^{-1})$ $| Hg_2Cl_2(s)$，Hg 电动势 E 与温度 T 的关系为 $E = 0.094 + 1.881 \times 10^{-3}T/K - 2.9 \times 10^{-6}$ $(T/K)^2$ V

(1) 写出电池反应；

(2) 计算 25℃ 时该反应的 $\Delta_r G_m$、$\Delta_r H_m$、$\Delta_r S_m$，以及电池恒温可逆放电时的可逆热 $Q_{r,m}$。

11. 氨可以作为燃料电池的燃料，其电极反应及电池反应分别为

阳极 $NH_3(g) + 3OH^- \rightleftharpoons 1/2N_2(g) + 3H_2O(l) + 3e$

阴极 $3/4O_2(g) + 3/2H_2O(l) + 3e \rightleftharpoons 3OH^-$

电池反应 $NH_3(g) + 3/4O_2(g) \rightleftharpoons 1/2N_2(g) + 3/2H_2O(l)$

试利用物质的标准摩尔生成吉布斯函数值，计算该电池在 25℃ 时的标准电动势。

12. 电池：Pt，H_2 $(p^{\ominus})$ $| H_2SO_4$ (aq) $| O_2$ $(p^{\ominus})$，Pt 在 298K 时的电动势 $E = 1.228V$，已知液态水的标准摩尔生成热 $\Delta_f H_m^{\ominus} = -2.851 \times 10^5 J \cdot mol^{-1}$。

(1) 写出电极反应和电池反应；

(2) 计算此电池电动势的温度系数；

(3) 假定 273～298K 之间此反应的 $\Delta_r H_m$ 为一常数，计算电池在 273K 时的电动势。

13. 电池：$Ag-AgCl | HCl$ $(a=1)$ $| Cl_2$ $(p^{\ominus})$ $| Pt$，在 298K 下测得 $E = 1.1372V$，温度系数为 $-5.95 \times 10^{-4}V \cdot K^{-1}$。

(1) 写出电极反应及电池反应方程式；

(2) 求可逆通电 1F 电量后的热效应；

(3) 若此反应为热化学反应，则其热效应为多少？

14. 写出下列各电池的电池反应，并写出以活度表示的能斯特方程。

(1) $Pt \mid H_2(p) \mid HCl(a) \mid Hg_2Cl_2(s), Hg$

(2) $Zn \mid Zn^{2+}(a) \parallel Sn^{4+}(a'), Sn^{2+}(a'') \mid Pt$

15. 写出下电池的电池反应，计算25℃时电池的电动势，并指明反应能否自发进行。

$$Pt \mid X_2(p) \mid X(a=0.1) \parallel X(a=0.001) \mid X_2(p) \mid Pt(X 表示卤素)$$

16. 电池 $Pt \mid H_2$ （g, 100kPa） $\mid$ HCl （$b=0.1mol \cdot kg^{-1}$） $\mid$ Cl_2 （g, 100kPa）, Pt, 在25℃时电动势值为1.4881V，试计算HCl溶液中HCl的平均离子活度系数。

17. 电池 $Pt \mid H_2$ （g, 100kPa） $\mid$ 待测酸性溶液 $\parallel$ $1mol \cdot dm^{-3}$ KCl $\mid$ Hg_2Cl_2 （s）, Hg, 在25℃时测得电池电动势 $E = 0.664V$，试计算待测溶液的pH。

18. 电池 $Sb \mid Sb_2O_3$ （s） $\mid$ 未知溶液 $\parallel$ 饱和 KCl 溶液 $\mid$ Hg_2Cl_2 （s）, Hg, 在25℃时，当未知溶液为 pH=3.98 的缓冲溶液时，测得电池的电动势 $E_1 = 0.228V$；当未知溶液换成待测 pH 的溶液时，测得电池的电动势 $E_2 = 0.3451V$。试计算待测溶液的pH。

19. 将下列反应设计成原电池，并应用附录10的数据计算25℃时电池反应的 $\Delta_r G_m^\ominus$ 及 $K^\ominus$。

(1) $2Ag^+ + H_2$ （g） $=\!=\!= 2Ag + 2H$

(2) $Cd + Cu^{2+} =\!=\!= Cd^{2+} + Cu$

(3) $Sn^{2+} + Pb^{2+} =\!=\!= Sn^{4+} + Pb$

20. 试将下列化学反应设计成原电池：

(1) $Zn(s) + H_2SO_4(a_1) =\!=\!= ZnSO_4(a_2) + H_2[p(H_2)]$;

(2) $Ni(s) + H_2O =\!=\!= NiO(s) + H_2[p(H_2)]$;

(3) $H_2[p(H_2)] + 1/2 O_2[p(O_2)] =\!=\!= H_2O(l)$;

(4) $H_2[p(H_2)] + HgO(s) =\!=\!= Hg(l) + H_2O(l)$。

21. 工业上用铁屑加入硫酸铜溶液中以置换铜，试设计原电池；计算该反应在298.15K时的平衡常数，并说明此置换反应进行的完全程度。已知 $E^\ominus$ （Cu^{2+}/Cu） $= 0.3400V$, $E^\ominus$ （Fe^{2+}/Fe） $= -0.439V$。

22. 设有 pH=3 的硫酸亚铁溶液，试问用空气中的氧 [p （O_2） $= 21278.25Pa$] 能否使 Fe^{2+} 氧化成 Fe^{3+}，当酸度增大时，对 Fe^{2+} 氧化有利还是不利？已知

$$O_2 + 4H^+ + 4e =\!=\!= 2H_2O \quad E^\ominus （H^+, H_2O/O_2） = 1.229V$$

$$Fe^{3+} + e =\!=\!= Fe^{2+} \quad E^\ominus （Fe^{3+}/Fe^{2+}） = 0.770V$$

23. 某水溶液中约含 $0.01mol \cdot kg^{-1}$ $CdSO_4$、$0.01mol \cdot kg^{-1}$ $ZnSO_4$ 和 $0.5mol \cdot kg^{-1}$ H_2SO_4，在此溶液中插入两支铂电极，在极低电流密度下进行电解，同时搅拌良好，已知 298K 时 $E^\ominus$ （Zn^{2+}/Zn） $= -0.7630V$, $E^\ominus$ （Cd^{2+}/Cd） $= -0.4028V$。

(1) 试问何种金属将首先在阴极上沉积；

(2) 当另一金属开始沉积时，溶液中先放电的那种金属所剩余的浓度是多少（设浓度等于活度）？

24. 电解某溶液在阴极上有 Zn 沉积，H_2 在 Zn 上洗出的超电势为 0.72V，欲使溶液中 Zn^{2+} 的浓度降到 $10^{-4}mol \cdot dm^{-3}$，阴极仍不析出 H_2，溶液的 pH 最小应控制为多少？（假定浓度等于活度）

25. 在某电流密度时，电解 pH=5 的 $CdCl_2$ 溶液，Cd^{2+} 的浓度为多少时 H_2 开始析出？已知该电流密度时 H_2 在 Cd 板上析出的超电势为 0.48V。

26. 电流密度 $I = 0.01A \cdot cm^{-2}$ 时，H_2 在 Zn 电极上的超电势 η （H_2） $= 0.76V$，若电解液中 Zn^{2+} 的活度为 0.01，要使 Zn^{2+} 在阴极上析出，而不使氢析出，求溶液的 pH 应控制在什么范围 [已知 298K 时 $E^\ominus$ （Zn^{2+}/Zn） $= -0.7628V$]。

27. 298K、101325Pa 时，以 Pt 为阴极，石墨为阳极，电解含有 $FeCl_2$ （0.01mol·dm^{-3}）和 $CuCl_2$ （0.02mol·dm^{-3}）的水溶液，若电解过程中不断搅拌，并设超电势均可忽略不计，活度系数为 1。

问：（1）何种金属先析出？

（2）第二种金属析出时，至少需加多少电压？

（3）第二种金属离子析出时，第一种金属离子在溶液中的浓度为若干？[$E^{\ominus}$（Fe^{2+}/Fe）= $-0.439V$；$E^{\ominus}$（H^+/O_2）=1.229V；$E^{\ominus}$（Cu^{2+}/Cu）=0.3400V；$E^{\ominus}$（Cl_2/Cl^-）=1.3580V]

28. 在 Zn^{2+} 和 Cd^{2+} 浓度各为 1mol·dm^{-3}，pH=3 的溶液中进行电解，问哪种离子先析出？当第二种离子析出时，溶液中第一种离子的浓度为若干？在氢析出前，第二种离子的浓度为若干？假定氢在第二种金属上的超电势为 0.72V。所需数据在附录式中查找。

第6章　表面现象与胶体

学习目的与要求

① 弄清表面张力、表面吉布斯函数等基本概念。

② 掌握润湿与表面张力间的关系和润湿的应用。

③ 掌握液体弯曲液面的特性，掌握开尔文（Kelvin）公式及其应用，弄清过饱和现象及其产生原因。

④ 掌握表面活性剂的结构特点及其应用。

⑤ 了解固体表面特性，理解物理吸附和化学吸附的意义与区别。掌握弗戎德利希（Freundlich）等温式、兰格缪尔（Langmuir）吸附等温式。

⑥ 掌握分散体系的分类及胶体基本特征，了解溶胶的制备，掌握溶胶的光学性质、动力学性质和电学性质。掌握溶胶的胶团结构以及溶胶的稳定性和聚沉。

6.1　表 面 现 象

6.1.1　表面现象

表面现象：即与物质的表面性质和表面能有关的现象。

表面现象是自然界中最普遍的现象之一，在生产、科研和日常生活中经常碰到。例如水滴、汞滴为什么会自动呈球形等。产生这些现象的原因与物质的表面能有关。如要将一块石头打碎，就要对它做功，并且砸得越碎，消耗的功就越多，石块的表面积也越大。做功所消耗的部分能量将转化为物质的表面能而储存在表面之中（表面功是一种非体积功），故其表面能也越大。

自然界中的物质一般都以气、液、固三种相态存在。在有不同相共存的体系中，相与相之间存在着分界面。界面（interface）是指两相接触的约几个分子厚度的一个薄层，也称为界面层（interface layer）。若其中一相为气体，这种界面通常称为表面（surface）。严格讲，表面应是液体和固体与其饱和蒸气之间的界面，但习惯上把液体或固体与空气的界面称为液体或固体的表面，所以表面为界面的一种特例，因此表面现象就是界面现象，就是发生在这些相界面上的一切物理化学现象。常见的界面有：气-液界面、气-固界面、液-液界面、液-固界面、固-固界面。

产生表面现象的原因是由于表面层分子与内部分子相比，它们所处的环境不同。内部分子所受四周邻近相同分子的作用力是对称的，各个方向的力彼此抵

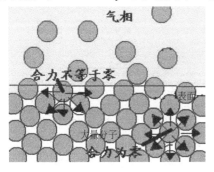

图 6.1　气液两相界面示意图

销；但是处在界面层的分子，一方面受到体相内相同物质分子的作用，另一方面受到性质不同的另一相中物质分子的作用。最简单的例子是液体及其蒸气组成的体系（见图 6.1），在气液界面上分子受到合力为指向液体内部的拉力，所以液体表面有自动缩成最小的趋势，体现在水滴和汞滴会自动呈球形。因此，在任何两相界面上的界面层都会显示出一些独特的性质，对于单组分体系，这种特性主要来自于同一物质在不同相中的分子间作用力不同；而对于多组分体系，这种特性则来自于界面层的组成与任一相的组成均不相同。

6.1.2　表面张力

1）比表面积（specifics urface area）

比表面积即单位体积或单位质量的固体所具有的表面积，用 α 表示。有两种表示方法：一种是体积比表面积；另一种是质量比表面积。即：

$$\alpha_v = \frac{A}{V} (\text{m}^{-1}) \tag{6.1}$$

$$\alpha_w = \frac{A}{m} \tag{6.2}$$

式（6.1）为体积比表面积，式（6.2）为质量比表面积，m 和 V 分别为固体的质量和体积，A 为其表面积。

2）分散度与比表面积

把物质分散成细小微粒的程度称为分散度。把一定大小的物质分割得越小，则分散度越高，比表面积也越大。例如，把边长为 10^{-2}m^2 的立方体逐渐分割成小立方体时，比表面积变化情况列于下表。

表 6.1　逐渐分割时，立方体数与比表面积的变化

边长 l/m	立方体数	总表面积 A/m²	比表面积 α_v/m⁻¹
1×10^{-2}	1	6×10^{-4}	6×10^2
1×10^{-3}	10^3	6×10^{-3}	6×10^3
1×10^{-4}	10^6	6×10^{-2}	6×10^4
1×10^{-5}	10^9	6×10^{-1}	6×10^5
1×10^{-6}	10^{12}	6×10^0	6×10^6
1×10^{-7}	10^{15}	6×10^1	6×10^7
1×10^{-8}	10^{18}	6×10^2	6×10^8
1×10^{-9}	10^{21}	6×10^3	6×10^9

从表 6.1 可以看出，当将边长为 10^{-2}m 的立方体分割成 10^{-9}m（1nm）的小立方体时，表面积从 $6 \times 10^{-4}\text{m}^2$ 增加到 6000m^2，即增大了一千万倍，比表面积同样增大了一千万倍。可见达到 nm 级的超细微粒具有巨大的比表面积，因而具有许多独特的表面效应，成为新材料和多相催化方面的研究热点。通常用比表面积来衡量物质的分散程度。比表面积越大，物质的分散程度越大。如球形粒子的体比表面积为：

$$\alpha_v = \frac{4\pi r^2}{\frac{4}{3}\pi r^3} = \frac{3}{r}$$

3）表面张力（surface tension）

由于表面层分子的状况与本体中的不同，因此要把一个分子从内部移到界面（或增大表面积）时，就必须克服体系内部分子间的引力而对体系做功。在恒温、恒压及组成不变时，可逆地使表面积增加 dA 所需对体系做的功，称为表面功，表面功是一种非体积功。可表示为

$$\delta W' = \sigma dA \tag{6.3}$$

式中，σ 为比例系数，表示增加单位表面积时所必须对体系做的可逆非体积功，$J \cdot m^{-2}$。由第 3 章可知，在恒温、恒压下，可逆非体积功等于体系吉布斯函数的改变值，即

$$\delta W' = dG_{T,p} = \sigma dA \tag{6.4}$$

显然，

$$\sigma = \left(\frac{\partial G}{\partial A} \right)_{T,p} \tag{6.5}$$

因此 σ 也称为表面吉布斯函数。

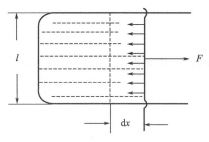

图 6.2　表面张力示意图

我们也可以从另一个角度来考虑 σ 的物理意义。在一定条件下将金属框蘸上肥皂液，然后再缓慢地将金属框在力 F 的作用下移动距离 dx，使肥皂沫的表面积增加 dA，如图 6.2 所示。因为在金属框的两面具有两个表面，所以共增加表面积为 $dA = 2ldx$，在此过程中环境所做的表面功为 $\delta W' = Fdx$，这个功就转化为表面能 σdA，即 $Fdx = \sigma dA$，所以

$$Fdx = \sigma \cdot 2ldx$$

$$\sigma = \frac{F}{2l}$$

因此，σ 也可理解为作用在单位长度的表面与长度方向垂直而使表面分子收缩的力，这就是表面张力，单位为 $N \cdot m^{-1}$。表面张力、表面吉布斯函数虽为不同的物理量，但其数值和单位是相同的，这是对同一现象从两个不同的角度看问题的结果。对于平面液面来说，表面张力的方向与液面平行；对于曲面来说，表面张力的方向与界面的切线方向一致。在考虑界面性质的热力学问题时，通常用表面吉布斯函数；而在考虑各种界面相互作用时，用表面张力比较方便。

4）影响表面张力的因素

表面张力 σ 是一个强度量。其值与物质的种类、和它接界的另一相的性质、温度和压力等因素有关。

（1）与物质的本性有关　不同的物质，分子之间的作用力不同，对界面上的分子影响不同。以液体表面为例，通常气相是空气或液体本身的蒸气。不同液体表面张力之间的差异主要是由于液体分子之间的作用力不同而造成的。表 6.2 列出了一些液态物质在空气中的表面张力数据。从表中可以看出具有金属键结构物质的表面张力最大，其次为离子键物质，再次为极性键物质，非极性键物质的表面张力最小。即

$$\sigma_{金属} > \sigma_{离子键} > \sigma_{极性键} > \sigma_{极性键} > \sigma_{非极性键}$$

表 6.2　某些液态物质的表面张力

物　质	$t/℃$	$\sigma \times 10^3 / N \cdot m^{-1}$
Cl_2	-30	25.56
$(C_2H_5)_2O$	25	26.43
H_2O	20	72.75
$NaCl$	803	113.8
$LiCl$	614	137.8
FeO	1427	582
Cu	1083	1300
Pt	1773.5	1800

固体分子间的相互作用力远大于液体分子，故固体物质一般要比液体物质具有更高的表面张力。表 6.3 列出了一些固体物质在实验温度下的表面张力。

表 6.3　一些固态物质的表面张力

物　质	气　氛	$t/℃$	$\sigma \times 10^3/N \cdot m^{-1}$
铜	铜蒸气	1050	1670
银	—	750	1140
锡	真空	215	685
苯	—	5.5	52 ± 7
冰	—	0	120 ± 10

（2）与所接触的外相的性质有关　在一定的条件下，同一种物质与不同性质的其他物质接触时，由于表面层分子所处的环境不同，因此表面张力也就不同。表 6.4 是物质在常温下于不同相接触时的界面张力数据。

6.4　一些物质的表面张力与接触相的关系（20℃）

第一相	第二相	$\sigma/N \cdot m^{-1}$	第一相	第二相	$\sigma/N \cdot m^{-1}$
水	水蒸气	72.75×10^{-3}	汞	汞蒸气	471.60×10^{-3}
	正庚烷	50.20×10^{-3}		水	415.00×10^{-3}
	四氯化碳	45.00×10^{-3}		乙醇	389.00×10^{-3}
	苯	35.00×10^{-3}		正辛醇	348.00×10^{-3}
	乙酸乙酯	6.80×10^{-3}		正己烷	378.00×10^{-3}
	正丁醇	1.80×10^{-3}		苯	357.00×10^{-3}

（3）与温度有关　物质的表面张力通常随温度升高而降低（见表 6.5）。这是因为温度升高，液体体积膨胀，液体分子之间的距离增大，密度减小，削弱了内部分子对表面层分子的作用力；同时温度升高，蒸气压增大，使得气相分子对液体表面层分子作用增强，两种作用的结果都使表面张力降低。许多物质的表面张力 σ 与温度呈线性关系。但当温度升至临界温度 T_c 时，气液两相密度相等，液相与气相没有区别，气液界面消失，任何物质的表面张力都趋近于零。也有反常现象，某些物质的表面张力 σ 随温度升高反而增大。对此，目前尚未有统一的解释。

表 6.5　不同温度时液体的表面张力

液　体	表面张力 $\sigma \times 10^3/N \cdot m^{-1}$				
	0℃	20℃	40℃	60℃	80℃
水	75.64	72.75	69.58	66.18	62.61
乙醇	24.05	22.27	20.60	19.01	—
甲醇	24.50	22.60	20.90	—	—
丙酮	26.20	23.70	21.20	18.60	16.20
甲苯	30.74	28.43	26.13	23.81	21.53
苯	31.60	28.90	26.30	23.70	21.30

6.1.3　润湿现象

润湿即固体（或液体）表面上的气体被液体取代的过程。在此主要讨论液体对固体表面的润湿情况。润湿现象在日常生活中是常见的，有的物质沾水性强，有的比较弱，像石蜡、塑料等就不沾水。能沾液体的即能为液体所润湿。在一定的 T、p 下，可用表面吉布斯函数来衡量润湿过程的推动力，ΔG 负得越多，越易于润湿。

在一块水平放置的、光滑的固体表面上滴上一滴液体，可能出现三种情况：一是液滴在固体表面上快速地展开，形成液膜平铺在固体表面上，这种现象称为铺展；二是液滴在固体表面上呈单面凸透镜形，这种现象表明液体能润湿固体，如图 6.3(a) 所示；三是液滴成扁球形，这种现象则表明液体不能够润湿固体表面，如图 6.3(b) 所示。液体对固体表面润湿的情况，可用润湿角来衡量。润湿角即为过三相界面的交点，液固间的表面张力与液体表面张力的夹角。

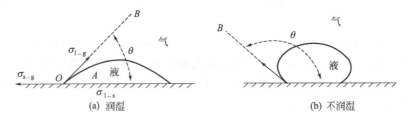

图 6.3　润湿角与各界面张力的关系

显然，从图 6.3 中可以看出，$\sigma_{l\text{-}s}$ 和 $\sigma_{l\text{-}g}$ 是试图使液滴收缩的力，所以，能否润湿，完全取决于表面张力的作用。$\sigma_{s\text{-}g}$ 是试图使液滴铺开的力，当此当三力达成平衡时即有：

$$\sigma_{s\text{-}g} = \sigma_{l\text{-}s} + \sigma_{l\text{-}g}\cos\theta$$

故

$$\cos\theta = \frac{\sigma_{s\text{-}g} - \sigma_{l\text{-}s}}{\sigma_{l\text{-}g}} \tag{6.6}$$

下面分三种情形予以讨论：

① 当 $\sigma_{s\text{-}g} - \sigma_{l\text{-}s} > 0$，且与 $\sigma_{l\text{-}g}$ 相等时，则 $\cos\theta = 1$，或 $\theta = 0$。此时，液体能完全润湿固体。

② 当 $\sigma_{s\text{-}g} - \sigma_{l\text{-}s} > 0$，而小于 $\sigma_{l\text{-}g}$ 时，则 $1 > \cos\theta > 0$，或 $0° < \theta < 90°$。此时，液体能润湿（或部分润湿）固体。

③ 当 $\sigma_{s\text{-}g} - \sigma_{l\text{-}s} < 0$ 时，则 $\cos\theta < 0$，或 $\theta > 90°$。此时，液体不能润湿固体。

能为液体所润湿的固体称为亲液性固体，反之为憎液性固体。固体表面的润湿性能与其结构有关。

润湿在生产实际、医药和日常生活中有着广泛的应用。例如，对果树、蔬菜喷洒农药灭虫时，若农药能够润湿植物叶片及虫体，并在植物叶片及虫体上铺展，则会提高杀虫效果。另外，在机械设备的润滑、矿物的浮选、注水采油、金属焊接和洗涤等方面都涉及与润湿理论有关的技术。在医药方面，一些外用散剂必须有良好的润湿性能才能发挥药效；片剂中的崩解剂要求对水有良好的润湿性；为使安瓿内的注射液较完全地抽入注射器内，要在安瓿内涂上一层不润湿的高聚物。

6.1.4　弯曲液面附加压力

一般情况下液体表面是水平的，而液滴、水中的气泡的表面则是弯曲的，液面可以是凸的，也可以是凹的。对于水平面下的液体，在一定的外压下，其所承受的压力就等于大气压力 p_g，而弯曲液面下的液体，不仅要受到大气压力 p_g，而且还要受到弯曲液面所产生的附加压力 Δp 的作用。弯曲液面为什么会产生附加压力呢？通过图 6.4 可以予以说明。图 6.4 中 p_g、p_1 分别表示大气压力和弯曲液面内液体所承受的压力，图（a）为凸液面，图（b）为凹液面。对于凸液面，弯曲液面内的液体受到两个方面的力，一是大气压力 p_g，另一是由于表面周界张力而产生的合力 Δp，其方向指向液体内部。即 $p_1 = p_g + \Delta p$

或
$$\Delta p = p_1 - p_g \tag{6.7}$$

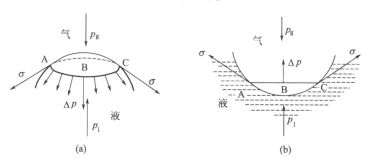

图 6.4　弯曲液面的附加压力

Δp 即为曲面附加压力。对凸液面，$\Delta p > 0$，Δp 的方向与 p_1 的方向相反。对凹液面，$\Delta p < 0$，Δp 的方向与 p_1 的方向一致。在一定温度下，同一种液体由于液面曲率半径不同，附加压力可不相同；对不同液体，在液面曲率半径一定的情况下，由于表面张力不同，附加压力也不相同。可导出附加压力、表面张力及液面曲率半径间的定量关系：

$$\Delta p = \frac{2\sigma}{r} \tag{6.8}$$

式(6.8) 称为拉普拉斯方程，其中 r 为液面的曲率半径。

对凸液面，$r > 0$，$\Delta p > 0$；对凹液面，$r < 0$，$\Delta p < 0$；对平面液体，$r = \infty$，$\Delta p = 0$。因此，$\Delta p_凸 > \Delta p_{平板} = 0 > \Delta p_凹$。

附加压力的方向：对凸液面（如液滴），附加压力指向液体内部；对凹液面（如气泡），附加压力指向气体。

弯曲液面的附加压力可以产生毛细现象。把一支半径一定的毛细管垂直地插入某液体中时，一般来说，毛细管内的液面高度会发生沿毛细管上升（或下降）的现象，这种现象称为毛细管现象。若液体能润湿管壁（如将玻璃毛细管插入水中），则 $\theta < 90°$，此时管内液面呈凹形（如图 6.5 所示），液体在毛细管内上升，即管内液面高于管外液面。由于附加压力 Δp 指向大气，而使凹液面下的液体所承受的压力小于管外水平液面下的压力，致使管外液体被压入管内，直至上升的液柱所产生的静压力 $\rho g h$ 与附加压力 Δp 在数值上相等时，才可达到力的平衡状态。即有

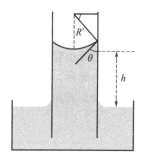

图 6.5　毛细管现象

$$\Delta p = \frac{2\sigma}{r} = \rho g h \tag{6.9}$$

式中，σ 为液体表面张力；p 为液体的密度；g 为重力加速度。

由图 6.5 种的几何关系可以看出：润湿角 θ 与毛细管半径 r 及弯曲液面的曲率半径 R' 间的关系为：

$$\cos\theta = \frac{r}{R'}$$

将此式代入式(6.9)，可得到液体在毛细管内上升（或下降）的高度

$$h = \frac{2\sigma\cos\theta}{r\rho g} \tag{6.10}$$

若液体不能润湿管壁（如将玻璃毛细管插入汞中），$\theta > 90°$，则管内的汞液面将呈凸形，

此时汞液在毛细管中下降，即管内的汞液面低于管外的汞液面，h 为负值。由上述内容可以看出，表面张力的存在是弯曲液面产生附加压力的根本原因，而毛细管现象则是弯曲液面具有附加压力的必然结果。

6.1.5 开尔文公式

1) 微小液滴的饱和蒸气压

通常所说的纯液体在一定的温度和外压下具有一定的饱和蒸气压，是对平面液体而言的，即对半径为无限大的水平液面的液体而言的。若液面不是水平的，而是微小液滴，则情况就不同了，微小液滴的饱和蒸气压要高于相应水平液面上的饱和蒸气压，这不仅与物质的本性、温度及外压有关，还与其液滴的大小，即曲率半径有关。相应关系可由热力学的方法推导，其关系为：

$$\ln \frac{p_r}{p} = \frac{2\sigma M}{RT\rho r} \tag{6.11}$$

式(6.11) 称为开尔文（Kelvin）公式。式中，p_r 为微小液滴的饱和蒸气压；p 为平面液体的饱和蒸气压；σ、M、ρ 分别为液体的表面张力、摩尔质量和密度；r 为微小液滴的半径。

由开尔文公式可知，对于一定温度、外压下的某液体而言，微小液滴的饱和蒸气压 p_r 只是半径 r 的函数。

开尔文公式可用来计算液滴或具有不液面的液体的饱和蒸气压。

对凸液面，如小液滴，$r>0$，则 $p_r<p$，故凸液面的饱和蒸气压恒大于同温下平面液体的饱和蒸气压，且液滴愈小，其饱和蒸气压愈大。

对凹液面，如水中的小气泡，$r<0$，则 $p_r<p$，在相同温度下，凹液面的蒸气压恒小于水平液面液体的饱和蒸气压。且气泡愈小，泡内液体的饱和蒸气压愈小。

2) 亚稳状态和新相生成

开尔文公式也可适用于晶体物质，即在一定的温度下，晶体粒子越小，其饱和蒸气压越高。因此微小粒子晶体的饱和蒸气压恒大于普通晶体的饱和蒸气压。不过，晶体颗粒很难成为严格的球形，且不同晶面的表面张力有所不同，所以用开尔文公式只能作粗略的计算。对微小晶粒，开尔文公式的形式可表示如下：

$$\ln \frac{c_r}{c_0} = \frac{2\sigma M}{RT\rho r} \tag{6.12}$$

式中，σ、M、ρ 分别为晶体的表面张力、摩尔质量和密度；r 为微小晶体的半径；c_r 是微小晶体的溶解度；c_0 是普通晶体的溶解度。该式表明，微小晶体越小，其溶解度越大。

由于微小液滴、微小晶体有较高的饱和蒸气压，所以它们容易蒸发、溶解，因此可以想象，要进行它们的反过程，如凝聚、结晶等就比较困难。因为这些过程的特点是最初产生的新相是细微液滴或晶体，其比表面大、饱和蒸气压大，使最初产生的这些新相不稳定而难以形成，即新相难成。因而引起各种过饱和现象，如过饱和蒸气、过饱和溶液、过冷液体、过热液体等。这些状态均是热力学不稳定状态（或亚稳状态），一旦新相生成，亚稳状态则失去稳定，而最终达到稳定状态。

（1）过饱和蒸气　按相平衡条件应该凝聚而仍未凝聚的蒸气称为过饱和蒸气。过饱和蒸气之所以能存在，是因为新生成的极微小的液滴（新相）的蒸气压大于平面液面的蒸气压。对水平液面已达到饱和的蒸气，对微小液滴则并未达到饱和。因此，微小液滴既不可产生，也不可能存在。当蒸气中有灰尘存在或容器内表面粗糙时，这些物质即可成为蒸气的聚结中心，使液滴易于生成及长大，在蒸气的过饱和程度较小的情况下，蒸气就可开始聚结。人工降雨的原理，就是当云层中的水蒸气达到饱和或过饱和状态时，在云层中用飞机喷撒微小的 AgI 颗粒，使 AgI 颗粒成为水滴的聚结中心，从而使新相（水滴）生成时所需要的过饱和程度大大降低，云层中的水蒸气更易聚结成水滴而飘落大地。

（2）过热液体　恒定外压（$p_{外}$）下在开口容器中加热液体，当温度超过 $p_{外}$ 下液体的正常沸点时，仍不沸腾，这种液体就称为过热液体。液体产生过热现象的原因，主要是在液体内部新相种子（气泡）难以形成。液体沸腾时，其内部刚出现的蒸气必然是微小气泡，要使气泡能生成并稳定存在，必须承受足够大的压力（大气压力、静压力与附加压力之和）。而小气泡内水蒸气的压力远小于小气泡存在所需反抗的压力，因此，在这种情况下，小气泡既不可能存在也不会自动产生。要使小气泡存在必须继续加热，使小气泡压力等于或超过它应克服的压力时，小气泡才可能产生，液体才开始沸腾。此时，液体的沸腾温度必高于该液体的正常沸点。

在实际中，为了防止液体的过热现象，常在液体中投入一些素烧瓷片或毛细管等物质，因为这些多孔性物质的孔中储存有气体，加热时这些气体成为新相种子，从而绕过了产生产生微小气泡的困难阶段，使液体的过热程度大大降低。

（3）过冷液体　在恒定外压下冷却液体时，当温度低于该压力下的凝固点仍不发生凝固，这种液体就成为过冷液体。产生过冷现象的原因是液体凝固时刚析出的固体是微小晶体，其饱和蒸气压大于同温下一般晶体的饱和蒸气压，而新相微小晶体的熔点低于普通晶体的熔点。因此，当达到正常晶体的凝固点时，而对微小晶体尚未达到饱和，致使微小晶体既不能自动产生，也不可能存在。只有当温度降到正常凝固点以下，直至达到微小晶体的凝固点，才会有晶体不断析出。过冷现象是比较常见的，例如，纯水可冷到 $-10℃$ 仍不结冰。过冷液体的形成是由于缺少一个结晶核心，若往过冷液体中投放一些小晶体作为"晶种"，则液体将迅速凝固。在用重结晶方法提纯物料时，不希望出现过冷现象，常加入该种物质的小晶体作为结晶核心，使液体在过冷程度很小时即能结晶或凝固。

在液体冷却时，随温度的降低液体黏度增大，导致分子运动阻力增大，阻碍了分子作整齐排列而形成晶体的过程。因此在液体过冷程度很大时，黏度较大的液体不利于结晶中心的形成和晶体的长大，而有利于过渡到非结晶状态的固体，即生成玻璃体状态。

（4）过饱和溶液　在一定温度下，溶液浓度已超过了饱和浓度，而仍未析出晶体的溶液成为过饱和溶液。之所以会产生过饱和现象，是因为微小晶粒的溶解度要大于同温下普通晶体的溶解度。如在大气压力下，将某溶液恒温蒸发，当溶质浓度达到普通晶体的饱和浓度时，本应有晶体析出，但由于刚刚析出的晶体是微小晶粒，对普通晶体已达饱和的溶液对微小晶粒还远未饱和，此时，微小晶粒即使出现，也会立即消失，不可能有晶体析出。只有将溶液进一步蒸发，达到一定的过饱和程度，晶体才会不断析出。过饱和溶液处于亚稳状态，只要稍受外界干扰，如加入晶种、搅拌或摩擦容器壁等都能促进新相的生成，使晶体尽快析出。在结晶操作中，如过饱和程度太大，生成的晶体会很细小，不利于过滤和洗涤。为获得大颗粒晶体，可在过饱和程度不太大时投入晶种。从溶液中结晶出来的晶体往往大小不均，此时溶液对小晶体是不饱和的，对大晶体是过饱和的，采用延长时间的方法使微小晶粒不断溶解而消失，大晶体则不断长大，最后晶体粒子逐渐趋于均匀。

以上这些现象都是热力学不稳定状态，称为亚稳状态或介稳状态。虽然这种状态有时也能维系相当长时间，但最终是不稳定的。亚稳状态能存在的原因，是与新相难以生成相关联的。

6.1.6 溶液的表面吸附

1）溶液的表面吸附现象

吸附作用可以发生在各种不同的相界面上，溶液表面对溶液中的溶质可产生吸附作用，以改变其表面张力。经研究发现，溶质在溶液中的分布是不均匀的，表面层浓度和溶液内部本体浓度不同，这种现象称为溶液表面的吸附现象。一切自发过程，总是使表面积自动缩小或表面张力降低的过程。若溶剂的表面张力大于溶质的表面张力，则将溶质溶入溶剂后，溶质将力图浓集在溶液表面，以降低溶剂的表面张力。同时，由于扩散作用又使溶液本体及表面层中的浓度趋于均匀一致。当这两种相反的作用达到平衡时，会使得溶液表面层浓度大于溶液内部浓度，这种吸附称为正吸附。相反，若溶质的表面张力大于溶剂的表面张力，则将溶质溶入溶剂后，溶质将力图进入溶液内部，以降低溶剂的表面张力。达到扩散平衡后，最终会使溶液表面层浓度小于溶液内部浓度，这种吸附称为负吸附。

2）吉布斯吸附等温式

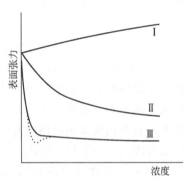

图 6.6　表面张力与浓度的关系

纯液体是单组分体系，在指定温度下，它的表面张力是一定的，而溶液的表面张力不仅与温度有关，而且还与溶质的种类及浓度有关。在恒定温度下，将各种不同浓度的表面张力对浓度作图，所得曲线称为溶液表面张力等温线，常见的曲线有三类，如图 6.6 所示。

第Ⅰ类：随着溶液浓度增大，溶液表面张力略有升高。

第Ⅱ类：溶液表面张力随着浓度的增大开始降低得较快，以后降低得较慢。

第Ⅲ类：溶液的表面张力随着浓度的增大开始急剧下降，达一定浓度后，表面张力趋于恒定，几乎不再随浓度的增大而改变。

溶液表面吸附溶质的量可用吉布斯吸附等温式定量地表示：

$$\Gamma = -\frac{c}{RT} \times \frac{\mathrm{d}\sigma}{\mathrm{d}c} \tag{6.13}$$

式中，c 是溶液本体浓度；$\frac{\mathrm{d}\sigma}{\mathrm{d}c}$ 表示溶液表面张力随浓度的变化率；Γ 表示溶液表面浓度与内部主体浓度之差，称为表面吸附量。在一定温度下，若 $\frac{\mathrm{d}\sigma}{\mathrm{d}c} > 0$，则 $\Gamma < 0$，表明增大溶质的浓度能使溶液表面张力上升，在溶液的表面层必然会发生负吸附现行。反之，若 $\frac{\mathrm{d}\sigma}{\mathrm{d}c} < 0$，则 $\Gamma > 0$，表明增大溶质的浓度能使溶液表面张力下降，则必然发生正吸附作用。若 $\frac{\mathrm{d}\sigma}{\mathrm{d}c} = 0$，则 $\Gamma = 0$，说明溶液表面此时无吸附作用。

6.1.7 表面活性剂

凡能使溶液表面张力增加的物质，称为表面惰性物质。凡溶入少量就能显著降低溶液表面张力的物质称为表面活性物质或表面活性剂（surface-active agent）。所以，作为表面活性剂，必须具备有比溶剂小得多的表面张力。能使溶液表面张力稍降低而不是显著降低的物质都不能算作表面活性剂。

表面活性剂的分类颇多，可从用途、物理性质或化学结构等方面来分类，最常用的是按其化学结构来分类，大体可分为离子型和非离子型两大类，如图 6.7 所示。

此种分类便于正确选用表面活性物质。

当表面活性物质溶于水时，凡能电离形成离子的称为离子型表面活性剂；凡不能电离形成离子的称为非离子型表面活性剂。离子型表面活性剂按离子所带电性，又可分为阴离子型、阳离子型和两性型三种。阴离子型：

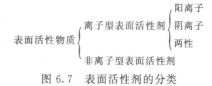

图 6.7　表面活性剂的分类

包括羧酸盐、硫酸酯盐、磺酸盐、磷酸酯盐等，如肥皂 $C_{16}H_{31}COONa$。阳离子型：胺盐，如 $C_{16}H_{33}NH_3Cl$。两性型：如氨基酸、$R—NH—CH_2COOH$ 等。非离子型主要分为两大类，聚乙二醇型（用亲水基环氧乙烷为原料与憎水基原料进行加成反应而成）和多元醇型（用亲水多元醇为原料与高级脂肪酸类憎水基原料反应而成）。

表面活性剂分子在结构上都是不对称的，是由具有亲水性的极性基团和憎水性的非极性基团所组成的有机化合物，其非极性憎水基团一般是 8～18 碳的直链烷烃或环烃。因而表面活性物质吸附在水表面时，采取极性基团向水、非极性基团向脱水的表面定向排列，由于这种定向排列，使表面的不饱和力场得到了某种程度上的平衡，而达到降低表面张力的目的。

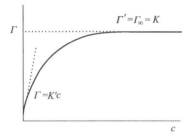

图 6.8　溶液吸附等温线

表面活性剂的重要特征是在溶液表面发生吸附现象而使溶液表面张力显著降低，当超过某一浓度后，溶液的表面张力又几乎不变，如下所述。

（1）表面活性剂在吸附层的定向排列　在一般情况下，表面活性剂的 Γ-c 曲线的形式如图 6.8 所示。

在一定温度下，当浓度很小时，Γ 与 c 成直线关系；当浓度较大时，Γ 与 c 成抛物线关系；当浓度很大时，$\Gamma = \Gamma_\infty$，此时 Γ 不再随浓度的增大而改变。因此 Γ_∞ 可以近似地看成是在单位表面上定向排列呈单分子层吸附时溶质的物质的量（mol）。

（2）胶束化作用　表面活性剂在溶液内部的分布情况。当浓度很小时，表面活性剂分子会三三两两地将憎水基靠拢而分散在水中。当浓度达到一定程度时，众多的表面活性剂分子会结合在一起，形成如图 6.9 所示的各种形状，称之为胶束（micella），把形成一定形状胶团所需表面活性剂的最低浓度称为临界胶束浓度（critical micelle concentration）以 CMC 表示。表面活性剂的水溶液在浓度加大的过程中，其表面张力、电导率、渗透压、密度、去污能力等性质的变化都以临界胶束浓度为分界而出现明显转折。见图 6.10。因此，可根据这些性质的变化来确定临界胶束浓度的数值。

（3）表面活性剂的实际应用　表面活性剂的种类繁多，应用广泛，不同的表面活性剂具有不同的作用。总体来说，表面活性剂具有润湿、增溶、分散、乳化与去乳、助磨、发泡与消泡，以及防锈、杀菌、消除静电等作用。

① 润湿作用　在固体与液体接触界面上，如果加入表面活性剂，由于表面活性剂分子定向排列在固液界面，从而降低界面张力，使液体与固体之间的接触角减小，改善润湿程度。

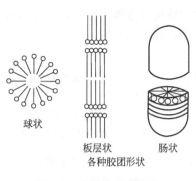

图 6.9　各种胶束的形状

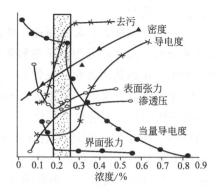

图 6.10　表面活性剂溶液的性质与浓度关系示意图

② 增溶作用　一些非极性的碳氢化合物，如苯、乙烷、异辛烷等在水中的溶解度是非常小的，但浓度超过临界胶团浓度的表面活性剂水溶液却能"溶解"相当数量的碳氢化合物，这种现象称为表面活性剂的增溶作用。

③ 去污作用　许多油类物质对衣物、餐具等润湿良好，但却很难溶于水，因此，光用水是很难洗干净衣物、餐具上的油污的。在洗涤时，必须用肥皂、洗涤剂等表面活性剂。这是因为加入表面活性剂之后，表面活性剂中的亲油基团钻入到油污中，降低了水溶液与衣物等固体物质间的界面张力，使得水对衣物的润湿角 $\theta < 90°$，同时也降低了油污对衣物等固体物质的附着力，再经机械摩擦和水洗的作用力，油污即可从固体表面脱落。另外，表面活性剂还有乳化的作用，使脱落的油污分散在水中，最终达到洗涤的目的。

6.2　固体表面上的吸附作用

固体表面能吸附气体和溶液，这是固体表面的特征之一。固体表面之所以具有吸附能力，是因为固体表面的凹凸不平，存在不对称的力场，有过剩的表面吉布斯函数，使得固体表面处于不稳定状态。所以它要自动吸附那些能降低其表面能的物质，中和不对称的力场，使其处于稳定状态。具有吸附能力或能吸附其他物的物质称为吸附剂（adsorbent），被吸附的物质称为吸附质（adsorbate）。吸附作用可发生在不同相的界面上。气体的吸附可看作是气体的凝聚过程，故过程是放热的，相反解吸过程是吸热的。按吸附的作用力性质来分类，吸附可分为物理吸附和化学吸附两类。

6.2.1　物理吸附与化学吸附

物理吸附是主要靠弱小的分子引力（范德华力）所表现的凝聚作用，因此，当吸附剂表面吸附了气体分子之后，被吸附的分子还可以再吸附气体分子，其结果形成的吸附层可是单分子层也可是多分子层。由于物理吸附的原因是分子引力，使得吸附无特殊选择性；同时吸附热小，吸附弱，易脱附，易达到平衡。

与物理吸附相反，化学吸附则主要表现为强大的化学键力所引起的化学结合作用，在吸附剂表面与被吸附的气体之间形成了化学键以后，就不会再与其他气体分子成键，故只能形成单分子吸附层的表面化合物。化学吸附由于在吸附质与吸附剂之间形成化学反应，必须有相适应的结构，因而化学吸附具有选择性。化学吸附过程要发生键的断裂与形成，故吸附热大。由于强大的化学键力的作用，使得吸附强，难脱附，进行速度慢，难以达到平衡。

物理吸附与化学吸附的区别如表 6.6 所示。

表 6.6　物理吸附与化学吸附的区别

性　　质	物理吸附	化学吸附
吸附作用力	范德华力	化学键力
吸附层数	单分子层或多分子层	单分子层
吸附热	小（近于液化热）	大（近于反应热）
选择性	无或很差	较强
可逆性	可逆	不可逆
吸附平衡	易达到	难于达到

物理吸附和化学吸附并非独立的，在指定的条件下两者可同时发生，并且在不同的情况下，吸附性质也可发生变化。例如，CO（g）在 Pd 上的吸附，低温下是物理吸附，高温下则表现为化学吸附。又如 O_2 在金属钨上的吸附有三种情形：有的氧以原子状态被吸附在金属钨表面；有的则以分子状态被吸附；还有一些氧分子被吸附在已被吸附的氧原子上面，形成多分子吸附层。

6.2.2　弗戎德利希吸附经验式

1）等温吸附

对于吸附过程，人们感兴趣的是：一定量的吸附剂在一定的条件下，能吸附多少量的某种气体。用吸附量来表示，吸附量即单位质量的固体吸附气体的物质的量（mol）或体积（标准状况下），用符号 Γ 表示。

$$\Gamma = \frac{x}{m} \text{ 或 } \Gamma = \frac{V}{m}$$

式中，m 表示吸附剂的质量；x 表示吸附达平衡时，被吸附气体的物质的量；V 表示被吸附气体的体积（一般换算成 0℃、101325Pa 时的体积）。

实验表明，对一定量的固体吸附剂，吸附达到平衡时，某吸附量是 T、p 的函数，即 $\Gamma = f(T, p)$。在恒压下，反映吸附量与温度之间关系的曲线称为吸附等压线；在恒温下，反映吸附量与平衡压力之间的关系曲线称为吸附等温线。吸附量恒定时，反映吸附的平衡压力与温度之间关系的曲线称为吸附等量线。这三种吸附曲线中最重要、最常用的是吸附等温线。

吸附等温线大致可归纳为五种类型，如图 6.11 所示。其中除第 I 种为单分子层吸附等温线外，其余四种均为分子层吸附等湿线。

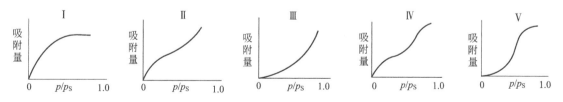

图 6.11　五种类型的吸附等温

2）弗戎德利希吸附经验式

弗戎德利希根据大量实验结果，总结出了含有两个常数的指数方程来描述第 I 类吸附等温线。弗戎德利希公式如下：

$$\Gamma = \frac{x}{m} = kp^n \tag{6.14a}$$

式中，k、n 为经验常数，对一定吸附剂和气体而言，在一定温度下，它们都是常数。k 值可视为单位压力时的吸附量，一般而言，k 随温度的升高而降低。n 的数值一般在 $0 \sim 1$ 之间，其大小反映出压力对吸附量影响的强弱。

将式(6.14a) 两边同时取对数，得

$$\lg\left(\frac{\Gamma}{[\Gamma]}\right) = \lg\left(\frac{k}{[k]}\right) + n\lg\left(\frac{p}{[p]}\right) \tag{6.14b}$$

以 $\lg\left(\dfrac{\Gamma}{[\Gamma]}\right)$ 对 $\lg\left(\dfrac{p}{[p]}\right)$ 作图，可得一直线，该直线的斜率即为 n，截距为 $\lg\left(\dfrac{k}{[k]}\right)$。

弗戎德利希经验公式形式简单，计算方便，应用较广。但该式只适用于中压范围，在低压和高压时会产生较大偏差。另外式中经验常数 n 和 k 的物理意义不明，只能概括地表达事实，并不能说明吸附作用的机理，此是弗戎德利希经验公式的缺陷。

6.2.3 兰格缪尔吸附等温式

1916 年，兰格缪尔根据大量实验事实，从动力学观点出发，提出了固体对气体的吸附理论（称为单分子层吸附理论），其理论要点如下。

① 吸附为单分子层的化学吸附，化学键力作用范围相当于分子直径大小（为 $0.2 \sim 0.3$nm 之间）；

② 被吸附分子之间、吸附分子和自由分子之间无相互作用；

③ 吸附剂的表面是均匀的，各处的吸附能力相同；

④ 吸附平衡是动态平衡。

固体在吸附气体的过程中，同时也存在气体脱离固体表面的解吸过程，当吸附速度大时，吸附过程起主导作用，随着吸附的进行，吸附速度不断减小，解吸速度则增大，当两者速度相等时，达到动态平衡。从宏观上看，气体不再被吸附，实际上二过程仍在进行，只是 $v_{吸附} = v_{解吸}$ 而已。

若以 θ 表示表面被覆盖的百分数，则 $(1-\theta)$ 表示尚未被覆盖的百分数。气体的吸附速度与 $(1-\theta)N$ 成正比（N 代表固体表面具有吸附能力的总晶格位置），故 $v_{吸} = kp(1-\theta)N$。而解吸速度则与 θN 成正比，即 $v_{解吸} = k_{-1}\theta N$。达到吸附平衡时有 $v_{吸} = v_{解吸}$，即 $kp(1-\theta)N = k_{-1}\theta N$ 或

$$\theta = \frac{bp}{1+bp} \tag{6.15}$$

式(6.15) 称为兰格缪尔吸附等温式。其中 $b = \dfrac{k}{k_{-1}}$，是吸附平衡常数，也称为吸附系数，其大小与吸附剂、吸附质的本质及温度有关。b 值越大，表示吸附能力越强。因 $\Gamma = k\theta$，当 $\theta = 1$ 时，表示气体分子在固体表面的吸附达到饱和状态，此时吸附量不再随气体压力的上升而增加，对应的吸附量称为饱和吸附量，用 Γ_∞ 表示。即有 $\Gamma = k = \Gamma_\infty$。故

$$\Gamma = \Gamma_\infty \frac{bp}{1+bp} \tag{6.16a}$$

或

$$\frac{1}{\Gamma} = \frac{1}{\Gamma_\infty} + \frac{1}{b\Gamma_\infty} \times \frac{1}{p} \tag{6.16b}$$

由式(6.16b) 可知，以 $\dfrac{1}{\Gamma}$ 对 $\dfrac{1}{p}$ 作图，可得一直线，由直线的斜率和截距可求出 Γ_∞ 和 b。

兰格缪尔吸附等温式适用于单分子层吸附，能较好地描述 I 型吸附等温线在不同压力范围内的吸附特征。

当压力足够低或吸附较弱（b 很小）时，$bp \ll 1$，则式(6.16a)化简为

$$\Gamma = \Gamma_{\infty} bp$$

Γ 与 p 成正比，这与 I 型吸附等温线在低压时几乎为一直线的事实吻合。

当压力足够高或吸附较强时，$bp \gg 1$，则 $1 + bp \approx bp$，则

$$\Gamma = \Gamma_{\infty}$$

这表明固体表面上的吸附达到饱和状态，Γ 不随 p 而变，吸附量达到最大值，I 型吸附等温线的水平线段即反映了这种情况。

当压力大小或吸附作用力适中时，吸附量 Γ 与平衡压力 p 呈抛物线变化。

应该指出的是，兰格缪尔吸附等温式只能解释部分实验现象，主要是因其对吸附剂、吸附质及吸附过程作了一番假设，且理论假设过于简单。

6.3　胶体与粗分散体系

6.3.1　胶体及其制备

研究胶体及其相关表面现象的科学称为胶体化学（colloid chemistry）。胶体化学是物理化学的一个重要分支，其研究内容十分丰富，具有广泛的应用性。胶体分散体系在生物界和非生物界都普遍存在，在实际的生活和生产中占有重要的地位。如在石油、化工、冶金、造纸、医药、橡胶等工业部门，以及生物学、化学、材料学、医学、环境学、地质学、土壤学等学科中都广泛地接触到与胶体分散体系有关的问题。由于实际的需要，胶体分散体系的研究得到了快速的发展，已经成为一门独立的学科。

胶体（colloid）这个概念是英国化学家格雷厄姆（Graham）于 1861 年提出来的。他在实验中发现形成某些溶液的物质不能透过半透膜，也不能从溶液中结晶出来，他称这种物质为胶体。而将能透过半透膜，溶剂蒸发后能结晶出来的物质称为晶体。一直到 19 世纪末，许多科学家仍然把自然界物质分为胶体物质和晶体物质两类。通过大量实验证明，这种分类法是错误的，所谓晶体和胶体并无明显界限，胶体也不是一类特殊的物质，而是几乎任何物质都可能存在的一种状态，它是由物质的三态所组成的高分散度体系。因此，胶体和晶体并不是物质的分类，而是物质的两种不同状态，同一种物质在不同的条件下可以形成胶体，也可以形成晶体。将一种或几种物质分散在另一种物质中所构成的体系称为分散体系。分散体系中被分散的物质称为分散相，分散相所存在的介质称为分散介质。

1）分散体系的分类

按分散相粒子大小，可将分散体系分为三类。

① 粗分散体系　分散相粒子直径大于 10^{-7} m，如牛奶，属于多相分散体系，是热力学不稳定体系。

② 胶体分散体系　分散相粒子直径介于 $10^{-9} \sim 10^{-7}$ m 之间，如 $Fe(OH)_2$ 溶胶，属于高分散度的多相体系，具有很大的比表面积和表面吉布斯自由能，是热力学不稳定体系。

③ 分子或离子分散体系　分散相粒子直径小于 1×10^{-9} m，也称真溶液。它是均相分散体系，在热力学上是稳定的。

粗分散体系和胶体分散体系具有扩散速度慢，不能穿透半透膜等共性，统称为胶体。

将上述三种分散体系类型归纳如表 6.7。

表 6.7 分散体系按分散相粒子大小分类

分散体系类型	粒子大小	粒子特点
粗分散体系(悬浮体,乳状液)	$>10^{-7}$ m	透不过滤纸,不扩散,一般显微镜下可见
胶体分散体系(溶胶)	$10^{-7}\sim10^{-9}$ m	能透过滤纸,扩散慢,超显微镜下可见
分子分散体系(溶液)	$<10^{-9}$ m	能透过滤纸,扩散快,超显微镜下不可见

2）溶胶的分类

粗分散体系也是高度分散的体系,有很大的界面、很高的表面能,属于热力学不稳定体系。由于粗分散体系的很多性质与胶体体系类似,故也属于胶体化学的研究范畴。胶体体系与粗分散体系之间并没有明显的界限,因此,将粗分散体系和胶体体系统称为胶体。

按分散相和分散介质的聚集状态可以将胶体分成八类,如表 6.8 所示。根据这种分类方法,常按分散方法的聚集状态来命名胶体,凡分散介质为气体的称为气溶胶;分散介质为液体的称为液溶胶;分散介质为固体的称为固溶胶。

表 6.8 按分散相和分散介质的聚集状态分类

分散相	分散介质	名 称	实 例
气			—
液	气	气溶胶	雾
固			烟、尘
气			泡沫
液	液	液溶胶	乳状液、原油
固			溶胶、悬浮体
气			泡沫塑料、面包
液	固	固溶胶	珍珠
固			合金、有色玻璃

根据分散相与分散介质的作用力强弱不同,把溶胶分为亲液溶胶（lyophilic colloid）和憎液溶胶（lyopholic colloid）两类,亲液溶胶为均相热力学稳定体系,将其称为高分子溶液更为确切,憎液溶胶才是我们要讨论的热力学不稳的多相分散体系。

溶胶的特点是：具有多相性、高度分散性和热力学不稳定性。

3）溶胶的制备

溶胶形成的必要条件是它的分散相粒子大小要在胶体分散体系的范围之内,同时体系中应有适当的稳定剂（如电解质或表面活性剂）存在,才能使其有足够的稳定性,溶胶制备原则上有两种方法：一种是使较大的固体粒子变小的分散法,另一种是使分子或离子聚合成胶粒的凝聚法。

（1）分散法

① 研磨法：直接用研磨机将大的固体粒子磨细。

② 超声波粉碎法：用频率大于 16000Hz 的超声波将物料粉碎。

③ 气流粉碎类：将压缩空气经喷嘴以超音速射入粉碎区进行粉碎。

④ 冷冻干燥法：将含水物质冷冻后,在水的三相点以下使冰升华而达到使物质分散的目的。

⑤ 胶溶法：加入一种称为胶溶剂（电解质）的物质,而使新产生的沉淀重新分散成胶体的方法。

例如氢氧化铁、氢氧化铝等由于制备时缺少稳定剂，因此会产生沉淀，此时若加入一些胶溶剂，像 HCl 或 $FeCl_3$，经搅拌后，沉淀就会转化为溶胶。

（2）凝聚法

① 化学凝聚法　利用生成不溶性物质的化学反应，控制析晶过程，使其停留在胶核尺度的阶段，而得到溶胶的方法，称为化学凝聚法。一般采用较大的过饱和浓度、较低的操作温度以利于晶核的大量形成而减缓晶体长大的速率，防止难溶性物质的聚沉，即可得到溶胶。因此所有复分解反应、水解反应、氧化还原反应等凡能生成难溶物的化学反应只要控制适当的反应条件，均可用来制备溶胶。

例如，在不断搅拌的条件下，将 $FeCl_3$ 稀溶液滴入沸水中水解，即可生成棕红色、透明的 $Fe(OH)_3$ 溶胶：

$$FeCl_3 + 3H_2O \longrightarrow Fe(OH)_3 + 3HCl$$

过量的 $FeCl_3$ 同时又起到稳定剂的作用，$Fe(OH)_3$ 的微小晶体选择性地吸附 Fe^{3+}，可形成带正电荷的胶体粒子。

又如，将硫化氢水溶液和二氧化硫混合在一起，发生氧化反应，可制得硫溶胶

$$2H_2S + SO_2 \longrightarrow 2H_2O + S$$

② 物理凝聚法

a. 改变溶剂法：利用一种物质在不同溶剂中溶解度相差悬殊的特性来制备溶胶。例如，将松香的乙醇溶液滴入水中，就可得到松香的水溶胶。

b. 电弧法：将需制备的溶胶的金属做成两个电极，浸在不断冷却的水中，加入适量的酸或碱作为稳定剂，在两极间加上 100V 的直流电源，调节两电极间距离，使之放电产生电火花，在高温下，被气化的金属遇到水立即冷却而凝结成溶胶。

c. 包膜法：采用适当包膜材料，在一定条件下，将水溶性或脂溶性的物质进行包裹，形成胶粒大小的毫微囊，将其分离纯化，再分散在液体介质中。

d. 蒸气冷凝法：将形成分散相和分散介质的物质在真空中汽化，并且将这些物质的蒸气凝结在冷却管的表面上，所得的混合物熔化后即形成溶胶。

6.3.2　溶胶的基本性质

1）溶胶的光学性质

溶胶的光学性质是其高度分散性和不均匀性特点的反映。通过光学性质的研究，不仅可解释溶胶体系的一些光学现象，也有助于我们观察胶体粒子的运动和测定其大小及形状。

一束光照射溶胶时，可以发生吸收，反射和散射作用，对光的吸收主要是由于溶胶的化学组成与结构引起，而光的反射与散射则与胶体粒子的大小有关。

1869 年，丁达尔发现：在暗室中，若让一束汇聚的光通过透明的溶胶，则从侧面（即与光束垂直的方向）可看到一个发光的圆锥体，这就是丁达尔（Tyndall）效应。如图 6.12 所示。其他分散体系也会产生这种现象，但远不如溶胶显著。因此，丁达尔效应是真、假溶胶最简单的方法。

丁达尔效应与分散相粒子的大小及入射光的

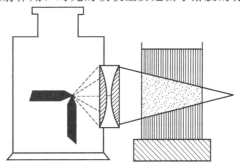

图 6.12　丁达尔效应

波长有关。当光线照射到微粒上时，若分散相粒子的直径大于入射光的波长时，则发生光的散射或折射，如果粒子的直径小于入射光的波长，则粒子对入射光产生散射作用，其实质是入射光使粒子中的电子作与入射光波相同频率的振动，结果粒子本身像一个新的光源一样，向各个方向发出与入射光同频率的光波，而且分散相粒子的体积越大，散射光越强；分散相与分散介质对光的折射率差别越大，散射光越强。由于溶胶和真溶液的分散相粒子直径都比可见光的波长要小，所以都能对光产生散射作用。但是由于真溶液中溶质粒子的体积太小，另外还由于溶质有较厚的溶剂化层，使分散相和分散介质的折射率差别不大，所以散射光相当微弱，一般很难观察到。而溶胶的散射光很强，因此对透明的液体，可以借助有无明显的丁达尔效应来鉴别是否为溶胶。

2）溶胶的动力学性质

溶胶的动力学性质主要指溶胶中粒子的不规则运动以及由此而产生的扩散、渗透压及在重力场作用下浓度随高度的分布平衡等性质。溶胶的动力学性质是以分子运动论为基础，溶胶中的胶粒与气体分子一样，处于不停的运动之中。

（1）布朗运动 1827年，植物学家布朗在显微镜下看到悬浮在水中的花粉颗粒作永不停息的无规则运动，还发现其他微粒也有同样的现象，这种现象称之为布朗运动（Broqnian motion）。布朗运动的速度取决于粒子的大小、温度及介质黏度等。1903年由于超显微镜的发明，用超显微镜可观察到溶胶粒子不断地作"之"字形的连续运动。由于能清楚看出粒子走过的路径，故可测出在一定时间内粒子的平均位移。齐格蒙第观察了一系列溶胶，得出结论：粒子愈小，布朗运动愈激烈。1905年和1906年爱因斯坦和斯莫鲁霍夫斯基提出了布朗运动理论，爱因斯坦利用分子运动论的一些基本概念和公式，得到布朗运动的公式：

$$\overline{x} = \sqrt{\frac{RTt}{3\pi N \eta r}}$$

式中，$\overline{x}$ 是在观察时间 t 内粒子沿 x 方向的平均位移；r 为粒子的半径；η 为介质的黏度；T 为温度；R 和 N 分别为气体常数和阿伏加德罗常数。许多实验都证实了爱因斯坦公式的正确性。布朗运动的本质实际上是分子热运动的必然结果，是胶体粒子的热运动。

（2）扩散现象 扩散现象是微粒的热运动（或布朗运动）在有浓度差时发生的物质迁移现象，它是微粒由浓度大的地方移向浓度小的地方，最后达到浓度均匀的自发过程。

胶体粒子的扩散与溶液中溶质的扩散相似，可用菲克（Fick）扩散第一定律来描述：

$$\frac{\mathrm{d}n}{\mathrm{d}t} = -DA \frac{\mathrm{d}c}{\mathrm{d}x}$$

该式表示单位时间通过某一截面的物质的量 $\frac{\mathrm{d}n}{\mathrm{d}t}$ 与该处的浓度梯度 $\frac{\mathrm{d}c}{\mathrm{d}x}$ 及面积大小 A 成正比，其比例系数 D 称为扩散系数，式中的负号是因为扩散方向与浓度梯度方向相反。扩散系数 D 的物理意义是：单位浓度梯度下，单位时间通过单位面积的物质的量，其单位为 $\mathrm{m}^2 \cdot \mathrm{s}^{-1}$。扩散系数 D 的大小与粒子的半径 r、介质的黏度 η 及温度 T 有关，可用爱因斯坦-斯托克斯方程计算：

$$D = \frac{RT}{6L\pi r \eta}$$

式中，L 为阿伏加德罗常数；R 为气体常数。

（3）沉降与沉降平衡 多相分散体系中的粒子，由于受重力作用而下沉的过程，称为沉降。如果溶胶粒子的密度比分散介质的密度大，那么在重力场作用下，粒子就有向下沉降的趋势。沉降的结果将使底部的粒子浓度大于上部，即造成上、下浓度差，而扩散将促使浓度趋于均一。沉降与扩散是两个相反的作用。当粒子很小，受重力影响很小可忽略时，主要表现为扩散，如真溶液；当粒子较大，受重力影响占主导作用时，主要表现为沉降，如浑浊的泥水悬浮液等；当这两种相反的作用效果相当时，粒子随高度的分布形成稳定的浓度梯度，达到平衡状态，这种状态称为沉降平衡（sedimentation equilibrium）。

3）溶胶的电学性质

溶胶是一个高度分散的非均相体系，分散相的固体粒子与分散介质之间存在着明显的相界面，实验表明，在外电场的作用下，固、液两相可发生相对运动。这种在外电场作用下，分散相与分散介质发生相对移动的现象，称为溶胶的电动现象。溶胶电动现象的存在，说明溶胶粒子表面是带电的，溶胶带电是溶胶能够稳定存在相当长时间的一个重要原因。溶胶之所以带电，其主要原因有如下。

（1）吸附　溶胶粒子具有很大的比表面积和表面能，所以很容易吸附杂质，当溶胶中有少量电解质存在时，胶体粒子就会有选择性地吸附某些离子而带电。胶体粒子对被吸附离子的选择性与胶粒的表面结构和被吸附离子的性质以及胶体形成的条件有关，它服从法扬斯（Fajans）规则：即与胶体粒子有相同化学元素的离子能优先被吸附。如用 $AgNO_3$ 和 KI 溶液制备 AgI 溶胶时，若 KI 过量，则 AgI 胶粒将优先吸附 I^- 而带负电。若 $AgNO_3$ 过量，则 AgI 胶粒将优先吸附 Ag^+ 而带正电。若溶液中只有 KNO_3 时，无论是 K^+、NO_3^- 都不能被吸附在胶粒表面而使其带电。

（2）电离　当分散相固体与液体接触时，固体表面上的某些分子在溶液中发生电离，而使胶体粒子带点。例如，SiO_2 形成的胶粒，由于表面分子水解生成了 H_2SiO_3，H_2SiO_3 是弱酸，部分电离出 SiO_3^{2-} 离子，即

$$SiO_2 + H_2O \rightleftharpoons H_2SiO_3 \rightleftharpoons SiO_3^{2-} + 2H^+$$

这样硅胶粒子表面吸附了 SiO_3^{2-} 而带负电。

4）溶胶电动现象

（1）电泳与电渗　在外加电场作用下胶体粒子在分散介质中的定向移动现象，称为电泳（electrophonesis）。图 6.13 是一种示意的电泳装置，若于 U 形管内装入棕红色的 $Fe(OH)_3$ 溶胶，其上放置无色的 NaCl 溶液，要求两液体间有清楚的分界面，通电一段时间后，便能看到棕红色 $Fe(OH)_3$ 溶胶的界面，在阳极端下降而阴极一端上升，证明 $Fe(OH)_3$ 胶粒向阴极移动而带正电。与电泳相反，在外加电场作用下，分散介质通过多孔膜或毛细管的移动现象，即固相不动而液相移动，这种现象称为电渗（electro-osmosis）。将溶胶充满在具有多孔性物质如棉花或凝胶中，使溶胶粒子被吸附而固定，利用图 6.14 所示装置，可以观察到电渗现象，如胶粒荷正电而介质荷负电，则液体介质向正极移动，毛细管中液面上升，反之，毛细管液面下降。在同一电场中，电泳和电渗往往同时发生。

（2）流动电势和沉降电势　在外力作用下，使液体通过多孔膜（或毛细管）定向流动，在膜的两边所产生的电势差，称为流动电势，它是与电渗作用相反的过程。在生产实际中要对流动电势的存在加以考虑。例如，在用油箱或输油管道运送液体燃料时，燃料沿管壁流动会产生很大的流动电势，这通常是引起火灾或爆炸的原因。为此，可将油箱或输油管道接地，以消除流动电势。也可加入少量合适的表面活性剂，以增加非极性燃料的电导率，而达到此目的。

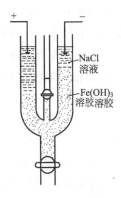

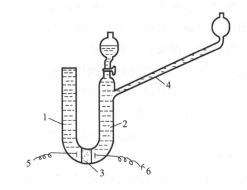

图 6.13 电泳装置

图 6.14 电渗装置

1, 2—盛液管；3—多孔膜；4—毛细管；5, 6—电极

分散相粒子在重力场或离心力场的作用下迅速沉降时，则在液体的表面层与底层之间所产生的电势差，称为沉降电势，沉降电势是与电泳相反的过程。

电泳、电渗是由于外加电场的作用而引起固、液相之间的相对移动，流动电势和沉降电势则是由于固、液相之间的相对移动而产生的电势差。其电学性质均与固相、液相间的相对移动有关，统称为电动现象。它对于了解胶体粒子结构及外加电解质对溶胶稳定性的影响有很大作用。

5）溶胶粒子的双电层结构

溶胶是电中性的。当溶胶与液体接触时，溶胶粒子表面由于从溶液中选择性地吸附某种离子，或是分子本身发生电离作用而使离子进入溶液时，使分散相和分散介质分别带有不同符号的电荷，在界面上形成了类似双电层的结构（double layer）。

对于双电层的具体结构，一百多年来不同学者提出了不同的看法。最早是 1879 年亥姆霍兹（Helmholz）提出的平板电容器模型：亥姆霍兹认为胶粒固体的表面电荷与溶液中带相反电荷的（即反离子）构成平行的两层，如同一个平板电容器，整个双电层厚度为 δ（如图 6.15 所示）。该模型比较粗糙，因为由于离子的热运动，溶液中的负离子不会整齐地排列在与粒子表面平行的面上。因此，1910 年古依（Gouy）和 1913 年查普曼（Chapman）修正了平板双电层模型，提出了扩散双电层模型。Gouy 和 Chapman 认为，由于正、负离子静电吸引和热运动两种效应的结果，使得溶液中的反离子只有一部分紧密地排在胶粒固体表面附近，而另一部分离子按一定的浓度梯度扩散到本体溶液中，称为扩散层，扩散层的厚度远大于一个分子的大小。1924 年，斯特恩（Stern）对扩散双电层模型作进一步修正，提出了一个

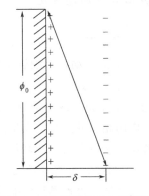

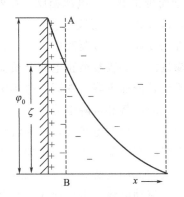

图 6.15 亥姆霍兹双电层模型

图 6.16 斯特恩双电层模型

更为切合实际的双电层模型。Stern 认为离子有一定的大小，离子与胶粒固体表面除静电作用外，还存在范德华力的作用。因此，在靠近胶粒固体表面 1～2 个分子厚的区域内，反离子由于受到强烈的吸引，会被牢牢地吸附在表面，形成一个紧密的吸附层（称为紧密层或斯特恩层）。其余反离子扩散地分布在溶液中，构成双电层中的扩散层部分，如图 6.16 所示。

胶核表面电荷与溶液间的电势差即为热力学电势 φ。带电胶粒移动时，滑动面与溶液本体之间的电势差或胶粒净余电荷与扩散层间的电势差，称为电动电势（electrokinetic potential），电动电势也称为 ζ 电势。ζ 电势的大小，反映了胶粒带电的程度。ζ 电势越大，表明其滑动面与溶液本体之间的电势差越大，扩散层电荷数越多，即扩散层越厚。当溶液中电解质浓度增加时，介质中反离子浓度增大，将压缩扩散层使其变薄，把更多的反离子挤进滑动面以内，使 ζ 电势变小；当电解质浓度足够大时，可使 ζ 电势值为零，此时的溶胶非常容易聚沉。所以，ζ 电势是衡量溶胶稳定性程度大小的一个参数，ζ 电势越大，溶胶越稳定。

6.3.3　憎液溶胶的胶团结构

根据胶粒的双电层结构模型，胶体粒子的中心称为胶核（colloidal nucleus），它是由许多原子、分子或离子聚集而成的固体粒子，它是胶体颗粒的核心。胶核常具有晶体结构，其表面是带电的。胶核吸附的反离子一部分分布在滑动面以内（成为紧密层），另一部分呈扩散状态分布于介质之中。滑动面内所包围的带电体称为胶粒（colloidal particle）。胶粒加

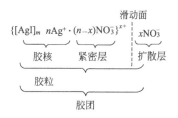

图 6.17　AgI 溶胶胶团结构

扩散层所组成的整体，则称为胶团（colloidal micell），整个胶团是电中性的。

以 $AgNO_3$ 和 KI 溶液混合制备 AgI 溶胶为例，当 $AgNO_3$（为稳定剂）过量时，其胶团结构如图 6.17 所示。图中，m 为胶核中所含 AgI 的分子数；n 为 AgI 固体微粒表面吸附的 Ag^+ 离子数目（$n<m$）；x 为扩散层中 NO_3^- 离子的数目。

若往稀的 KI 溶液中，滴加少量的 $AgNO_3$ 稀溶液，KI（稳定剂）过量时，其胶团结构可表示为

$$\{[AgI]_m nI^- \cdot (n-x)K^+\}^{x-} \vdots xK^+$$

这种胶团也可用如图 6.18 所示的 AgI 胶团剖面图来表示。

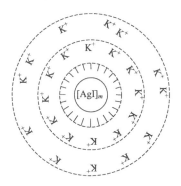

图 6.18　AgI 胶团剖面图

6.3.4　溶胶的稳定性与聚沉

1）憎液溶胶稳定的原因

溶胶由于其高度分散和大的比表面积，胶粒有自动聚集而降低体系表面能的趋势，属于热力学不稳定体系。但实际上在一定的条件下却能在相当长时间内稳定存在，有时甚至可长达数年。究其稳定原因可由三个方面决定：即动力学稳定作用、胶粒带电的稳定作用及溶剂化稳定作用。其中 ζ 电势是保持溶胶稳定的主要电学因素，因此，ζ 电势的大小是衡量溶胶稳定的尺度。

（1）溶胶动力学稳定作用　溶胶由于颗粒细小，布朗运动比较激烈，能够克服重力作用而不下沉，保持均匀分散。这种性质称为溶胶的动力学稳定性。影响动力学稳定性的主要因素是分散度，胶粒愈小，分散度愈大，布朗运动愈激烈，扩散能力愈强，胶粒愈不易下沉，

动力学稳定性愈大。

（2）胶粒带电稳定作用　胶粒表面是带电的，导致 ζ 电势的存在。因此，当两个胶粒相互接近使双电层部分重叠时，由于静电斥力作用，使两个胶粒相撞后又将分开，保持了溶胶的稳定性。所以胶粒具有 ζ 电势是溶胶较稳定的主要因素。胶粒带电的多少还直接影响扩散层的厚度。

（3）溶剂化稳定作用　物质与溶剂之间所起的化合作用称为溶剂化。一方面溶胶胶粒表面吸附的离子是溶剂化离子，降低了胶粒的表面能，增强了胶粒的稳定性；另一方面，扩散层中的反离子也是溶剂化离子，因而胶粒处在溶剂化离子的包围之中，即在胶粒周围形成了带电的水化层（通常溶剂为水），水化层阻碍了胶粒相互接近合并，防止了溶胶的聚沉，促成了溶胶的稳定。

2）溶胶的聚沉

溶胶中分散相粒子相互聚结，颗粒变大，最终发生沉淀的现象，称为溶胶的聚沉。要使溶胶聚沉，即破坏溶胶，就要设法使溶胶不稳定。溶胶本身是热力学不稳定体系，稳定只是暂时的，聚沉是必然的。促使溶胶聚沉的措施很多，如改变溶胶的温度、增大溶胶的浓度、搅拌、外加电解质、混入不同电性的溶胶等。下面的方法可以加快溶胶的聚沉。

（1）外加电解质的聚沉作用　外加电解质的作用主要是破坏扩散层，使其变薄，使 ζ 电势减小。可用聚沉值（在指定条件下，引起溶胶明显聚沉所需电解质的最小浓度，称为该电解质的聚沉值）来衡量，聚沉值是对溶胶聚沉能力的一种量度。聚沉值与聚沉能力成反比，即聚沉值越小，聚沉能力越强。其聚沉规律为：

① 电解质中能使溶胶聚沉的离子，是与胶粒电荷相反的离子，且离子价数愈高，聚沉值越小。

② 相同价数的反离子离子的聚沉能力亦有差别。一价正离子对带负电的溶胶的聚沉能力顺序为：

$$H^+ > Cs^+ > Rb^+ > NH_4^+ > K^+ > Na^+ > Li^+$$

一价负离子对带正电的溶胶的聚沉能力顺序为：

$$F^- > Cl^- > Br^- > NO_3^- > I^- > SCN^- > OH^-$$

③ 一般而言，任何价数的有机离子都有很强的聚沉能力，这与胶粒对有机离子有较强的吸附有关。

（2）正、负溶胶的相互聚沉　电性相反的两种溶胶，以适当量相互混合时，由于电性中和，降低了 ζ 电势而发生聚沉作用。如用明矾净水，其原理是：水中的悬浮物主要是泥沙等硅酸盐，为带电的负溶胶，而明矾 $KAl(SO_4)_2 \cdot 12H_2O$ 在水中水解后生成 $Al(OH)_3$ 正溶胶，两者结合相互聚沉，使饮用水达到净化的目的。

（3）高分子化合物对溶胶的作用

① 聚沉作用　在溶胶中加入少量高分子化合物，有时会降低溶胶的稳定性，甚至会发生聚沉，这种现象称为敏化作用。其原因是由于高分子化合物量少时无法将胶粒表面完全覆盖，胶粒附着在高分子化合物上，使其质量变大而聚沉。如图 6.19（a）所示。

② 保护作用　在溶胶中加入足够数量的某种高分子化合物时，由于高分子化合物被吸附在胶粒的表面上，从而加强胶粒对介质的亲和能力，在胶粒表面形成一层保护膜，防止胶粒聚沉，这种作用称为高分子化合物对溶胶的保护作用。如图 6.19(b)所示。

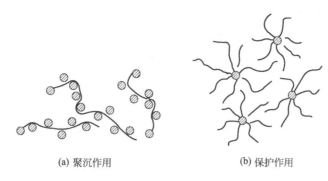

(a) 聚沉作用 　　　　　　　　　(b) 保护作用

图 6.19　高分子化合物对溶胶聚沉和保护作用示意图

6.4　乳　状　液

某种液体分散在与其不互溶或部分互溶的另一液体中所构成的分散体系，称为乳状液，乳状液属于粗分散体系，如牛奶、含水石油、炼油厂的废水、乳化农药等都属于乳状液。在乳状液中，水相用"W"表示，而另一相——有机相（如煤油等），习惯上称之为"油"，用"O"表示。乳状液一般分为两大类，即水包油型（用符号 O/W 表示）和油包水型（用符号 W/O 表示）。将油分散在水中，称为水包油型；而将水分散在油中，则称为油包水型。在乳状液中分散相称为内相，分散介质称为外相。因油水不互溶，要得到比较稳定的乳状液，常需加入乳化剂。常用的乳化剂多为表面活性物质，此外，某些固体粉末也能起到乳化剂的作用。在生产实际中，有时需要获得稳定的乳状液，有时则需破坏之。

6.4.1　乳状液类型的鉴别

鉴别乳状液是 O/W 型还是 W/O 型的方法主要有三种，即电导法、染色法和稀释法。

电导法的基本出发点是：水能导电，而油不能导电。因此，只要将待测的乳状液置于电导率仪中测量其电导率，根据电导率的数值即可确定是 O/W 型还是 W/O 型。

染色法是利用有机染料能溶于油而不溶于水的性质。如在乳状液中加入少许油溶性的染料苏丹红Ⅲ，振荡后取样在显微镜下观测，若分散相被染成红色，为 O/W 型；若分散介质被染成红色，则为 W/O 型。

稀释法又称冲淡法。取少许乳状液滴入水中或油中，若乳状液在水中能被稀释，则为 O/W 型；若在油中能被稀释，即为 W/O 型。

6.4.2　乳状液的形成与破坏

乳状液的形成是有条件的，它不能自动地由一种液体以细小液滴分散在另一种液体中形成，必须加入乳化剂（emulsifying agent），以稳定作为分散相的细小液滴。乳化剂的作用，一是降低水-油界面的界面张力；二是乳化剂定向地排列在油-水界面上形成一层界面膜，使分散液体不能碰到一起而聚结；三是使液滴带电，形成扩散双电层。例如，水与苯混合，经过激烈振荡后可看到轻度乳化现象，但不久就分层了；若加入一些肥皂水，在经激烈振荡，就可得到乳状液，并能保持较长时间而不分层。在这里肥皂就是乳化剂，它被吸附在液-液界面上，起防止液滴聚结的作用，增加体系的稳定性。

乳状液亦有类似于溶胶的聚结过程，称为去乳化作用，或叫破乳。去乳化是一个相当重要而又是比较复杂的问题。例如，原油开采中除去油中的水，或提取水中分散的原油均要破乳，在液-液萃取中也要防止乳化。常用的破乳方法有：顶替法，即用不能形成坚固保护膜的表面活性剂来顶替原乳化剂；化学法，即加入某些能与乳化剂起化学作用的物质，消除乳化剂的保护作用；加相反类型的乳化剂，即使乳化液的类型转变，如向 O/W 型的乳状液中加入 W/O 型的乳化剂。

此外，还有加热、离心分离、电泳破乳等物理的方法。

思考题

1. 表面吉布斯函数、表面张力二者的概念、单位是否相同，如何表示？

2. 气泡、液滴都会自动呈球形，玻璃管口在高温加热后会变得光滑，这些现象的本质是什么？

3. 试解释：①人工降雨；②有机蒸馏中加沸石；③过饱和溶液、过饱和蒸气、过冷现象；④重量法分析中的陈化作用等。

4. 液体润湿固体，对同一液体来说，固体表面张力大的容易润湿还是小的容易润湿？对同一固体来说，液体表面张力大的容易润湿还是表面张力小的容易润湿？

5. 表面活性剂具有什么样的结构特征？举例说明其应用。

6. 从吉布斯吸附等温式中，如何理解吸附量是表面过剩量？

7. 用 As_2O_3 与略过量的 H_2S 反应制成 As_2S_3 溶胶，试写出胶团的结构式。

8. 为什么胶体会产生布朗运动？真溶液的分子有无布朗运动和热运动？

9. 布朗运动的结果使胶体具有动力学稳定性，但布朗运动也有可能使胶体碰撞而聚沉，这种分析矛盾吗？

10. 丁达尔效应是如何引起的？粒子大小在什么范围内才能观察到丁达尔效应？

11. 热力学电势、电极电势和 ζ 电势有何区别和联系？

习题

1. 在 293K 时，把半径为 1×10^{-3} m 的水滴分散成半径为 1×10^{-6} m 的小水滴，比表面增加多少倍？表面吉布斯函数增加多少？环境至少需做功多少？已知 293K 时 $\sigma(H_2O) = 72.75 \times 10^{-3}$ $N \cdot m^{-1}$。

2. 在 298K 时，1，2-二硝基苯（NB）在水中所形成的饱和溶液的浓度为 5.9×10^{-3} mol·L^{-1}，计算直径为 1×10^{-8} m 的 NB 微球在水中的溶解度。已知 298K 时 NB/水的表面张力为 25.7×10^{-3} $N \cdot m^{-1}$，NB 的密度为 $1566 kg \cdot m^{-3}$。

3. 373K 时，水的表面张力为 58.9×10^{-3} $N \cdot m^{-1}$，密度为 $958.4 kg \cdot m^{-3}$，在 373K 时直径为 1×10^{-7} m 的气泡内的水蒸气压为多少？在 101.325kPa 外压下，能否从 373K 的水中蒸发出直径为 1×10^{-7} m 的气泡？

4. 水蒸气骤冷会发生过饱和现象。在夏天的乌云中，用干冰微粒撒于乌云中使气温骤降至 293K，此时水气的过饱和度（ρ/ρ_s）达 4，已知 293K 时 $\sigma(H_2O) = 72.75 \times 10^{-3}$ $N \cdot m^{-1}$，$\rho(H_2O) = 997 kg \cdot m^{-3}$。求算：（1）开始形成雨滴的半径；（2）每一滴雨中所含的水分子数。

5. 已知 293K 时，$\sigma(H_2O) = 72.75 \times 10^{-3}$ $N \cdot m^{-1}$，$\sigma(汞-H_2O) = 37.5 \times 10^{-3}$ $N \cdot m^{-1}$，$\sigma(汞) = 483 \times 10^{-3} N \cdot m^{-1}$。试判断水能否在汞表面上铺展开来？

6. 在 298K、101.325kPa 下，将直径 $1 \mu m$ 的毛细管插入水中，在管内需加多大压力才能防止水面上升？若不加额外压力，则管内液面能升多高？已知该温度下 $\sigma(H_2O) = 72.0 \times 10^{-3} N \cdot m^{-1}$，$\rho(H_2O) = 1000 kg \cdot m^{-3}$，接触角 $\theta = 0$，重力加速度 $g = 9.8 m \cdot s^{-2}$。

7. 氧化铝陶瓷上需要涂银，当加热到 1273K 时，液体银能否润湿陶瓷表面？已知该温度下 $\sigma(Al_2O_3)=1.0N \cdot m^{-1}$，液态银 $\sigma(Ag)=0.88N \cdot m^{-1}$，$\sigma(Al_2O_3\text{-}Ag)=1.77 N \cdot m^{-1}$。

8. 273.15K 和 293.15K 时，水的饱和蒸气压分别为 610.2Pa 和 2333.1Pa。在吸附一定量水的糖炭上，在上述温度下吸附平衡时水的蒸气压分别为 104.0Pa 和 380.0Pa。计算：(1) 糖炭吸附 1mol 水蒸气，(2) 糖炭吸附 1mol 液体水的吸附热 (设吸附热与温度和吸附量无关)。

9. 在液氮温度下，N_2 在 $ZrSiO_4$ 上的吸附符合 BET 公式，今取 $1.752 \times 10^{-2}kg$ 样品进行吸附，$p_s=101.325kPa$，所有吸附气体体积已换成标准状态。数据如下：

p/Pa	1.39	2.77	10.13	14.93	21.01	25.37	34.13	52.16	62.82
$\Gamma \times 10^3/L$	8.16	8.96	11.04	12.16	13.09	13.73	15.10	18.02	20.32

(1) 计算单分子层吸附所需 N_2 气的体积；

(2) 求样品的比表面积。(已知 N_2 分子的截面积为 $1.62 \times 10^{-19} m^2$)

10. 1g 活性炭吸附 CO_2 气体，在 303K 吸附平衡压力为 79.99kPa，在 273K 时吸附平衡压力为 23.06kPa，求 1g 活性炭吸附 0.04L 标准状态的 CO_2 气体的吸附热 (设吸附热为常数)。

11. 在 292K 时，丁酸水溶液的表面张力 $\sigma=\sigma_0-a\ln\left(1+\beta\dfrac{c}{c^{\ominus}}\right)$。式中 σ_0 为纯水的表面张力，α、β 为常数。求

(1) 丁酸的表面吸附量与浓度的关系式。

(2) 当 $\alpha=13.1 \times 10^{-3}N \cdot m^{-1}$，$\beta=19.62$，而浓度 $c=0.2mol \cdot L^{-1}$ 时的吸附量。

(3) 当 $\beta\dfrac{c}{c^{\ominus}} \gg 1$ 时，吸附量为多少？此时丁酸在表面上可认为构成单分子层紧密排列，则丁酸分子的截面积为多少？

12. 在碱性溶液中用 HCHO 还原 $HAuCl_4$ 制备金胶体，反应如下：

$$HAuCl_4+5NaOH \longrightarrow NaAuO_2+4NaCl+3H_2O$$

$$NaAuO_2+3HCHO+NaOH \longrightarrow 2Au+3HCOONa+2H_2O$$

此处 AuO_2^- 是稳定剂，试写出胶团结构式。

13. 在 298K 时，粒子半径为 $3 \times 10^{-8}m$ 的金胶体，当达到沉降平衡后，相距 $1.0 \times 10^{-4}m$ 层指定的体积内粒子数分别为 277 和 166。已知 $\rho(Au)=1.93 \times 10^4 kg \cdot m^{-3}$，介质密度为 $1 \times 10^3 kg \cdot m^{-3}$。计算阿伏加德罗常数 N_A 值为多少？

14. $Fe(OH)_3$ 胶体在某温度下电泳，电极间的距离为 0.3m，电势差为 150V，在 20min 内粒子移动的距离为 0.024m，水的介电常数 $\varepsilon=81$，黏度为 $0.001Pa \cdot s$。计算胶体的 ζ 电势。

15. 在 286.7K 时，水的介电常数 $\varepsilon=82.5$，比电导 $\kappa=1.16 \times 10^{-1}s \cdot m^{-1}$，黏度为 $1.194 \times 10^{-3}Pa \cdot s$，在此条件下以石英粉末做电渗实验，电流强度 $I=4 \times 10^{-3}A$，流过的液体体积为 $8 \times 10^{-5}L$ 时所需时间为 107.5s，计算 ζ 电势。

16. 等体积的 $0.08mol \cdot L^{-1}KI$ 和 $0.10mol \cdot L^{-1}$ 的 $AgNO_3$ 溶液混合制 AgI 胶体。分别加入浓度相同的下述电解质溶液，聚沉能力的顺序如何？

① NaCl ② Na_2SO_4 ③ $MgSO_4$ ④ $K_3[Fe(CN)_6]$

17. 某胶体粒子的平均半径为 2.1nm，其黏度和纯水相同 $\eta=1 \times 10^{-3}kg \cdot m^{-1} \cdot s^{-1}$，计算：

(1) 298K 时，胶体粒子的扩散系数 D。

(2) 在 1s 里，由于布朗运动胶体粒子沿 x 方向的平均位移。

18. 240K 时测得 CO 在活性炭上吸附的数据如下 [Γ 为标准状态下每克活性炭吸附 CO 的体

积（cm³）］。

p/kPa	13.466	25.065	42.633	57.329	71.994	89.326
$\Gamma/cm^3 \cdot g^{-1}$	8.54	13.1	18.2	21.0	23.8	26.3

试比较弗伦德利希公式和兰缪尔公式何者更适合这种吸附，并计算公式中的常数。

第7章 化学动力学基础

学习目的与要求

① 明确化学反应速率及其表示；掌握质量作用定律及速率方程的一般形式。

② 掌握各简单级数反应的特征和一、二级反应的速率方程及其应用。

③ 理解反应级数的概念；理解宏观反应速率常数的意义及其单位。

④ 掌握温度对反应速率影响的阿伦尼乌斯（Arrhenius）方程的各种形式及其应用；理解活化能 E_a 的概念及意义。

⑤ 了解简单复杂反应速率方程的建立、动力学特征及近似处理。

⑥ 掌握催化剂的基本特征，了解固体催化剂的活性及其影响因素，了解单相催化反应的机理及多相催化反应步骤。

在我们的周围，化学反应无时无刻不在发生，对于任何化学反应来说，都有两个基本问题：第一，此反应能否进行，其进行程度如何，这是反应的方向性和限度问题；第二，此反应需多长时间，通过什么步骤才能达到最后的结果，这是反应的速率和机理问题。前者属于化学热力学研究的范畴，而后者属于化学动力学研究的范畴。在实际中，有的反应非常缓慢，如生命演化过程中甲烷的生成；又如，在298K时，氢和氧化合生成水的反应：

$$H_2(g) + \frac{1}{2}O_2(g) \Longrightarrow H_2O(l) \qquad \Delta_r G_{m,298} = -237.2 \text{kJ} \cdot \text{mol}^{-1}$$

其反应自发进行的趋势很大，但实际上将氢和氧放在一个容器中，很长时间也看不到有水的生成。而有的反应可瞬时完成，如离子反应（盐酸与氢氧化钠的中和反应，其 $\Delta_r G_{m,298} = -79.91 \text{kJ} \cdot \text{mol}^{-1}$，反应趋势比上述反应要小，但此反应的速率却非常快，瞬时即可完成）、爆炸反应等。因此说，化学热力学只解决反应的可能性问题，能否实现该反应还需由化学动力学来解决。

在化工生产中，人们总是希望某些反应尽可能快些；而在另外一些场合人们又希望反应尽可能慢些，如铁的生锈、食物的腐烂、塑料的老化等。因此，关于反应速率的研究显得十分重要。那么反应速率如何表示，影响反应速率的主要因素是什么？如何控制反应速率？化学反应的机理如何？这些问题都是化学动力学主要研究的问题。

化学热力学主要研究反应的方向、限度和外界因素对平衡的影响。解决反应的可能性，即在给定条件下反应能不能发生，及反应进行的程度？而化学动力学主要研究反应的速率及反应机理。主要解决反应的现实性问题。化学动力学（chemical kinetics）是研究化学反应速率的学科，它的基本任务是研究反应速率及各种因素（浓度、温度、催化剂等）对反应速率的影响，揭示化学反应进行的机理，研究物质结构与反应性能的关系。化学动力学的基本任务是：了解反应速率；讨论各种因素（浓度、压力、温度、介质、催化剂等）对反应速率的影响；研究反应机理、讨论反应中的决速步等。

7.1 化学反应速率

7.1.1 反应速率的表示法

在一个反应体系中，反应速率在不同的情况下可用不同的方法表示，在单相反应中，反应速率一般以单位时间、单位体积中反应物物质的量的减少或产物物质的量的增加来表示：

$$r_i = \pm \frac{dn_i}{dt} \times \frac{1}{V} \tag{7.1}$$

为了使反应速率恒为正值，对反应物取负号，对产物取正号。

在恒容条件下，体积 V 为常数，反应速率也可用单位时间内反应物或产物的浓度变化来表示：

$$r_i = \pm \frac{dc_i}{dt} \tag{7.2}$$

对于恒容反应 $aA + bB \Longrightarrow gG + hH$，当反应式中各反应组分的计量系数不同时，则用不同反应组分所表达的反应速率，它们之间有如下关系：

$$\frac{r_A}{a} = \frac{r_B}{b} = \frac{r_G}{g} = \frac{r_H}{h} \tag{7.3}$$

反应速率也可用单位时间、单位体积内反应进度的变化来表示：

$$r_i = \frac{1}{V} \times \frac{d\xi}{dt} \tag{7.4}$$

对于上述反应，反应进度的变化与各反应组分的物质的量的变化的关系如下：

$$d\xi = -\frac{dn_A}{a} = -\frac{dn_B}{b} = \frac{dn_G}{g} = \frac{dn_H}{h} \tag{7.5}$$

对同一个化学反应，用反应进度表达的反应速率具有单一的数值，与反应组分的计量系数无关。

除了上述表示反应速率的方法之外，还可以根据情况用其他方法表示反应速率，例如，在气相反应中，常用 $\frac{dp}{dt}$ 来表示反应速率。

在反应速率的各不同表示方法中，以用反应进度表示的反应速率最为普遍和统一。原则上可选任一物质表示反应速率，实际中，常用易测定浓度的物质表示。

7.1.2 反应速率的测定

测定反应速率，实质上就是测定不同时刻反应体系中反应物或产物的浓度。

① 化学法　用化学分析方法来测定反应进行到不同时刻的反应物或产物的浓度，一般用于液相反应。其特点是设备简单，可直接测得浓度，但操作较烦琐。

② 物理法　测定反应体系中的某一与浓度成线性关系的物理性质随时间而变的关系，然后换算成不同时刻的浓度值。物理法的优点是快速而且方便，特别是可以不中止反应，不需取样，可进行连续测定，便于自动记录，缺点是当反应有副反应或少量杂质对所测量的物理性质有较灵敏的影响时，易造成较大误差。

7.2　化学反应速率方程

7.2.1　基元反应与非基元反应

（1）反应机理（reaction mechanism）　反应物转变为产物所经历的具体途径称为反应机理或反应历程。

（2）基元反应（elementary reaction）　由反应物微粒（分子、原子、离子、自由基等）一步直接转化为产物的反应称为基元反应。按参与反应的反应物微粒数分类，可将基元反应分为三类：即单分子反应、双分子反应和三分子反应。大多数基元反应为双分子反应，三分子反应很少，至今尚未发现有超过三分子的基元反应。

我们通常所见到的化学反应方程式并不代表反应的真实历程，只表示反应的总结果，如：$N_2 + 3H_2 \Longrightarrow 2NH_3$，称为化学计量方程式。它只表明参加反应的各个组分之间的数量变化关系。因此，除非特别说明，一般化学反应方程式都是化学计量方程式，是由两个或两个以上的基元反应构成，即非基元反应。基元反应是构成一切化学反应的基本单元。只有在阐述反应机理时，才涉及基元反应的概念。一般所写的化学反应式，只表示反应物与产物的计量关系式，它们多数是复杂反应。例如气相反应：

$$2O_3 \longrightarrow 3O_2$$

其反应机理为：

①　　　　　　　　　　　　$O_3 \longrightarrow O_2 + O$
②　　　　　　　　　　$O_2 + O \longrightarrow O_3$
③　　　　　　　　　　$O + O_3 \longrightarrow 2O_2$

由此可见，臭氧分解反应共包括三个基元反应，因此它是一个复杂反应。

7.2.2　质量作用定律

实验证明：基元反应的反应速率与各反应物浓度方次的乘积成正比，其方次就是反应方程式中各相应组分的分子个数。这就是质量作用定律（law of mass action），它只适用于基元反应。

如对基元反应：　　　　　　　　　　$a A + b B \Longrightarrow e E + f F$

按质量作用定律，其速率方程可表示为：

$$-\frac{dc_A}{dt} = k c_A^a c_B^b \tag{7.6}$$

式中，k 为比例系数，称为反应速率常数（reaction-rate constant），相当于单位浓度的反应速率，它是反应本身的属性。温度一定时，反应速率常数为一定值。同一温度下，不同的反应 k 值一般不同。同一反应用不同的物质表示时，k 值亦可不同。k 值的大小直接反映了反应的快慢和进行程度的难易。

7.2.3　速率方程的一般形式

非基元反应的速率方程必须由实验确定。由实验总结出的经验速率方程一般也具有与基元反应相同的形式。即对反应：$a A + b B \Longrightarrow e E + f F$

其速率方程可写作为：

$$r_A = -\frac{dc_A}{dt} = k c_A^\alpha c_B^\beta \cdots \tag{7.7}$$

α、β由实验确定。α、β分别称为反应物 A、B 等的反应分级数，各反应物分级数的代数和称为反应总级数，简称反应级数，用 n 表示，即

$$n = \alpha + \beta + \cdots \tag{7.8}$$

反应级数的大小表明了反应物浓度对反应速率的影响程度，反应级数越大，则浓度对反应速率的影响越大，反之亦然。

式(7.7) 既适应于非基元反应，也适应于基元反应。对基元反应，$\alpha = a$，$\beta = b$；而对非基元反应，α、β由实验确定。因此式(7.7) 称为速率方程的一般形式。

7.3　速率方程的积分形式

速率方程给出的是一定温度下，反应速率与反应物浓度之间的函数关系。而在实际中，人们往往需要知道的是反应体系的浓度随时间变化的函数关系，即经过一定反应时间后，反应物的浓度变为若干？或要达到某一转化率需要反应多长时间？因此，必须将速率方程积分，即将 r_A-c_A 的函数关系，转化为 c_A-t 的函数关系。本节将讨论几种具有简单反应级数的反应，并着重从浓度与时间的关系、速率常数 k 的单位以及半衰期（反应物消耗掉一半所需的时间，用 $t_{1/2}$ 表示）与浓度的关系三个方面分析其动力学特征。

7.3.1　零级反应

对反应　　　　　　　　　　　　　A ——→ 产物

若该反应的反应速率与反应物 A 浓度的零次方成正比，则该反应称为零级反应（zeroth oeder reaction）。可表示为：

$$-\frac{dc_A}{dt} = kc_A^0 = k \tag{7.9}$$

这种反应的反应速率恒为定值，与反应体系的浓度无关。如一些光化学反应（其反应速率只与入射光的强度有关，而与反应物的浓度无关，当光的强度恒定时，则为等速反应）和某些气-固相催化反应（在一定条件下其反应速率仅与催化剂的表面状态有关，而与反应物的浓度无关）都属于零级反应。

对式(7.9) 积分：

$$\int_{c_{A,0}}^{c_A} dc_A = -k \int_0^t dt$$

得　　　　　　　　　　　　　　$$c_A = c_{A,0} - kt \tag{7.10}$$

式中，$c_{A,0}$ 为反应物 A 的原始浓度（$t=0$）；c_A 为任意时刻 t 反应物 A 的浓度。

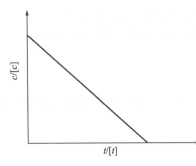

图 7.1　零级反应的 c_A-t 图

显然，若测出不同时刻反应物 A 的浓度 c_A 随时间 t 变化的数据，将 c_A 对 t 作图可得一直线，直线的斜率即为速率常数 k 的负值，截距为 $c_{A,0}$。如图 7.1 所示。

零级反应具有如下特征：

① 反应物浓度 c_A 与时间 t 成直线关系，即将 c_A 对时间 t 作图为一直线；

② 速率常数的单位为 [浓度]·[时间]$^{-1}$；

③ 半衰期（half-life time）$t_{1/2} = c_{A,0}/2k$，与反应物的原始浓度成正比。

7.3.2　一级反应

对反应　　　　　　　A ——→产物

凡反应速率与反应物 A 浓度的一次方成正比，则称该反应为一级反应（first order reaction）。单分子基元反应是一级反应，放射性元素的蜕变反应（如镭的蜕变 Ra ——→ Rn＋He）、一些气体的分解反应（如五氧化二氮的分解反应 N_2O_5 ——→ N_2O_4＋$1/2O_2$）、分子的重排反应（如顺丁烯二酸转化为反丁烯二酸）等也都属于一级反应。

一级反应的速率方程可表示为：

$$-\frac{dc_A}{dt}=k_1 c_A \tag{7.11}$$

对（7.11）式变形、积分

$$\int_{c_{A,0}}^{c_A}\frac{dc_A}{c_A}=-k_1\int_0^t dt$$

得：　　　　　　　　　$\ln c_A=\ln c_{A,0}-k_1 t \tag{7.12}$

或　　　　　　　　　$c_A=c_{A,0}\,e^{-k_1 t} \tag{7.13}$

由式(7.13)可知，c_A 与 t 的关系是指数函数关系，但若将 c_A 转化为 $\ln c_A$，则由式(7.12)可知，$\ln c_A$ 与 t 呈直线关系，即将曲线关系转化成直线关系，这就是线性化处理。若设直线斜率为 m，则 $m=-k_1$。如图 7.2 所示。

若任一时刻反应物 A 的转化率为 x_A，依据 c_A 与转化率 x_A 的关系

则有 $c_A=c_{A,0}(1-x_A)$，将之代入式(7.12)，得

$$\ln(1-x_A)=-k_1 t \tag{7.14}$$

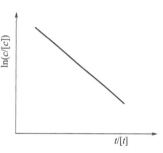

图 7.2　一级反应的 $\ln c_A$-t 图

一级反应的特征：

① $\ln c_A$ 与 t 成直线关系，k_1 即为直线斜率的负值。

② 速率常数 k_1 的单位为 ［时间］$^{-1}$。

③ 半衰期 $t_{1/2}=\ln 2/k_1$，与反应物的原始浓度无关。

以上特点中的任何一个都可用来鉴别反应是否为一级反应。

引伸特点：

① 所有分数衰期都是与起始物浓度无关的常数。

② $t_{1/2}:t_{3/4}:t_{7/8}=1:2:3$。

【例 7.1】　某金属钍的同位素进行 β 放射，14 天后，同位素活性下降了 6.85%。试求该同位素的：（1）蜕变速率常数；（2）半衰期；（3）分解掉 90% 所需的时间。

解　因为放射性元素的蜕变反应是一级反应，根据题意则有

（1）　　　　　　　　　$\ln(1-x_A)=-k_1 t$

$$k_1=\frac{1}{t}\ln\frac{1}{1-x_A}=\frac{1}{14d}\ln\frac{1}{1-0.0685}=0.00507d^{-1}$$

（2）　　　　　　　　　$t_{1/2}=\ln 2/k_1=136.7d$

（3）　　　　$t=\frac{1}{k}\ln\frac{1}{1-x_A}=\frac{d}{0.00507}\ln\frac{1}{1-0.9}=454.2d$

【例 7.2】 35℃ 时 N_2O_5 的气相分解反应是一级反应。实验测得经 40min 分解了 27.4％，求：(1) 反应速率常数；(2) 50min 分解了多少；(3) 半衰期。

解 (1)
$$k = \frac{1}{t}\ln\frac{c_{A,0}}{c_A} = \frac{1}{40}\min^{-1}\ln\frac{c_{A,0}}{(1-0.274)c_{A,0}}$$

$$= 0.0080\min^{-1}$$

(2)
$$\ln\frac{c_A}{c_{A,0}} = -kt = -0.0080\times50 = -0.4$$

故
$$\frac{c_A}{c_{A,0}} = \frac{c_{A,0}(1-x_A)}{c_{A,0}} = 1-x_A = 0.670$$

即
$$x_A = 1-0.67 = 0.33$$

(3)
$$t_{\frac{1}{2}} = \frac{0.693}{k} = \frac{0.693}{0.0080} = 86.6\min$$

7.3.3 二级反应

化学反应速率与反应物浓度的平方成正比，称为二级反应（second order reaction）。许多反应的速率规律符合二级反应，如：乙烯（丙烯、异丁烯等）的气相二聚作用，氯酸钠的分解，乙酸乙酯的皂化，碘化氢、甲醛的热分解等都属于二级反应。二级反应是最常遇见的反应。其通式可表示为：

(甲)　　　　　　　　　$aA \longrightarrow$ 产物（只有一种反应物的反应）

$$-\frac{dc_A}{dt} = k_2 c_A^2 \tag{7.15}$$

(乙)　　　　　　　　　$aA + bB \longrightarrow$ 产物（有两种反应物的反应）

$$-\frac{dc_A}{dt} = k_2 c_A c_B \tag{7.16}$$

将式(7.15)变形后积分

$$\int_{c_{A,0}}^{c_A}\frac{dc_A}{c_A^2} = -k_2\int_0^t dt$$

积分得：
$$\frac{1}{c_A} = \frac{1}{c_{A,0}} + k_2 t \tag{7.17}$$

由式(7.17)可以看出，二级反应的 $1/c_A$-t 呈直线关系，如图 7.3 所示。

二级反应的特征：

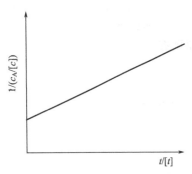

① $1/c_A$-t 呈直线关系，直线斜率即为速率常数 k_2；

② k_2 的单位为：[浓度·时间]$^{-1}$；

③ 半衰期 $t_{1/2} = \dfrac{1}{(k_2 c_{A,0})}$，与原始浓度成反比。

对（乙），当 $a \neq b$，$\dfrac{c_{A,0}}{c_{B,0}} \neq \dfrac{a}{b}$ 时 [若 $\dfrac{c_{A,0}}{c_{B,0}} = \dfrac{a}{b}$，则式(7.16)转变为式(7.15)]，设在任意时刻 t，反应物 A 消耗掉 x，则 B 消耗掉 $\dfrac{b}{a}x$，以反应物 A 的消耗速率表示反应速率，则式(7.16)可写作为：

图 7.3　二级反应的 $1/c_A$-t 图

$$-\frac{dc_A}{dt} = -\frac{d(c_{A,0}-x)}{dt} = \frac{dx}{dt} = k_2 c_A c_B = k_2(c_{A,0}-x)\left(c_{B,0}-\frac{b}{a}x\right)$$

即

$$\frac{dx}{dt} = k_2 (c_{A,0}-x)\ \left(\frac{a}{b}c_{B,0}-x\right)\ \frac{b}{a}$$

或

$$\frac{dx}{(c_{A,0}-x)\left(\frac{a}{b}c_{B,0}-x\right)} = k_2\frac{b}{a}dt$$

两边同时积分：

$$\frac{b}{bc_{A,0}-ac_{B,0}}\int_0^x\left(\frac{1}{\frac{a}{b}c_{B,0}-x}-\frac{1}{c_{A,0}-x}\right)dx = k_2\frac{b}{a}\int_0^t dt$$

积分得：

$$\frac{a}{bc_{A,0}-ac_{B,0}}\ln\frac{c_{B,0}c_A}{c_{A,0}c_B} = k_2 t \tag{7.18}$$

当 $a=b$，$c_{A,0}\neq c_{B,0}$ 时，则简化为：

$$\frac{1}{c_{A,0}-c_{B,0}}\ln\frac{c_{B,0}c_A}{c_{A,0}c_B} = k_2 t \tag{7.19}$$

对有两种反应物参与的反应，当其中一种反应物大大过量时，二级反应也可转化为一级反应，称为准一级反应。如蔗糖的水解反应。

【**例 7.3**】　乙酸乙酯皂化反应

$$CH_3COOC_2H_5 + NaOH \longrightarrow CH_3COONa + C_2H_5OH$$
$$\quad\text{(A)}\qquad\qquad\text{(B)}$$

为二级反应。$t=0$ 时，反应物 A、B 的初始浓度均为 $0.02\,\text{mol}\cdot\text{dm}^{-3}$，在 21℃时，反应 25min 后，取出样品，立即中止反应进行定量分析，测得溶液中剩余 NaOH 的浓度为 $0.00592\,\text{mol}\cdot\text{dm}^{-3}$。求

（1）此反应转化率达 90％需时若干？

（2）如果 A、B 的初始浓度均为 $0.01\,\text{mol}\cdot\text{dm}^{-3}$，达到同样转化率，需时若干？

解　由题给条件可知，该反应为二级反应，且 $c_{A,0}/c_{B,0}=a/b$，故其浓度与时间的关系符合 $\frac{1}{c_A}=\frac{1}{c_{A,0}}+k_2 t$。要求转化率和时间，必须先求出反应的速率常数 k。

$$k = \frac{1}{t}\left(\frac{1}{c_A}-\frac{1}{c_{A,0}}\right) = \frac{1}{25}\left(\frac{1}{0.00592}-\frac{1}{0.02}\right)\text{mol}^{-1}\cdot\text{dm}^3\cdot\text{min}^{-1}$$

$$= 5.57\,\text{mol}^{-1}\cdot\text{dm}^3\cdot\text{min}^{-1}$$

（1）已知 $c_{A,0}=0.02\,\text{mol}\cdot\text{dm}^{-3}$，$x_A=0.9$，求 $t=$？

$$t = \frac{1}{k}\left(\frac{1}{c_A}-\frac{1}{c_{A,0}}\right) = \frac{1}{k}\left[\frac{1}{c_{A,0}(1-x_A)}-\frac{1}{c_{A,0}}\right] = \frac{x_A}{kc_{A,0}(1-x_A)}$$

$$= \frac{0.9}{5.57\times0.02(1-0.9)}\text{min} = 80.8\,\text{min}$$

（2）已知 $c_{A,0}=0.01\,\text{mol}\cdot\text{dm}^{-3}$，$x_A=0.9$，求 $t=$？

$$t = \frac{1}{k}\left(\frac{1}{c_A}-\frac{1}{c_{A,0}}\right) = \frac{1}{k}\left[\frac{1}{c_{A,0}\ (1-x_A)}-\frac{1}{c_{A,0}}\right] = \frac{x_A}{kc_{A,0}\ (1-x_A)}$$

$$= \frac{0.9}{5.57\times0.01\ (1-0.9)}\text{min} = 161.6\,\text{min}$$

显然，达到相同的转化率，若初始浓度减半，则时间加倍。这也是二级反应的特征之一。

7.3.4　n级反应

反应速率与反应物 A 浓度的 n 次方成正比，称为 n 级反应。其速率方程可写作为

$$-\frac{dc_A}{dt}=kc_A^n \tag{7.20}$$

在下列三种情形下，反应速率满足方程（7.20）：（1）对只有一种反应物的反应；（2）对两种或两种以上反应物的反应，反应物的初始浓度按计量系数配比；（3）对两种或两种以上反应物的反应，除反应物 A 外，其余反应物大大过量。对式(7.20)积分

$$\int_{c_{A,0}}^{c_A}\frac{dc_A}{c_A^n}=-k\int_0^t dt$$

得

$$\frac{1}{n-1}\left(\frac{1}{c_A^{n-1}}-\frac{1}{c_{A,0}^{n-1}}\right)=kt\,(n\neq1) \tag{7.21}$$

式(7.21)除 $n=1$ 外，对任何级数的反应都适用，是一通式，但必须满足上述三个条件。其半衰期为

$$t_{1/2}=\frac{2^{n-1}-1}{(n-1)kc_{A,0}^{n-1}}\quad(n\neq1) \tag{7.22}$$

显然，n（除 $n=1$ 外）级反应的半衰期与 $c_{A,0}^{n-1}$ 成反比。符合通式 $-dc_A/dt=kc_A^n$ 的各级反应速率方程及特征如表 7.1 所示。

表 7.1　符合通式 $-dc_A/dt=kc_A^n$ 的各级反应速率方程及其特征

级　数	速　率　方　程		特　征		
	微分式	积分式	直线关系	K 的单位	$t_{1/2}$
0	$-dc_A/dt=k$	$c_A=c_{A,0}-kt$	c_A-t	［浓度］·［时间］$^{-1}$	$c_{A,0}/2k$
1	$-dc_A/dt=k_1c_A$	$\ln c_A=\ln c_{A,0}-k_1 t$	$\ln c_A$-t	［时间］$^{-1}$	$\ln2/k_1$
2	$-dc_A/dt=k_2c_A^2$	$1/c_A=1/c_{A,0}+k_2 t$	$1/c_A$-t	［浓度·时间］$^{-1}$	$1/(k_2c_{A,0})$
n	$-dc_A/dt=kc_A^n$	$\dfrac{1}{n-1}\left(\dfrac{1}{c_{A,0}^{n-1}}-\dfrac{1}{c_{A,0}^{n-1}}\right)=kt$	$\dfrac{1}{c_A^{n-1}}$-t	［浓度］$^{(1-n)}$·［时间］$^{-1}$	$\dfrac{2^{n-1}-1}{(n-1)kc_{A,0}^{n-1}}$

7.4　反应速率常数与温度的关系

在前面的讨论中，均未涉及温度这个概念，是在一定温度下讨论浓度对反应速率的影响。速率常数 k 不随浓度而变，在一定温度下为常数，是因为它代表了单位浓度下的反应速率，是反应体系的一个性质。速率常数 k 随温度 T 的变化而变，温度对反应速率的影响，实质上是指温度对速率常数 k 的影响。研究温度对反应速率的影响，就是要找出速率常数 k 与温度的函数关系。

最早描述反应速率常数 k 随 T 变化粗略关系的有范特霍夫经验规则：温度每升高 10K，反应速率增大 2～4 倍，即

$$\frac{k_{T+10K}}{k_T}=2\sim4$$

虽然范特霍夫经验规则比较粗糙，不能得到比较准确的结果，但在缺乏数据时，用此经验规

可用能峰图（如图 7.5 所示）来定性解释活化能与反应阻力的关系，同时解释吸热反应和放热反应。图 7.5 中 E_a 和 E_a' 分别代表正、逆反应的活化能。

从图 7.5 可以看出，无论是正反应还是逆反应，反应物分子都必须越过一定高度的"能峰"才能变成生成物。这一能峰就是反应的活化能。显然，能峰越高，反应的阻力越大，反应就越难进行，反应速率当然越慢。

只具有普通能量的反应物分子（1mol 分子）待吸收 E_a 的能量（即正反应的活化能），才能达到活化状态，变成活化分子，而后才有可能继续反应生成普通能量的产物分子，同时放出能量 E_a'（此即逆反应的活化能）。从反应物到生成物净的能量结果为 $\Delta E_a = E_a - E_a'$，ΔE_a 大于零，即正反应需要吸收能量 ΔE_a。因此，正反应为吸热反应，相应的逆反应为放热反应。

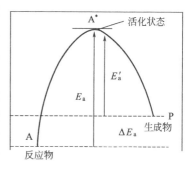

图 7.5　正、逆反应的活化能与反应热

阿伦尼乌斯活化能的解释只对基元反应才有明确的物理意义，对非基元反应物理意义就不那么单纯了。非基元反应的活化能称为表观活化能，不过表观活化能的大小，仍具有总的能峰的概念，仍然反映了反应阻力的大小。

在反应温度比较高时，阿伦尼乌斯活化能与温度有关，不为常数。与温度的关系可表达为：

$$E_a = E_c + \frac{1}{2}RT$$

式中，E_c 为分子的摩尔临界能，与温度无关。E_c 一般比较大，当反应温度不高时，$E_c \gg \frac{1}{2}RT$。因此，在反应温度不高时，$\frac{1}{2}RT$ 项相对 E_c 可以忽略，$E_a \approx E_c$。所以，在一般情况下可认为 E_a 与 T 无关。事实上，多数反应的 $\ln k$ 对 $1/T$ 作图，在温度变化范围不大时，是一直线，只有当温度很高时才逐渐偏离直线关系。

*阿伦尼乌斯（Arrhenius）：是近代化学史上一位□□□学家，同时也是一位物理学家和天文学家。阿伦尼乌斯 1859 年 2 月 19 日出生于瑞□□□萨拉附近的维克。其父古斯塔夫早年毕业于乌普萨拉大学，曾在维克经营过地产，□□□举家迁往乌普萨拉城，古斯塔夫出任乌普萨拉大学总务长。阿伦尼乌斯共有姊妹□□□排行老二。

阿伦尼乌斯从小聪明出众，3 岁就能认字，哥哥□□□，他经常在旁边仔细观看，凭着其特有的天赋，从算术书上看懂了一些简单的算□□□年他竟能坐在父亲身旁，协助父亲算起账来。1876 年，17 岁的阿伦尼乌斯中学毕业后考取了乌普萨拉大学。他对数学、物理、化学等理科课程情有独钟，仅用两年的时间就通过了学士学位的考试。19 岁开始专门攻读物理学博士学位，师从光谱分析专家学习光谱分析。但他认为，作为一个物理学家还应该掌握与物理有关的其他各科知识。因此，他常常去听一些教授们讲授的数学与化学课程。渐渐地，他对电学产生的浓厚兴趣，远远超过了对光谱分析的研究，他确信"电的能量是无穷无尽的"，他热衷于研究电流现象和电导性。于是，在 1881 年，他告别了原导师，来到首都斯德哥尔摩以求深造。在瑞典科学院物理学家埃德伦德（E. Edlund）教授的指导下，进行电学方面的研究。他对将化学能转变为电能的电池很感兴趣，他深入研究了电解质的导电性，创立了电离理论。

阿伦尼乌斯在物理化学方面的造诣很深，他同时也是一位多才多艺的学者，涉足的领域除化学外，还有物理学、天文学、生物学等。他的研究成果和学术地位得到了国内外的公认，在国际上的威望很高，1895 年他成为德国电化学学会会员，次年出任斯德哥尔摩大学校长。由于他在化学领域的卓越成就，1903 年他荣获诺贝尔化学奖。成为瑞典第一位获此殊荣的科学家。阿伦尼乌斯非常热爱自己的祖国，他为报效祖国，宁愿留在斯德哥尔摩工学院任物理学副教授，却放弃国外的优越条件，毅然谢绝了德国吉森大学聘他为物理化学教授的聘任。阿伦尼乌斯科学的一生，给后人以很大的思想启迪。首先，他是一位坚定的自然科学唯物主义者，他终生不信宗教，坚信科学。他能打破学科局限，从物理学与化学的联系上去研究电解质溶液的导电性，冲溃传统观念，独创电离学说。其次，他知识渊博，对自然科学的各个领域都学有所长，早在学生时代就已精通英、德、法和瑞典等语言，这对他广泛求师进行学术交流起了重大作用。

7.5　典型复合反应

前面讨论的都是简单反应，其速率方程也比较简单，但实际反应并非如此，都是由多个简单反应组合而成，在处理时要综合考虑多种因素。此处介绍几种具有代表性的复合反应，重在讨论速率方程的建立，为预测各种因素对反应速率的影响提供基础知识。

复合反应即由两个或两个以上的基元反应组合而成，基元反应和具有简单级数的复合反应，又可组合成更为复杂的反应。典型的组合方式有三类：即对行反应、平行反应和连串反应。下面分别进行讨论。

7.5.1　对行反应

正、逆两个方向都能进行的反应称为对行反应，又称为对峙反应或可逆反应。原则上一切反应都是对行的，只是当偏离平衡态很远时，逆反应不计。

最简单的情况是正、逆反应都是一级反应，这样的反应称为 1-1 级对行反应。下面就以正、逆都是一级反应为例进行讨论。设反应为：

$$A \underset{k_-}{\overset{k_+}{\rightleftharpoons}} B$$

式中，k_+、k_- 分别表示正逆反应的速率常数。设反应物 A 的原始浓度为 $c_{A,0}$，任意时刻 t 的浓度为 c_A，反映大平衡时的浓度为 $c_{A,e}$。下面建立不同时刻反应体系的浓度：

$$A \underset{k_-}{\overset{k_+}{\rightleftharpoons}} B$$

$$
\begin{array}{lll}
t=0 & c_{A,0} & 0 \\
t=t & c_A & c_{A,0}-c_A \\
t=t_e & c_{A,e} & c_{A,0}-c_{A,e}
\end{array}
$$

正向反应，A 的消耗速率为　$-\dfrac{dc_A}{dt}=k_+ c_A$

逆向反应，A 的增长速率为　$\dfrac{dc_A}{dt}=k_-(c_{A,0}-c_A)$

则 A 的净消耗速率为：

$$-\frac{dc_A}{dt}=k_+ c_A - k_-(c_{A,0}-c_A)=(k_+ + k_-)c_A - k_- c_{A,0} \tag{7.28}$$

当反应达到平衡时，则有

$$\frac{dc_A}{dt}=0$$

即

$$k_+ c_{A,e}=k_-(c_{A,0}-c_{A,e})$$

亦即

$$(k_+ + k_-)c_{A,e}=k_- c_{A,0} \tag{7.29}$$

或

$$\frac{c_{A,0}-c_{A,e}}{c_{A,e}}=\frac{k_+}{k_-}=K_c \tag{7.30}$$

式中，K_c 为反应达到平衡时的平衡常数。

将式(7.29)代入式(7.28)，得：

$$-\frac{dc_A}{dt}=(k_+ + k_-)(c_A - c_{A,e}) \tag{7.31}$$

当 $c_{A,0}$ 一定时，$c_{A,e}$ 为常量，故 $dc_A = d(c_A - c_{A,e})$，代入上式，

得

$$-\frac{dc_A}{dt}=-\frac{d(c_A - c_{A,e})}{dt}=(k_+ + k_-)(c_A - c_{A,e}) \tag{7.32}$$

将式(7.32)积分得

$$\ln\frac{c_{A,0}-c_{A,e}}{c_A - c_{A,e}}=(k_+ + k_-)t \tag{7.33a}$$

或

$$\ln(c_A - c_{A,e}) = -(k_+ + k_-)t + \ln(c_{A,0}-c_{A,e}) \tag{7.33b}$$

显然，以 $\ln(c_A - c_{A,e})$ 对时间 t 作图为一直线，由直线斜率即可求出 $(k_+ + k_-)$，再通过实验测得的 K_c 由式(7.30)则可求出 k_+/k_-，联立两者最后可分别求得 k_+ 和 k_-。

一级对行反应的 $c\text{-}t$ 关系如图 7.6 所示。对行反应的特点是经过足够长的反应时间后，反应物和产物都要分别趋近它们的平衡浓度。一些分子的内重排或异构化反应，符合以上对行反应的规律。

7.5.2　平行反应

反应物可同时进行几种不同的反应，即称为平行反应。在平行进行的几个反应中，生成主要产物的反应称为主反应，余者为副反应。

在化工生产中经常遇到这类反应，如氯苯的再氯化，可得到对位与邻位的二氯苯两种产物。

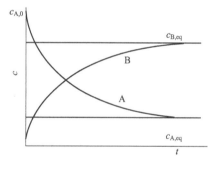

图 7.6　一级对行反应的 $c\text{-}t$ 图

最简单的平行反应为下述一级反应。设反应物 A 能按一个反应生成 B，同时又按另一个反应生成 C，即

$$A\underset{k_2}{\overset{k_1}{\big<}}\begin{matrix}B\\C\end{matrix}$$

设 $t=0$ 时，反应物 A 的原始浓度为 a，任意时刻 t，A、B、C 的浓度分别为 x、y、z。即

	A	B	C
$t=0$	a	0	0
$t=t$	x	y	z

第一个反应的速率方程为：$-\left(\dfrac{dx}{dt}\right)_1=\dfrac{dy}{dt}=k_1 x$

第二个反应的速率方程为：$-\left(\dfrac{\mathrm{d}x}{\mathrm{d}t}\right)_2=\dfrac{\mathrm{d}z}{\mathrm{d}t}=k_2x$

反应物 A 总的消耗速率为：$-\dfrac{\mathrm{d}x}{\mathrm{d}t}=-\left(\dfrac{\mathrm{d}x}{\mathrm{d}t}\right)_1-\left(\dfrac{\mathrm{d}x}{\mathrm{d}t}\right)_2=(k_1+k_2)\ x$ (7.34)

对式(7.34) 积分

$$\int_a^x\frac{\mathrm{d}x}{x}=-(k_1+k_2)\int_0^t\mathrm{d}t$$

得 $$\ln\frac{x}{a}=-(k_1+k_2)t$$ (7.35a)

或 $$x=a\mathrm{e}^{-(k_1+k_2)t}$$ (7.35b)

产物 B 的生成速率为 $$\frac{\mathrm{d}y}{\mathrm{d}t}=k_1x=k_1a\mathrm{e}^{-(k_1+k_2)t}$$ (7.36)

积分得 $$y=\frac{k_1a}{k_1+k_2}\left[1-\mathrm{e}^{-(k_1+k_2)t}\right]$$ (7.37)

产物 C 的生成速率为 $$\frac{\mathrm{d}z}{\mathrm{d}t}=k_2x=k_2a\mathrm{e}^{-(k_1+k_2)t}$$ (7.38)

同样积分可得 $$z=\frac{k_2a}{k_1+k_2}\left[1-\mathrm{e}^{-(k_1+k_2)t}\right]$$ (7.39)

显然，在 $t=0$，$y=z=0$ 的起始条件下，有 $y/z=k_1/k_2$。由此可见，对于级数相同的平行反应，若保持 k_1/k_2 不变，则各反应的产物量之比值在反应过程中保持不变，且与反应物初浓度及时间无关，这是平行反应的特征。要改变各产物量的比值，必须设法改变 k_1/k_2，以使主反应按所要求的方向进行。可通过改变温度或选择适当的催化剂加速所需反应速率，使副反应尽可能减小到零。

一级平行反应中反应物和产物的 c-t 曲线如图 7.7 所示。

7.5.3 连串反应

很多化学反应是要经过连续几个步骤才能完成，而生成最终产物。前一步反应的产物是

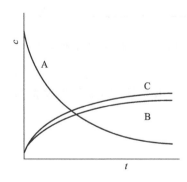

图 7.7 一级平行反应的 c-t 图

下一步反应的反应物，像这种如此相互联系的反应系列称为连串反应。许多反应如放射性元素的衰变反应、碳氢化合物的逐级氧化等都属于这类例子。在连串反应中，依次进行的各步骤中最慢的一步称为"控制步骤"，整个反应速率就由这一步决定。

现以连串进行的简单反应 A ——→B ——→C 为例，均为一级反应，建立其动力学方程。设反应物 A 在 $t=0$ 时的原始浓度为 a，任意时刻 t，A、B、C 的浓度分别为 x、y、z。即

A ——→B ——→C （均为一级反应）

$t=0$	a	0 0
$t=t$	x	y z

对 A，只与第一个反应有关，为简单一级反应，故有

$$-\frac{\mathrm{d}x}{\mathrm{d}t}=k_1x$$ (7.40)

积分得 $$\ln(x/a)=-k_1t$$ (7.41a)

或
$$x = a e^{-k_1 t} \tag{7.41b}$$

对 B，其净的生成速率为其生成与消耗速率之差，故其速率方程为：
$$dy/dt = k_1 x - k_2 y$$
即
$$dy/dt = k_1 a e^{-k_1 t} - k_2 y \tag{7.42}$$
解此一阶常微分方程得
$$y = \frac{k_1 a}{k_2 - k_1}(e^{-k_1 t} - e^{-k_2 t}) \tag{7.43}$$
对 C，由于 $a = x + y + z$，故
$$z = a\left[1 - \frac{1}{k_2 - k_1}(k_2 e^{-k_1 t} - k_1 e^{-k_2 t})\right] \tag{7.44}$$

我们可在浓度-时间图中绘出各物质浓度随时间的变化曲线（如图 7.8 所示）。由图可看出，中间产物 B 的浓度在反应过程中出现极大值，这是连串反应的突出特征。在反应前期，反应物 A 的浓度较大，因而生成 B 的速率较快，B 的数量不断增长。但随着反应的进行，A 的浓度逐渐减小，相应 B 的生成速率减慢；另一方面，由于 B 的浓度增大，进一步生成最终产物 C 的速率加快，使 B 大量消耗，致使 B 的数量反而下降。当 B 的生成速率与消耗速率相等时，中间产物 B 的浓度达到最大值。当 B 取极大值时，有

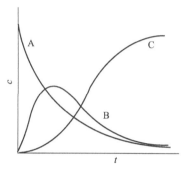

$$\frac{dy}{dt} = 0$$

图 7.8　一级连串反应的 $c\text{-}t$ 图

即
$$\frac{dy}{dt} = \frac{d}{dt}\left[\frac{k_1 a}{k_2 - k_1}(e^{-k_1 t} - e^{-k_2 t})\right] = \frac{k_1 a}{k_2 - k_1}(k_2 e^{-k_2 t} - k_1 e^{-k_1 t}) = 0$$
则 B 取得最大值的最佳时间和最大浓度分别为
$$t_m = \frac{\ln \frac{k_2}{k_1}}{k_2 - k_1} \quad y_m = a\left(\frac{k_1}{k_2}\right)^{\frac{k_2}{k_2 - k_1}} \tag{7.45}$$

以上讨论的是 k_1 与 k_2 相差不太大时的情况。若我们需要的是中间产物 B，则只要控制好最佳时间 t_m，即可望得到最大浓度的产品 B。

7.6　催化作用

7.6.1　催化剂的基本特征

1）催化剂的定义

对于一个能发生的化学反应来说，最重要的是如何使其反应速率尽可能地快，即在较短的时间内尽可能获得多的产物。这就促使人们去寻找那些能加速反应的物质。大量实践证明：某些物质的存在确实能加速反应，这样的物质就叫催化剂（catalyst）。如何定义催化剂呢？按 IUPAC（the International Union of Pure and Applied Chemistry）定义：存在极少量就能显著改变反应速率，而其本身无论是化学性质还是数量在反应前后都保持不变的物质称为催化剂。催化剂的这种作用称为催化作用。按上述定义，则减慢反应速率的物质称为阻化剂（或叫负催化剂）。有时，反应产物之一也对反应本身起催化作用，这种情况叫自动催化作用。例如，有硫

酸存在时，高锰酸钾与草酸的反应，产物 $MnSO_4$ 就能起到自动催化作用。

催化作用是非常普遍的现象。在实际生产过程中，人们不仅有意识地加入催化剂来加速反应进程，有时一些偶然引入的杂质、尘埃，甚至容器壁表面等都可能充当催化剂而产生催化作用。例如温度为 200℃时，在玻璃容器中进行的溴对乙烯的气相加成反应，曾一度被认为是单纯的气相反应。后来实验发现，该反应若在较小的玻璃容器中进行，则反应速率加快；如果往容器中再加入一些小的玻璃管或玻璃球，则反应加速更为显著；但如果将容器内壁涂上石蜡，则反应几乎停止。这一现象说明玻璃表面对该反应起了催化作用。

现代的许多大型化工生产，如合成氨、石油裂解、高分子材料的合成、油脂加氢、脱氢、药物的合成等很少不使用催化剂。据统计，在现代化工生产中 80％～90％的反应过程都使用催化剂。因而催化剂作用的研究已成为现代化学研究领域的一个重要分支。

新型催化剂研制已成为化学工业，石化工业发展的重要课题之一，一个新型催化剂的开发往往会引起化学工业的巨大变革。如 Ziegler-Natta（齐格勒-纳塔）催化剂［过渡金属氢化物和烷基铝 $TiCl_4/Al(C_2H_5)_3$］使合成橡胶、合成纤维和合成塑料工业突飞猛进。20 世纪 60 年代研制的分子筛催化剂（如 ZSM-5）大大促进了石油炼制工业的发展。还有化学模拟生物固氮，就是通过形成过渡金属络合物，使 N_2 等活化，从而实现在比较温和条件下的合成氨。

2）催化反应的分类

催化反应可分为均相（或单相）催化反应和非均相催化也叫多相催化反应，另有自催化反应。

（1）单相催化　反应物、产物及催化剂都处于同一相中的反应即为均相催化反应。

① 气相均相催化

如
$$SO_2 + \frac{1}{2}O_2 \xrightarrow{NO_2} SO_3$$

机理为
$$SO_2 + NO_2 \longrightarrow SO_3 + NO$$
$$NO + \frac{1}{2}O_2 \longrightarrow NO_2$$

式中，NO_2 即为气体催化剂，它与反应物及产物处同一相中。

② 液相均相催化　如蔗糖水解反应：
$$C_{12}H_{22}O_{11} + H_2O \xrightarrow{H_2SO_4} C_6H_{12}O_6 + C_6H_{12}O_6$$

是以 H_2SO_4 为催化剂，反应物、产物和催化剂都是在水溶液中进行。

（2）非均相催化　反应物、产物和催化剂处在不同的相中。有气-固相催化，如合成氨反应
$$N_2 + 3H_2 \xrightarrow[K_2O,\ Al_2O_3]{Fe} 2NH_3$$

催化剂为固相，反应物及产物均为气相，这种气-固相催化反应的应用最为普遍。此外还有气-液相、液-固相、气-液-固三相的多相催化反应。

3）催化剂的基本特征

① 催化剂不能改变反应的平衡（方向与限度），即不能改变反应的 $\Delta_r G_m$（或 $\Delta_r G_m^{\ominus}$）。也就是说催化剂不能实现热力学上不可能进行的反应，对一个已经达到平衡的反应，不可能企图通过加催化剂来提高转化率。因此，催化剂只能缩短反应达到平衡的时间，即加速

反应。

②催化剂也不能改变反应体系的始、终状态,当然也不会改变反应热,利用这一特点可以比较方便地在低温下测定反应热,因为许多非催化反应常需在高温下进行量热测定,而在有适当催化剂存在时,则可在接近常温下进行测定,这显然比在高温下测定要容易得多。

③催化剂在反应前后化学性质和数量未变,但确实参与了反应过程,在生成最终产物后再释放出来,所以它不出现在最终的化学计量方程式中。经过反应后催化剂的物理性质可发生变化,如外形、晶型、表面状态等。

④催化剂对正、逆两个方向发生同样的影响,对正反应优良的催化剂同时也是逆反应优良的催化剂。这个原则可以帮助人们从逆反应着手寻找有效的催化剂。例如对于甲醇的合成反应

$$CO(g) + 2H_2(g) \Longrightarrow CH_3OH(g)$$

是在高压下进行的,高压下找催化剂较难,但常压下 Cu 是 CH_3OH 分解的优良催化剂。据此 Cu 亦必是高压下合成 CH_3OH（g）的优良催化剂,事实已完全得到证实（压力对催化剂活性几乎无影响）。最后应指出的是催化剂以同样的倍数改变正逆反应速率,是指对一平衡体系或接近平衡的体系而言,催化剂才以同样的倍数提高正、逆方向反应的速率常数,若在远离平衡条件下,催化剂对正、逆方向反应速率的影响当然是不同的。

⑤催化剂参与了化学反应,改变了反应历程,为化学反应开辟了一条新途径,降低了反应的表观活化能,从而加速了化学反应。如图 7.9 所示。

图 7.9 中实线表示无催化剂参与反应的原途径,虚线表示加入催化剂后为反应开辟的新途径,与原途径同时进行。

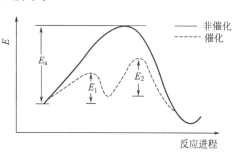

图 7.9　催化反应进程中的能量变化

⑥催化剂具有特殊的选择性。催化剂的选择性有两方面含义:其一是不同类型的反应需用不同的催化剂,例如氧化反应和脱氢反应的催化剂就是不同类型的催化剂,即使同一类型的反应通常催化剂也不同,如 SO_2 的氧化用 V_2O_5 作催化剂,而乙烯氧化却用 Ag 作催化剂;其二,对同样的反应物选择不同的催化剂可得到不同的产物。催化剂的选择性在实际应用中具有实用价值,它是决定化学反应在动力学上竞争的重要手段。工业上常用下式来定义选择性:

$$选择性 = \frac{转化为目的产品的原料量}{原料总的转化量} \times 100\%$$

根据这一定义,若某一催化反应无副反应发生,则其选择性应为 100%。

4）固体催化剂的活性及其影响因素

（1）催化剂活性及其表示方法　催化剂的活性是指:在一定的反应条件下,单位时间、单位表面积（或质量、体积等）的催化剂上促进反应物转化为某种产物的能力。催化剂的活性是度量催化剂催化效能的重要指标,催化剂的活性关系到催化剂的选择、使用和制备方法。催化剂的活性可用比活性（是评价催化剂活性的较为合理的方法）和时空产率（工厂常用的方法）、转化率和收率等表示。下面主要就比活性和时空产率予以介绍。

①比活性（α）　是用催化剂单位表面积上的反应速率常数来表示的活性。即

$$\alpha = \frac{k}{A} \qquad (7.46)$$

式中，k 为催化反应的速率常数；A 为加入催化剂的表面积。

例如在 $20cm^3$ 的铂（Pt）片上分解 H_2O_2，其速率常数 $k=0.0094$，则该反应在铂片上的比活性为：

$$\alpha = \frac{k}{A} = \frac{0.0094}{20} = 4.7 \times 10^{-5}$$

一般而言，催化剂的活性不仅取决于催化剂的化学本性，还取决于其结构。同一催化剂由于制备方法不同，比表面不同，则活性也不同。用比活性表示可避免这种差异，因为比活性与催化剂的比表面无关，仅由催化剂的化学本性决定。故用它评价催化剂的活性较为合理（多用于理论研究）。

② 时空产率（亦称催化剂生产率） 是指在指定的反应条件下（即反应温度、压力等），单位时间、单位体积的催化剂上所得产物的量。即

$$S = \frac{W}{tV_{催化剂}} \qquad (7.47)$$

式中，S 表示时空产率，$mol \cdot [h \cdot m^3$（催化剂）$]^{-1}$；W 表示产物的量，mol；$V_{催化剂}$ 表示催化剂的体积，m^3；t 表示反应时间，h。

例如年产 5000 吨（年生产日按 365 天计算）的小合成氨工厂，合成塔内催化剂的体积约为 $0.6m^3$，则时空产率为：

$$S = \left(\frac{5000 \times 10^3 \times 10^3}{17 \times 365 \times 24 \times 0.6} \right) mol \cdot m^{-3} \cdot h^{-1}$$
$$= 5.6 \times 10^4 mol \cdot m^{-3} \cdot h^{-1}$$

用这种方法表示催化剂活性的不足之处是：它与反应条件有关，不便于比较。但工业上应用起来比较方便，而且在反应条件相同时，可以模拟。时空产率乘以反应器内催化剂的体积，直接得出每小时所得产物的量。

(2) 影响催化剂活性的因素

① 化学组成的影响 化工生产中所用的各种固体催化剂，大多是多组分体系，根据各组分的作用不同，可将之分为活性组分（又分主催化剂、助催化剂）和载体。活性组分是催化剂的主体，它可以是金属或金属氧化物等，可以是一种物质也可以是多种物质组成的混合体。主催化剂是催化活性的来源，单独存在时就具有一定的活性，是催化剂中必备的成分，如铁是合成氨中的主催化剂。助催化剂是加到催化剂中的少量物质，这种物质单独存在时没有活性或只有很小的活性，但它与主催化剂组合后，能大大增加主催化剂的活性或延长主催化剂的寿命等。如用纯铁作合成氨的催化剂，其反应的催化活性降低很快，但若加入 Al_2O_3 其活性可提高一倍，且活性保持时间长；若再加入 K_2O，活性会进一步提高。显然，Al_2O_3 和 K_2O 都是合成氨反应的助催化剂。载体作为催化剂的分散剂、黏合剂或支持物，是一些天然的或人造的多孔性结构物质，它是催化剂中活性组分的骨架。常用的载体有：天然沸石、硅胶、氧化铝、活性炭、硅藻土等。

催化剂在使用过程中，由于反应体系中存在少量杂质，使催化剂活性下降或完全消失，这种现象称为催化剂中毒。催化剂中毒的原因是由于毒物在催化剂表面被强烈吸附发生化学反应，占据了催化剂的活性表面，致使催化剂丧失催化效能。催化剂中毒分为暂时性中毒和永久性中毒两种。暂时性中毒只要将毒物除去，催化剂活性即可恢复。如合成氨反应中的

H_2O、O_2、CO、CO_2 暂时性毒物与 Fe 发生弱吸附，用纯净原料气吹扫可再生。永久性中毒则是使催化剂完全失活而不能再生。合成氨反应中的 H_2S 就是永久性毒物（生成 FeS 使催化剂表面失活），

② 物理因素的影响　除化学组成外，催化剂的活性还取决于本身的物理性质（如分散度、微孔结构等），而这些性质又与其制备方法和条件有关。对一定量的催化剂而言，其比表面随分散度的增大而增大，同时单位表面积内活性中心的数目也可能增加，因而活性中心的总数将随分散度的增大而增多（催化剂的活性中心是固体催化剂表面具有催化能力的活性部位，它占整个催化剂固体表面的很少部分。活性中心往往是催化剂的晶体的棱、角、台阶、缺陷等部位，或晶体表面的游离原子等）。因此催化剂的催化活性与催化剂比表面积有关，将催化剂制成多孔性物质，或选择多孔性物质作为催化剂的载体，可大大提高催化剂的催化活性。对于金属 Pt 的各种形态而言，其催化活性顺序依次为，

块状＜丝状＜粉状＜铂黑＜胶体分散状

催化剂或载体的孔隙结构，对催化活性也有一定的影响。孔道过小，不利于反应物和产物分子进出，易造成阻塞，使催化活性降低；孔道过大，则会降低比表面，同样会降低催化活性。

③ 温度的影响　催化剂的活性与温度有很大的关系，一般来说，催化剂的活性与温度关系有一个临界值，当温度在某一数值以下时，活性小，反应速率低，然后催化剂的活性随温度升高而增大。但温度过高会引起活性组分重结晶，甚至发生烧结或熔融而失活。故其使用应严格控制在催化剂活性温度范围内。低于这一温度则催化剂活性随温度升高而增大，高于这个温度则随温度升高反而降低。

④ 使用寿命　催化剂的活性与使用的时间有关，可用催化剂的寿命曲线（表示催化剂的活性随时间的变化关系）来表示，如图 7.10 所示。在使用之初，催化剂的活性随使用时间的增长而增大，达到一最大值后又降低，并由不稳定逐渐趋于稳定；而后催化剂的活性基本稳定不变，出现活性不随时间而变并保持一段相当长的时间（通常可维持几周、几个月、甚至几年）；最后，催化剂的活性逐渐下降，直至丧失其活性而不能使用，必须用再生的方法使催化剂重新恢复活性或更换新催化剂。所以，催化剂的寿命曲线可以分为三个时期，即活性成熟期、活性稳定期和活性衰减期。催化剂的稳定性也是衡量催化

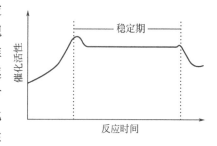

图 7.10　催化活性与时间的关系

的重要指标之一，只有稳定性好才有开发应用的价值。工业催化剂在使用过程中由于受各种因素影响，寿命长短不一，有的只有几小时，有的则可长达几年。

5）对工业催化剂的评价

一个较好的工业多相催化剂，一般需满足以下要求：

① 活性好且稳定，选择性高。活性高可使反应温度降低，转化率高，未反应的原料减少；选择性高可减少副产物，增加目的产物。

② 使用寿命长，能耐毒、耐热。

③ 有足够的机械强度和合理的外形。

④ 能再生，反复使用，价廉，易处理、成型。

其中前三者是主要的。为提高活性，总希望催化剂有较大的比表面积和适当的孔道，以

利于内扩散。对受内扩散控制的催化反应，催化剂的孔隙率应为 50％左右。但这样高的孔隙率又难以维持其强度，通常加胶黏剂来解决这一矛盾。

7.6.2 单相催化反应

单相催化反应的机理可用中间化合物学说解释。该学说认为：催化剂参与反应，首先与反应物之一作用生成了不稳定的中间化合物，而后，中间化合物再行分解，催化剂复原。

1）气相催化

气相催化反应即用气体催化剂催化气相反应。常见的气体催化剂有：$NO(g)$、$H_2O(g)$ 和 $I_2(g)$ 等。NO 可催化 SO_2 的氧化反应；$H_2O(g)$ 能催化 CO 的氧化反应；$I_2(g)$ 可促使 CH_3CHO、C_2H_5OH 和 CH_3OH 等的热分解。如在 $I_2(g)$ 的存在下，乙醛热分解为 CH_4 和 CO 的反应机理可能为为：

$$I_2 \rightleftharpoons 2I\cdot$$
$$I\cdot + CH_3CHO \longrightarrow HI + H_3C\cdot + CO$$
$$H_3C\cdot + I_2 \longrightarrow CH_3I + I\cdot$$
$$H_3C\cdot + HI \longrightarrow CH_4 + I\cdot$$
$$CH_3I + HI \longrightarrow CH_4 + I_2$$

由于加入了少量的 $I_2(g)$，反应速率可增大数千倍。原因是改变了反应途径，使反应的表观活化能由 $210kJ\cdot mol^{-1}$（非催化反应）降低为 $136kJ\cdot mol^{-1}$。因而反应速率大大加快。

2）酸碱催化

液相催化中最常见的是酸碱催化，它在化工生产中的应用很广。许多离子型的有机反应，常可用酸碱催化。酸碱催化的实质就是质子的转移。酸催化的一般机理为：反应物 S 首先接受质子 H^+ 形成质子化物 SH^+，而后不稳定的 SH^+ 再释放出 H^+ 而生成产物。碱催化的一般机理为：碱首先接受反应物提供的质子，而后生成产物，碱复原。凡能给出或接受质子的物质，都有这种催化作用。一些有质子转移的反应，如水合与脱水、酯化与水解、烷基化与脱烷基等均可用酸碱催化。例如，在硫酸或磷酸的催化下，乙烯水合为乙醇：

$$H_2C\!\!=\!\!CH_2 + H_2O \xrightarrow{H_2SO_4} C_2H_5OH$$

在碱的催化下，硝基胺的水解反应机理为：

$$NH_2NO_2 + OH^- \longrightarrow NHNO_2^- + H_2O$$
$$NHNO_2^- \longrightarrow N_2O + OH^-$$

3）络合催化

络合催化可以是单相催化，也可以是多相催化，一般多指在溶液中进行的液相催化，所谓络合催化，即利用催化剂的络合作用使反应物活化而易于起反应。一般来说，过渡金属有较强的络合能力。以 $PdCl_2$ 为催化剂，将乙烯氧化制乙醛，就是一个典型的络合催化的例子。该过程可简单表示为：

$$C_2H_4 + PdCl_2 + H_2O \longrightarrow CH_3CHO + Pd + 2HCl$$
$$Pd + 2CuCl_2 \longrightarrow PdCl_2 + 2CuCl$$
$$2CuCl + \frac{1}{2}O_2 + 2HCl \longrightarrow 2CuCl_2 + H_2O$$

总反应为：
$$C_2H_4 + \frac{1}{2}O_2 \longrightarrow CH_3CHO$$

这表明将乙烯通入含有 $PdCl_2$ 和 $CuCl_2$ 的水溶液中时，在 $PdCl_2$ 的催化下，C_2H_4 被氧化为 CH_3CHO。由反应还原出来的 Pd 立即被溶液中的 $CuCl_2$ 又重新氧化为 $PdCl_2$。还原出来的

CuCl 很容易被空气中的 O_2 氧化，由生成 $CuCl_2$。

单相络合催化的优点是：高活性、高选择性和反应条件温和。缺点是催化剂与反应体系难以分离。

4）酶催化

酶是由动植物和微生物产生的具有催化能力的蛋白质。生物体内的化学反应，几乎都是在酶催化下进行的，通过酶可合成和转化自然界大量的有机物质。酶具有极高的活性（约为一般酸碱催化剂的 $10^8 \sim 10^{11}$ 倍）和选择性，且作用条件温和。原因是酶具有特殊的络合物结构排列，即有特定反应的适宜部分。目前，对一些酶的化学结构已有所了解。并发现酶的催化与过渡金属的有机化合物有关。酶催化反应的机理较为复杂。

7.6.3　多相催化反应

多相催化反应主要是用固体催化剂催化气相反应或液相反应，在化工应用中，大多用固体催化剂催化气相反应。

1）分子在固体催化剂表面上的吸附

固体表面由于存在过剩的表面能，因而具有吸附能力。其吸附可分为：物理吸附和化学吸附两种。物理吸附的作用力是范德华力，不能改变被吸附分子的价键；化学吸附则是强大的化学键力，它能使被吸附分子发生价键力的变化，即引起分子形变，改变了反应途径，降低了反应的活化能，而产生催化作用。所以，化学吸附是多相催化的基础。

以 H_2 在金属上的化学吸附为例，说明分子在催化剂表面的吸附状态。以 M 代表催化剂表面上具有吸附能力的晶格位置，现已完全确定，H_2 在 M 上发生化学吸附作用的同时要发生解离：

$$H_2 + 2M \longrightarrow 2HM$$

这种化学吸附称为解离化学吸附，饱和烃在金属表面上的化学吸附也属于此类。如 CH_4 在金属表面上的吸附可表示为：

$$CH_4 + 2M \longrightarrow CH_3M + HM$$

但具有 π 电子或孤对电子的分子，在化学吸附时并不发生解离。如 C_2H_4 和 CO 的化学吸附可表示为：

$$C_2H_4 + 2M \longrightarrow \begin{array}{c} H_2C - CH_2 \\ | \qquad | \\ M \quad M \end{array}$$

$$CO + 2M \longrightarrow \begin{array}{c} C = O \\ M \diagdown \diagup M \end{array}$$

这种化学吸附称缔合化学吸附。分子被化学吸附在金属表面时，由于成键原子间电负性的差异，化学吸附所形成的新键总带有某种程度的极性。因此，固体中导电电子数目会有微小增减，故吸附前后会有电导的变化。由此可推测化学吸附的极性，物理吸附则不会有此种电的效应。

2）多相催化反应的步骤

多相催化反应是在固体催化剂表面上进行的，即反应物分子必须被化学吸附在催化剂表面，而后才能在表面上发生反应。反应后的产物分子必须从催化剂表面解吸而脱离催化剂表面。因此，多相催化反应必须经历如下几个步骤：

① 气体反应物分子从气体主体向固体催化剂表面扩散（内、外表面）；

② 反应物分子被催化剂表面所吸附；

③ 反应物分子在催化剂表面进行化学反应，生成产物；

④ 产物分子从催化剂表面脱附（解吸）；

⑤ 产物分子从催化剂表面（内、外表面）向气体主体扩散。

这五个步骤中有物理过程也有化学过程，其中①、⑤为物理扩散过程；②、④为表面吸附和脱附过程；③为表面化学反应过程。每一步都有其各自的历程和动力学规律。所以研究一个多相催化反应的动力学，既涉及固体表面的反应动力学问题，也涉及吸附（脱附）和扩散动力学问题。

思考题

1. 化学反应速率如何表示？

2. 什么是基元反应？

3. 如何建立反应速率与浓度的关系式？

4. 什么是反应级数？反应分子数？二者有何区别？

5. 各种简单反应级数的反应动力学有什么特征？

6. 典型复杂反应的动力学特征如何？

7. 阿伦尼乌斯公式有何意义？

8. 活化能的物理意义是什么？它对反应速率的影响作用如何？

9. 什么是催化作用、均相催化和多相催化？

10. 催化剂加速化学反应的原因是什么？

11. 催化剂会不会影响化学平衡？

12. 催化剂有何特征？

习题

1. 理想气体反应 $2N_2O_5 \longrightarrow 4NO_2 + O_2$，在 298K 时的速率常数 k 是 $1.73 \times 10^{-5} s^{-1}$。计算反应的半衰期及 10min 内 N_2O_5 的分解百分数。

2. 某一级反应 $A \longrightarrow B$ 的半衰期为 10min。求 1h 后 A 的剩余百分数。

3. 某人工放射性元素放出 α 粒子是一级反应，半衰期为 1.5min，让试样分解 80%，需要多少时间？

4. 试求一级反应完成 99.9% 所需时间是其半衰期的多少倍？

5. ^{14}C 放射性蜕变的半衰期为 5730 年，今在一考古学样品中测得 ^{14}C 的含量只有 72%，请问该样品距今有多少年？

6. 某一级反应，当反应物反应掉 78% 所需时间为 10min，求反应的半衰期。

7. 某一级反应，反应进行 10min 后，反应物反应掉 30%。问反应物反应掉 50% 需多长时间？

8. 反应 $SO_2Cl_2(g) \longrightarrow SO_2(g) + Cl_2(g)$ 为一级气相反应，320℃ 时 $k = 2.2 \times 10^{-5} s^{-1}$。问在 320℃ 加热 90min 后 SO_2Cl_2 的分解百分数为若干？

9. 303.01K 时甲酸甲酯在 85% 的碱性水溶液中水解，其速率常数为 $4.53 mol^{-1} \cdot L \cdot s^{-1}$。若酯和碱的初始浓度均为 $1 \times 10^{-3} mol \cdot L^{-1}$，试求半衰期。

10. 双分子反应 $2A(g) \xrightarrow{k} B(g) + D(g)$，在 623K、初始浓度为 $0.400 mol \cdot dm^{-3}$ 时，半衰期为 105s，试求：（1）反应速率常数 k；（2）A（g）反应掉 90% 所需的时间。

11. 500K 时气相基元反应 A+B $\rightleftharpoons$ C，当 A 和 B 的初始浓度皆为 $0.20\text{mol} \cdot \text{dm}^{-3}$ 时，初始速率为 $5.0 \times 10^{-2}\text{mol} \cdot \text{dm}^{-3} \cdot \text{s}^{-1}$。

（1）求反应的速率系数 k；

（2）当反应物 A、B 的初始分压均为 50kPa（开始无 C），体系总压为 75kPa 时所需时间为多少？

12. 某一级反应 A $\longrightarrow$ 产物，初始速率为 $1 \times 10^{-3}\text{mol} \cdot \text{dm}^{-3} \cdot \text{min}^{-1}$，1h 后的速率为 $0.25 \times 10^{-3}\text{mol} \cdot \text{dm}^{-3} \cdot \text{min}^{-1}$，求反应的速率常数 k 及半衰期 $t_{1/2}$ 和初始浓度 $c_{A,0}$。

13. 对于一级反应，证明转化率达到 87.5% 所需时间为转化率达到 50% 所需时间的 3 倍。对于二级反应又应为多少？

14. 在 500℃ 及初压为 101.325kPa 时，某碳氢化合物的气相分解反应的半衰期为 2s。若初压降为 10.133kPa，则半衰期增加为 20s。求速率常数。

15. 某二级反应 A+B $\longrightarrow$ C，两种反应物的初浓度皆为 $1\text{mol} \cdot \text{dm}^{-3}$，经 10min 后反应掉 25%，求反应速率常数 k。

16. 现在的天然铀矿中 $^{238}\text{U}:^{235}\text{U}=139.0:1$。已知 ^{238}U 的蜕变反应的速率常数为 $1.520 \times 10^{-10}\text{a}^{-1}$，$^{235}\text{U}$ 的蜕变反应的速率常数为 $9.72 \times 10^{-10}\text{a}^{-1}$。问在 20 亿年（$2.0 \times 10^9\text{a}$）前，$^{238}\text{U}:^{235}\text{U}$ 等于多少？（a 是时间单位年的符号）

17. 已知在 540~727K 之间和定容条件下，双分子反应 $CO(g)+NO_2(g) \longrightarrow CO_2(g)+NO(g)$ 的速率常数 k 表示为 $k/\text{mol}^{-1} \cdot \text{dm}^3 \cdot \text{s}^{-1}=1.2 \times 10^{10} \exp\left(\dfrac{E_a}{RT}\right)$，$E_a=-132\text{kJ} \cdot \text{mol}^{-1}$。若在 600K 时，CO 和 NO_2 的初始压力分别为 667Pa 和 933Pa，试计算：

（1）该反应在 600K 时的 k 值；

（2）反应进行 10h 以后，NO 的分压为若干。

18. $N_2O(g)$ 的热分解反应为 $2N_2O(g) \xrightarrow{k_2} 2N_2(g)+O_2(g)$，从实验测出不同温度时各个起始压力与半衰期值如下：

T/K	967	967	1030	1030
p_0/kPa	156.787	39.197	7.066	47.996
$t_{1/2}/\text{s}$	380	1520	1440	212

（1）求反应级数；

（2）求活化能 E_a；

（3）若 1030K 时 $N_2O(g)$ 的初始压力为 54.00kPa，求压力达到 64.00kPa 时所需时间。

19. 某二级反应，反应物 A、B 的初浓度均为 $1.00 \times 10^{-2}\text{mol} \cdot \text{dm}^{-3}$，298K 时反应经过 10min 有 39% 的 B 分解，而在 308K 时，反应 10min 有 55% 的 B 分解，计算：

（1）该反应的活化能。

（2）288K 时，反应 10minB 能分解多少？

（3）293K 时，若有 50% 的 B 分解需多长时间？

20. 在 300K 时，某反应完成 20% 需时 12.6min，在 340K 时，需时 3.20min，试计算其活化能。

21. 有两个二级反应 1 和 2 具有完全相同的频率因子，反应 1 的活化能比反应 2 的活化能高出 $10.46\text{kJ} \cdot \text{mol}^{-1}$；在 373K 时，若反应 1 的反应物初始浓度为 $0.1\text{mol} \cdot \text{dm}^{-3}$，经过 60min 后反应 1 已完成了 30%，试问在同样温度下反应 2 的反应物初始浓度为 $0.05\text{mol} \cdot \text{dm}^{-3}$ 时，要使反

应2完成70%需要多长时间（单位：min）？

22. 氧化乙烯的热分解是单分子反应，在651K时，分解50%所需时间为363min，活化能 $E_a = 217.6kJ \cdot mol^{-1}$，试问如要在120min内分解75%，温度应控制在多少开？

23. 二氧化氮的热分解为二级反应，已知不同温度下的反应速率常数 k 的数据如下：

T/K	592	603.2	627	651.5	656
$k/mol^{-1} \cdot cm^3 \cdot s^{-1}$	522	755	1700	4020	5030

（1）确定反应速率常数与温度的函数关系式；

（2）求500K和700K时的反应速率常数。

24. 甲酸在金表面上分解为 CO_2 和 H_2 的反应是一级反应，413K和458K的速率常数分别为 $5.5 \times 10^{-4} s^{-1}$ 和 $9.2 \times 10^{-3} s^{-1}$，求分解反应的活化能 E_a。

25. 实验测得 N_2O_5 在不同温度下的分解反应速率常数，试作图求 N_2O_5 分解反应的活化能。

T/K	273.15	298.15	318.15	338.15
k/min	4.7×10^{-5}	2.0×10^{-3}	3.0×10^{-2}	3.0×10^{-1}

26. 65℃时 N_2O_5 气相分解的速率常数为 $0.292min^{-1}$，活化能为 $103.3kJ \cdot mol^{-1}$，求80℃时的 k 及 $t_{1/2}$。

27. 乙烯转化反应 $C_2H_4 \longrightarrow C_2H_2 + H_2$ 为一级反应。在1073K时，要使50%的乙烯分解，需要10h，已知该反应的活化能 $E = 250.6kJ \cdot mol^{-1}$。要求在 $1.136 \times 10^3 h$ 内同样有50%乙烯转化，反应温度应控制在多少？

28. 已知某一级反应在810K时的速率常数是791K时的2倍。求：

（1）反应的活化能；

（2）在两个温度下达到相同转化率时所需时间之比。

29. 醋酸酐分解反应的活化能为 $144.348kJ \cdot mol^{-1}$，在284℃时反应半衰期为21s，且与反应物起始浓度无关。计算：

（1）300℃时的速率常数；

（2）若控制反应在10min内转化率达到90%，反应温度应为若干？

30. 双光气分解反应 $ClCOOCl(g) \longrightarrow 2COCl_2(g)$ 为一级反应。将一定量双光气迅速引入一个280℃的容器中，751s后测得系统的压力为2.710kPa；经过长时间反应完了后系统压力为4.008kPa。305℃时重复试验，经320s系统压力为2.838kPa；反应完了后系统压力为3.554kPa。求活化能。

31. 硝基异丙烷在水溶液中被碱中和时，反应速率常数与温度的关系为：

计算：$\qquad lgk = -3163.0/T + 11.89$（$k$ 的单位：$dm^3 \cdot mol^{-1} \cdot min^{-1}$）

（1）活化能；

（2）在283K酸碱起始浓度均为 $0.008mol \cdot dm^{-3}$ 时反应到24.19min，反应物剩余百分数。

32. 已知反应 $A + B \longrightarrow P$ 的速率方程为 $-\dfrac{dc_A}{dt} = kc_A c_B$，在600K和716K时的速率常数分别为 $0.385dm^3 \cdot mol^{-1} \cdot s^{-1}$ 和 $16.0dm^3 \cdot mol^{-1} \cdot s^{-1}$。

（1）导出速率常数与温度的关系式；

（2）求活化能；

（3）求650K时的速率常数。

33. 某药物分解30%即为失效，若放置在3℃箱中保存期为两年。某人购回此药，因故在室温 25℃放置了两周，试通过计算说明此药物是否已失效。已知该药物分解百分数与浓度无关，且分解活化能为 $E_a = 13.00 \text{kJ} \cdot \text{mol}^{-1}$。

34. 溴乙烷分解反应的活化能 $E_a = 229.3 \text{kJ} \cdot \text{mol}^{-1}$，650K 时的速率常数 $k = 2.14 \times 10^{-4} \text{s}^{-1}$，现欲使此反应在 20min 内完成 80%，问应将反应温度控制为多少？

第8章　物理化学实验

8.1　导　言

8.1.1　物理化学实验目的与要求

1) 实验目的

物理化学实验是建立在无机化学、分析化学、有机化学实验基础上的一门独立的基础化学实验课程。开设物理化学实验课的主要目的是：

① 使学生掌握物理化学实验中常见的物理量（如温度、压力、电性质、光学性质等）的测量原理和方法，熟悉物理化学实验常用仪器和设备的操作与使用，从而能够根据所学原理与技能选择和使用仪器，设计实验方案，为后继课程的学习及今后的工作打下必要的实验基础。

② 培养学生观察实验现象，正确记录和处理数据，进行实验结果的分析和归纳，以及书写规范、完整的实验报告等能力，并养成严肃认真、实事求是的科学态度和作风。

③ 学习物理常数测定的基本方法，学习小型仪器的安装与使用，巩固和加深对物理化学的基本概念，基本原理的理解，增强学生对解决实际化学问题的能力。

2) 实验要求

物理化学实验整个过程包括实验前预习、实验操作、数据测量和书写报告等几个步骤，为达到上述的实验目的，对物理化学实验的基本要求如下：

(1) 实验前充分预习　学生需仔细阅读实验内容，了解实验的目的要求、原理、方法，明确实验所需要测量的物理量，了解一些特殊测量仪器的简单原理及操作方法，在预习中应特别注意影响实验成败的关键操作，在此基础上写出预习报告。预习报告应包括实验的简单原理和步骤，操作要点和记录数据的表格。

无预习报告者，不得进行实验。

(2) 认真实验　在动手进行实验前，指导教师应对学生进行考查，不合格者，由教师酌情处理，甚至可取消其参加本次实验的资格。然后，让该学生检查实验装置与试剂是否符合实验要求，合格后，方可进行实验。

实验过程中，要求操作准确，观察现象仔细，测量数据认真，记录准确、完整、整洁；要开动脑筋，善于发现和解决实验中出现的问题；实验时，应保持安静，仔细认真地完成每一步骤的操作。

实验完成后，将实验原始数据交给教师审查合格后，再拆实验装置；如果数据不合格，必须补做或重做。最后，实验原始记录需经指导教师检查签字。

实验结束后，将玻璃仪器洗净，将所有仪器恢复原状排列整齐，经教师检查后，方可离开实验室。

（3）正确撰写实验报告　写出合乎规范的实验报告，对学生加深理解实验内容、提高写作能力和培养严谨的科学态度具有十分重要的意义。实验报告的内容包括：实验目的、简明原理（包括必要的计算公式）、仪器装置示意图、扼要的实验步骤和操作关键、数据记录与处理和实验结果讨论。

实验数据尽可能采用表格形式，作图必须用坐标纸，数据处理和作图应按误差分析有关规定进行。如应用计算机处理实验数据，则应附上计算机打印的记录。讨论内容包括：对实验过程特殊现象的分析和解释、实验结果的误差分析、实验的改进意见、实验应用及心得体会等。

8.1.2　实验室规则

① 实验时应遵守操作规则，遵守一切安全措施，保证实验安全进行。

② 遵守纪律，不迟到，不早退，保持室内安静，

③ 使用水、电、煤气、药品试剂等都应本着节约原则。

④ 未经老师允许不得乱动精密仪器，使用时要爱护，如发现仪器损坏，立即报告指导教师并追查原因。

⑤ 随时注意室内整洁卫生，用过的纸张等废物只能丢入废物缸内，不能随地乱丢，更不能丢入水槽，以免堵塞。实验完毕将玻璃仪器洗净，把实验桌打扫干净，公用仪器、试剂药品整理好。

⑥ 实验时要集中注意力，认真操作，仔细观察，积极思考，实验数据要及时地、如实详细地记在报告本上，不得涂改和伪造，如有记错可在原数据上划一杠，再在旁边记下正确值。

⑦ 实验结束后，由同学轮流值日，负责打扫整理实验室，检查水、门窗是否关好，电闸是否拉掉，以保证实验室的安全。

实验室规则是人们长期从事化学实验工作的总结，它是保持良好环境和工作秩序、防止意外事故、做好实验的重要前提。也是培养学生优良素质的重要措施。

8.1.3　安全用电

人体若通过 $50\,Hz$、$25\,mA$ 以上的交流电时会发生呼吸困难，$100\,mA$ 以上则会致死。因此，安全用电非常重要，在实验室用电过程中必须严格遵守以下的操作规程。

（1）防止触电

① 不能用潮湿的手接触电器。

② 所有电源的裸露部分都应有绝缘装置。

③ 已损坏的接头、插座、插头或绝缘不良的电线应及时更换。

④ 必须先接好线路再插上电源，实验结束时，必须先切断电源再拆线路。

⑤ 如遇人触电，应切断电源后再行处理。

（2）防止着火

① 保险丝型号与实验室允许的电流量必须相配。

② 负荷大的电器应接较粗的电线。

③ 生锈的仪器或接触不良处，应及时处理，以免产生电火花。

④ 如遇电线走火，切勿用水或导电的酸碱泡沫灭火器灭火。应立即切断电源，用沙或二氧化碳灭火器灭火。

（3）防止短路　电路中各接点要牢固，电路元件二端接头不能直接接触，以免烧坏仪器或产生触电、着火等事故。

（4）教师检查　实验开始以前，应先由教师检查线路，经同意后，方可插上电源。

8.2　实验项目

8.2.1　恒温槽的组装和性能测定

1）实验目的

① 了解恒温槽的构造及各部件的作用，初步掌握其安装和使用方法。

② 学会使用接触温度计。

③ 测绘恒温槽的灵敏度曲线。

2）实验原理

许多物理化学参数的测定须在恒温条件下进行，一般采用恒温水浴来获得恒温条件，恒温槽是常用的一种以液体为介质的恒温装置，恒温槽包括玻璃缸恒温槽和超级恒温槽。

（1）恒温槽的结构　本实验所用玻璃缸恒温槽装置如图8.1所示。超级恒温槽的结构如图8.2所示。

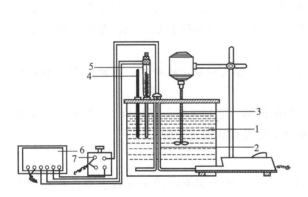

图8.1　恒温槽装置图

1—浴槽；2—加热器；3—搅拌器；
4—温度计；5—温度传感

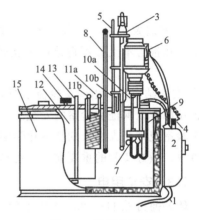

图8.2　超级恒温槽

1—外接电源（220V交流电）；2—控制器附电源、控制、
加热、搅拌等开关；3—接点温度计；4—接通控制器；
5—支架；6—搅拌马达；7—搅拌器；8—精密温度计
（0.1℃）；9—三组加热器（300W、600W和1000W）；
10a、10b—循环进出水口；11a、11b—外液恒温进
出水口；12—恒温桶；13—恒温桶上下支架；
14—恒温桶盖；15—恒温桶外套（有保温层）

恒温槽一般由浴槽、温度调节器（水银接点温度计）、电子继电器、加热器、搅拌器和温度计组成。恒温槽的工作与原理如图8.3所示。将待恒温系统放在浴槽中，当浴槽的温度低于恒定温度时，温度调节器通过继电器的作用，使加热器加热；当浴槽的温度高于所恒定的温度时即停止加热。因此，浴槽温度在一微小的区间内波动，而置于浴槽中的系统，温度也被限制在相应的微小区间内而达到恒温的要求。

恒温槽各部分设备介绍如下。

① 浴槽　需要观察现象的实验，浴槽常用玻璃槽，便于观察系统的变化情况，浴槽的大小和形状可根据需要而定。通常情况下，多采用水作为恒温介质。为避免水分蒸发，当温度高于 50℃时，常在水面上加一层石蜡油。

② 加热器　常用加热器（如电阻丝等）。要求加热器惰性小、导热性好、面积大、功率适当。加热器的功率大小会影响温度控制的灵敏度。

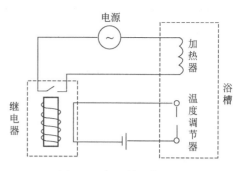

图 8.3　恒温槽工作原理

③ 温度计　恒温槽中常以一支 0.1℃ 分度的温度计测量浴槽的温度。

④ 搅拌器　搅拌器以马达带动，常采用调压器调节其搅拌速率，要求搅拌器工作时，震动小、噪声低、能连续运转。搅拌器应安装在加热器的上方或附近，以使加热的液体及时分散，混合均匀。

⑤ 温度调节器　它是决定恒温槽加热或停止加热的一个自动开关，用于调节恒温槽所要求控制的温度。实验室中常用水银接点温度计（又称水银触点温度计），其结构见图 8.4。

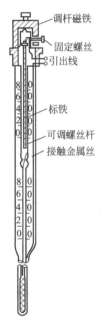

图 8.4　水银接点温度计

水银接点温度计下半部为一普通水银温度计，但底部有一固定的金属丝与接点温度计中的水银相连接；在毛细管上部也有一金属丝，通过调节螺帽，借助磁铁转动螺丝杆，可以随意调节改金属丝的上下位置。螺杆的标铁和上部温度标尺相配合可粗略估计所需控制的温度。

浴槽升温时，接点温度计中的水银柱上升，当达到所需恒定的温度时，就与上方的金属丝接触，加热器停止加热；温度降低时与金属丝断开，加热器开始加热。通过两引出导线与继电器相连，达到控制加热器回路的断路或通路。

水银接点温度计只能作为温度的调节器，不能作为温度的指示器，恒温槽的温度由精密温度计指示。

水银接点温度计控温精度通常是 ±0.1℃。当要求更高精度时，可选用控温精度更高的温度调节器，如甲苯-水银温度控制计。对要求不高的水浴锅，则可采用简单的双金属片温度调节器。

⑥ 继电器　继电器种类很多，在物理化学实验中常采用电子继电器（由控制电路及机电器组成）（原理见常用仪器部分）。

这种温度控制装置属于"通"、"断"类型。因为加热器将热传递给水银接点温度计而需要一定时间，因此会出现温度传递的滞后，即当水银接点温度计的水银触及控温金属丝时，电源中断，但实际上电加热器附近的水温已经超过了设定温度；另外，电加热器还有余热向水浴传递，致使恒温槽温度略高于设定温度。同理，在电源接通过程中，也会出现温度传递的滞后而使恒温槽温度略低于设定温度。一般恒温水浴温度波动在 ±0.1℃ 左右。

除上述的一般恒温槽外，实验室中还常用超级恒温槽，其原理与一般恒温槽相同，只是它另附有一循环水泵，能使浴槽中的恒温水循环流过待恒温系统，使试样恒温，而不必将待恒温的系统浸没在浴槽中。

恒温槽中，恒温介质的温度只能恒定在一定温度范围内，不能恒定在一个恒定温度上。

恒温精度随恒温介质、加热器、温度调节器、继电器等性能而异，且与搅拌情况、室温以及恒温槽各元件相互配置的情况有关。恒温精度在同一浴槽中的不同区域也不尽相同。特别需提示的是待温度恒定后，应将水银接点温度计上磁铁的固定螺丝旋紧，以免由于震动而改变磁铁的位置，影响温度的控制与恒温精度。为提高精度，恒温槽元件配置应做到：加热器要放在搅拌器的附近；水银接点温度计要放在加热器附近，并使恒温介质经旋转，不断冲向接点温度计的水银球；被恒温的系统一般要放在精度最好的区域；测量温度的精密温度计应放置在被恒温系统的附近。

（2）恒温槽灵敏度及其测定　衡量恒温槽的品质好坏，可以用灵敏度来度量。通常以实测的最高温度值与最低温度值之差的一半来表示其灵敏度：

$$T_E = \frac{T_{高} - T_{低}}{2}$$

灵敏度常以温度-时间曲线表示。若记开始加热和停止加热时槽温的平均值分别为 $T_{始}$、$T_{停}$，在 $\frac{T_{停} - T_{始}}{2}$ 处作一水平线为基线，再作出温度-时间曲线，通过对曲线分析，可以对恒温槽的灵敏度作出评价。图 8.5 为恒温槽的灵敏度曲线。

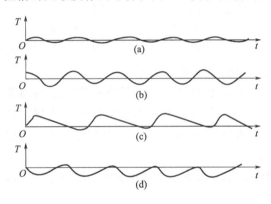

图 8.5　恒温槽的灵敏度曲线

（a）表示灵敏度较高；

（b）表示灵敏度较低；（c）表示加热器功率太大；

（d）表示加热器功率太小或散热太快

3）仪器和试剂

玻璃缸恒温槽和超级恒温槽各一套；贝克曼温度计 1 支；蒸馏水；秒表 1 只。

4）实验步骤

（1）安装恒温槽　在玻璃缸中加入蒸馏水至容积三分之二处，将各部件组装好，安好线路。

（2）调试恒温槽　经教师检查无误后，接通电源，调节恒温槽水温至设定温度。假定室温为 20℃，欲设定实验温度为 25℃，其调试方法如下：

① 先旋松接触温度计上端调节帽固定螺丝，再旋动磁性螺旋调节帽，使温度指示螺母位于大约 24℃ 处，接通电源，调节搅拌器的转速适当。开启加热器，这时电子继电器的红色指示灯亮，表示加热器工作；直至电子继电器的绿色指示灯亮，表示停止加热，观察恒温槽中精密温度计，根据与其所需控制温度的差距，进一步调节接点温度计中金属丝的位置。

② 细心地反复调节，直至在红灯、绿灯交替出现期间，精密温度计的示值恒定在所需控制的 25℃ 为止。最后固定接触温度计上端调节帽固定螺丝。从精密温度计上读取开始加热和停止加热时的温度（$T_{始}$ 和 $T_{停}$），各记录 5 次。

（3）灵敏度的测定　待恒温槽在 25℃ 下恒温 5min 后，每隔 30s，从贝克曼温度计上读一次水的温度 T，大约取 40～60 组数据。

实验结束，先关掉温控仪、搅拌器的电源开关，再拔下电源插头。

5）数据记录和处理

① 列表记录实验数据（表 8.1、表 8.2）

表 8.1　数据记录表一（恒温槽温度 25℃）

室温_____　大气压_____

项　　目	1	2	3	4	5	平　均　值
$T_{始}$						
$T_{停}$						

表 8.2　数据记录表二（恒温槽温度 25℃）

t（时间）/min	0.5	1	1.5	2	2.5	3	3.5	4	4.5	5
T/℃										

② 求出恒温槽温度为 25℃时的 $T_{始}$、$T_{停}$ 的平均值 $\overline{T_{始}}$、$\overline{T_{停}}$，求出 $\overline{T} = \dfrac{\overline{T_{停} - T_{始}}}{2}$ 的值。

③ 以时间 t 为横轴，温度 T 为纵轴，在 $\overline{T}$ 处作出基线，给出 25℃时槽温槽的灵敏度曲线。

④ 求出该恒温槽的灵敏度 T_E，并据灵敏度曲线对该恒温槽的控温效果作出评价。

6）思考题

① 影响恒温槽灵敏度的主要因素有哪些？

② 如何提高恒温槽的控温精度（灵敏度）？

8.2.2　燃烧热的测定

1）实验目的

① 明确燃烧热的定义，了解定压燃烧热与定容燃烧热的差别。

② 通过萘的燃烧热的测定，了解氧弹式量热计的原理、构造及使用方法，掌握氧弹量热计的操作技术。

③ 学会雷诺图解法，校正体系漏热引起的温度改变值。

④ 技能要求：掌握氧弹式热量计氧气钢瓶、氧气减压阀、充氧器、压片机的使用方法，实验数据的雷诺作图处理方法。

2）实验原理

当产物的温度与反应物的温度相同，在反应过程中只做体积功而不做其他功时，化学反应吸收或放出的热量，称为此过程的热效应，通常亦称为"反应热"。热化学中定义：在指定温度和压力下，1mol 物质完全燃烧成指定产物的焓变，称为该物质在此温度下的摩尔燃烧焓，记作 $\Delta_c H_m$。通常，C、H 等元素的燃烧产物分别为 $CO_2(g)$、$H_2O(l)$ 等。由于上述条件下 $\Delta H = Q_p$，因此 $\Delta_c H_m$ 也就是该物质燃烧反应的等压热效应 Q_p。

在实际测量中，燃烧反应常在恒容条件下进行（如在弹式量热计中进行），这样直接测得的是反应的恒容热效应 Q_V。若反应体系中的气体物质均可视为理想气体，根据热力学推导，$\Delta_c H_m$ 和 $\Delta_c U_m$ 的关系为：

$$\Delta_c H_m = \Delta_c U_m + RT \sum_B \nu_B(g)$$

或
$$Q_{p,m} = Q_{V,m} + RT \sum_B \nu_B(g) \tag{8.1}$$

式中，T 为反应温度，K；$\nu_B(g)$ 为燃烧反应方程中各气体物质的化学计量数，对产物取正值，反应物取负值。

通过实验测得的 Q_V 值，转换成 $Q_{V,m}$，再根据式（8.1）即可计算出 $Q_{p,m}$ 之值，测量热效应的仪器称作量热计，量热计的种类很多，本实验是用氧弹式量热计测定萘的燃烧焓。

氧弹是一个特制的不锈钢容器，如图 8.6 所示。为确保被测物质能能在氧弹中迅速而完全地燃烧，需要提供强有力的氧化剂。通常在实验中充高压氧气作为氧化剂。用氧弹量热计（如图 8.7）进行实验时，氧弹放置在装有一定量水的铜水桶中，水桶外是空气隔热层，再外面是温度恒定的水夹套。样品在体积固定的氧弹中燃烧放出的热、引火丝燃烧放出的热大部分被水桶中的水吸收；其余部分则被氧弹、水桶、搅拌器及温度计等所吸收。在量热计与环境没有热交换的情况下，热平衡方程式为：

$$Q_V a + qb + Wh\Delta t + C_总\Delta t = 0 \tag{8.2}$$

式中，Q_V 为待测物质的恒容燃烧热，$J\cdot g^{-1}$；a 为待测物质的质量，g；q 为引火丝的燃烧热，$J\cdot g^{-1}$，铁丝为 $-6700\ J\cdot g^{-1}$，镍丝为 $-3240\ J\cdot g^{-1}$；b 为燃烧掉的引火丝质量，g；W 为水桶中的水的质量，g；h 为水的比热容，$J\cdot g^{-1}\cdot K^{-1}$；$C_总$ 为氧弹、水桶等的总热容，$J\cdot K^{-1}$；Δt 为与环境无热交换时的真实温差，K。

若每次实验时保持水桶中的水量一定，可把式（8.2）中的常数合并：$Wh + C_总 = K$。则式（8.2）可改写为：

$$Q_V a + qb + K\Delta t = 0 \tag{8.3}$$

式中，K 为量热计体系的总热容，又称为热量计的水当量。

从式（8.3）可知，要测得样品的 Q_V 必须知道量热计的水当量 K。测定 K 的方法是用一定量的已知燃烧热的标准物质（常用苯甲酸 $Q_V = -26480\ J\cdot g^{-1}$），在相同的条件下进行实验，测其温差，经校正为真实温差后代入式（8.3）计算出 K 值。

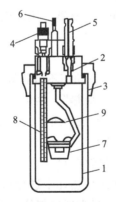

图 8.6　氧弹的构造

1—厚壁圆筒；2—弹盖；3—螺帽；4—进气孔；
5—排气孔；6—电极；7—燃烧皿；
8—另一电极（同时也是进气管）；9—燃烧挡板

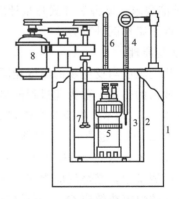

图 8.7　氧弹式量热计示意图

1—恒温夹管；2—挡板；3—盛水桶；
4—贝克曼温度计；5—氧弹；
6—水夹套温度计；7—搅拌器；8—电机

实际上，氧弹式热量计不是严格的绝热系统，在燃烧升温后，体系与环境之间发生热交换在所难免，因而从温度计读得的温差并非真实温差。为此，必须对读得的温差进行校正。

称取适量的待测物质，使燃烧后的水温升高 2℃ 左右。预先调节水桶中水温低于室温（即低于夹套水温）0.5～1℃。在燃烧前后每隔 0.5min、1min 侧取水桶中水温的变化值，将读取的温度对时间作图，即得如图 8.8(a) 所示的图形。

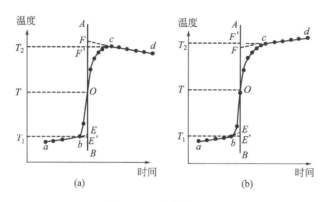

图 8.8　雷诺曲线校正图

图 8.8(a) 中 b 点相当于开始燃烧之点，c 为观察到最高温度的读数点，作相当于室温的平行线 TO 交曲线于 O，过 O 点作 AB 垂线，然后将 ab 线和 dc 线外延交 AB 线于 E 和 F 点。E 点与 F 点温差即为欲求的温度升高值 Δt。图中 EE' 为开始燃烧到温度升到室温这一段时间内，因环境辐射和搅拌引进的能量而造成量热计温度的升高扣除。FF' 为温度由室温升高到最高点 B 这一段时间内，量热计所因向环境辐射出能量而造成温度的降低，故需要添加上。由此可见 F、E 两点的温度差较客观地表示了由于样品燃烧使量热计温度升高的值。

有时量热计的绝热情况良好，热损失小，但由于搅拌过于剧烈，不断地引进少量能量使燃烧后的最高点不出现，如图 8.8(b) 所示。这时仍可按相同的方法校正之。

3）仪器与试剂

氧弹量热计（附压片机）一套；贝克曼温度计一支；普通温度计一支；分析天平一台；台秤一台；万用表一个；氧气钢瓶及氧气减压阀（附氧气表）一个；容量瓶（1000mL、2000mL）各一个；引火丝；镊子；扳手；苯甲酸（A.R.）；萘（A.R.）。

4）实验步骤

（1）水当量 k 值的测定

① 样品压片　用台秤称取约 1g 苯甲酸；剪取 10cm 引火细丝在分析天平上称量；在老师的指导下用压片机压片，将压好的样品片用分析天平准确称量。

② 充氧　拧开氧弹盖，盖子放在专用架上，在氧弹内加入 10mL 蒸馏水。将样品的引火丝两端牢牢绑在两个电极上，轻轻盖好氧弹盖并旋紧。用万用表检查两极是否通路，若不通，则重新操作。在教师指导下充入 2.0MPa 氧气约 2min。之后，再用万用表电极是否保持通路，若不通，重新操作。

③ 量热计安装　在量热计水夹套中装满水。把氧弹放入铜水桶中，用容量瓶准确量取 3L 自来水装入铜水桶中，注意不可让水溅出或弄湿电极。装上已调好的贝克曼温度计。接好控制线路。盖好盖子，开动搅拌器。待温度稳定上升后，即可进行下一步操作。

④ 燃烧和测温　开始读点火前的温度（初期），每隔 1min 读一次，共 10 次。读数完

毕,立即按点火开关点火,指示灯由亮到灭表示点着。点火成功后(主期)则改为每 0.5min 读一次温度值,直至温度开始下降。再读取最后阶段(末期)的温度值,1min 一次,共读取 10 次,便可停止实验。主期的温度读数可较粗略,初期和末期的温度值应精确到 0.002℃。

⑤ 实验结束 停止实验后,关闭搅拌器;小心取出贝克曼温度计;打开量热计盖,取出氧弹并将其拭干,打开放气阀门缓缓放出余气。放气完毕后,拧开氧弹盖子,检查燃烧是否完全,若氧弹内有炭黑或未燃烧的试样,则实验不成功,考虑实验重做。若燃烧完全,则取出燃烧后剩余的引火丝在分析天平上准确称量。最后,倒去铜水桶中的水,擦干,待下次实验使用。

(2)萘的燃烧热的测定 准确称取约 0.6g 萘,按上述过程进行实验操作。

5)数据记录与处理

① 如实记录好温度随时间变化的数据,绘制出苯甲酸和萘燃烧的温度-时间曲线,用作图法求出真实温度 Δt。并按式(8.3)分别计算出量热计的水当量 K 值和萘的燃烧热 Q_V、$Q_{V,m}$。

② 按式(8.3)计算出萘的恒压燃烧热 $Q_{p,m}$,并与文献值比较。

8.2.3 中和热的测定

1)实验目的

① 掌握用化学标定法测定醋酸与氢氧化钠的中和热,并推算醋酸的电离热。

② 了解精密数字温度差仪的测温原理和使用方法。

2)实验原理

酸和碱发生中和反应时,有热量放出。在一定温度、压力和浓度下,1mol H^+ 和 1mol OH^- 完全中和时所放出的热量,叫做中和热。强酸、强碱在水溶液中几乎全部电离,其中和反应的实质就是:

$$H^+(aq) + OH^-(aq) \longrightarrow H_2O$$

因此,各种强酸和强碱的中和热是相同的。在 298.2K 时,极稀溶液中,强酸的 1mol H^+ 和强碱的 1mol OH^- 的中和热值为 $-57200J \cdot mol^{-1}$。对弱酸(或弱碱)来说,由于它们在水溶液中不能够全部电离,因此当弱酸与强碱(或弱碱与强酸)发生中和反应时,弱酸(或弱碱)要不断进行电离,电离所吸收的热量称为电离热。由于电离热的存在,当弱酸强碱(或弱碱强酸)中和时要比强酸强碱中和时所放出的热量少一些,两者差值相当于电离热。例如弱酸为醋酸时:

弱酸与强碱 $HAc + OH^- \longrightarrow H_2O + Ac^-$ $\Delta H'_{中和}$

强酸与强碱 $H^+ + OH^- \longrightarrow H_2O$ $\Delta H_{中和}$

弱酸的电离 $HAc \longrightarrow H^+ + Ac^-$ $\Delta H_{电离}$

按盖斯定律: $\Delta H_{电离} = \Delta H'_{中和} - \Delta H_{中和}$ (8.4)

用量热计测定反应热效应时,首先要测定量热计热容 K。此 K 值是反应体系(包括所涉及的仪器和溶液本身在内)热容量的总和。K 值的物理意义是在此反应条件下,使量热计体系温度升高 1℃所需的热量。

测定量热计热容一般有两种方法:一是化学标定法;二是电热标定法。前者是将一定量的已知热效应的标准样品放在量热计中进行反应,测定量热计体系的温升值,从而算出量热

计热容 K；后者是在量热计中装入一电加热器，通过输入的电能换算为相应的热效应，再由测定体系的温升求算出量热计热容 K。

本实验采用化学标定法求 K 值。即先在量热计中隔开放入强酸和强碱，让它们起始温度相同，并使碱稍微过量，以保证酸能中和完全。中和后，放出的热量全部为量热体系所吸收，利用测得的温差值和已知的中和热数值，就能求出量热计热容 K。

中和反应的热平衡式如下：

$$\frac{c(H^+)V(H^+)}{1000} \cdot \Delta H_{中和} + K\Delta T = 0 \tag{8.5}$$

式中，$c(H^+)$ 为酸溶液中 H^+ 浓度，$mol \cdot L^{-1}$；$V(H^+)$ 为酸溶液体积，mL；ΔT 为量热体系温升，K；$\Delta H_{中和}$ 为反应温度时的中和热，$J \cdot mol^{-1}$。

强酸和强碱在 298.2K 时的中和热为 $-57200 J \cdot mol^{-1}$，在其他温度 T（K）时中和热可按下式计算：

$$\Delta H_{中和} = [-57200 + 210(T/K - 298.2)]J \cdot mol^{-1} \tag{8.6}$$

3）仪器和药品

500mL 杜瓦瓶（作量热计用）1 个；磁力搅拌器 1 台；SWC-II 精密数字温度差仪 1 台；碱液管（约 20mL）一支；移液管 25mL 一支；容量瓶 250mL 一个；吸球一只；1mol·L^{-1} HCl 标准溶液；0.1mol·L^{-1} HAc 标准溶液；2.5mol·L^{-1} NaOH 溶液；凡士林（碱液管封口用）。

4）实验步骤

(1) 测定量热计热容 K　实验装置如图 8.9 所示，按图装好仪器。

① 用 25mL 移液管移取 25mL、1.0mol·L^{-1} HCl 标准溶液，放入 250mL 容量瓶，配置成 250mL、0.1mol·L^{-1} HCl 标准溶液，倒入干燥的杜瓦瓶中，同时放入磁力搅拌棒。

② 取干燥的碱液管，用凡士林将吹出口封闭后，加入 25mL、2.5mol·L^{-1} NaOH 溶液。再把碱液管的上端固定在量热计的瓶盖上，然后盖好盖子，并使碱液管下端盛有碱液部分完全浸没在瓶内酸液之中。

③ 将温度差仪的探头引线与仪器连接好后，小心地将探头插入杜瓦瓶内酸液之中。

④ 开启磁力搅拌器电源开关，并调节至中速搅拌。将温度温差仪电源开关板向"通"的位置，再将温度温差仪转换开关拨向"温度"挡位，注意观察温度变化。待温度恒定后，记取溶液初始温度。

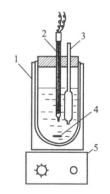

图 8.9　中和热测定
1—杜瓦瓶；2—测温探头；3—碱液管；4—磁力搅拌棒；5—电磁搅拌棒

⑤ 首先用吸球从碱液管上端压入气体，使管内碱液冲开吹出口上的凡士林迅速流入瓶内酸液中进行中和反应，同时注意观察温度，直到温度达最大值开始下降为止记录最高温度，计算反应前后的温差值，此温差值即为量热体系温升值。

⑥ 关闭所有仪器电源，取出测温探头并打开杜瓦瓶盖。用 pH 试纸检验溶液的酸碱性。若显碱性，表明酸已全部中和，否则重新进行实验。

(2) 醋酸和氢氧化钠中和热测定　倒掉上述杜瓦瓶中溶液，用水冲洗干净后吹干。然后以 25mL、1.0mol·L^{-1} HAc 标准溶液代替 HCl 溶液重复上述操作。

5）数据记录和处理

（1）按表 8.3 记录实验数据

表 8.3　数据记录

室温：_____　　　　　　　气压：_____

项　目	测 K	测 $\Delta H_{电离}$
溶液浓度/mol·L^{-1}	（HCl）	（HAc）
溶液体积/mL		
反应初始温度/K		
反应终了温度/K		
体系温升 ΔT/K		
溶液平均温度（反应温度）T/K		

（2）计算量热计热容 K

① 根据式（8.6）计算 HCl 与 NaOH 反应温度下的中和热 $\Delta H_{中和}$（J·mol^{-1}）；

② 根据式（8.5）计算量热计热容 K（J·mol^{-1}）。

（3）计算 HAc 电离热

① 根据式（8.6）计算 HAc 与 NaOH 反应温度下的中和热 $\Delta H_{中和}$（J·mol^{-1}）；

② 根据式（8.5）计算弱酸与强碱在同样条件下的中和热 $\Delta H'_{中和}$（J·mol^{-1}）；

③ 根据式（8.4）计算 HAc 的电离热 $\Delta H_{电离}$（J·mol^{-1}）。

6）文献值

HAc 电离热 $\Delta H_{电离} = +1.9$ kJ·mol^{-1}。

7）思考题

① 1mol 盐酸与 1mol 硫酸被强碱（碱过量）完全中和时，放出的热量是否相同？

② 什么叫量热计热容？它包括哪些内容？

8.2.4　纯液体物质饱和蒸气压的测定

1）实验目的

① 用平衡管测定乙酸甲酯在不同温度下的蒸气压。

② 求算乙酸甲酯的平均摩尔汽化焓和正常沸点。

③ 熟练气压计的使用及其读数校正。

2）实验原理

在一定温度下，液体纯物质与其气相达平衡时的压力，称为该温度下该纯物质的饱和蒸气压，简称蒸气压。若设蒸气为理想气体，实验温度范围内摩尔汽化焓 $\Delta_{vap}H_m$ 可视为常数，并略去液体的体积，纯物质的蒸气压 p 与温度 T 的关系可用克劳修斯-克拉贝龙（Clausius-Clapeyron）方程来表示：

$$\ln p = -\frac{\Delta_{vap}H_m}{RT} + C \qquad (8.7)$$

式中，R 为摩尔气体常数；C 为不定积分数。

实验测定不同温度下的蒸气压 p，以 $\ln p$ 对 $1/T$ 作图，得一直线，由此可求得直线的斜率 m 和截距 C。乙酸甲酯的平均摩尔汽化焓 $\Delta_{vap}H_m$ 为：

$$\Delta_{vap}H_m = -mR \qquad\qquad (8.8)$$

由式(8.7)还可以求算乙酸甲酯的正常沸点。

本实验采用静态法直接测定乙酸甲酯在一定温度下的蒸气压,实验装置如图 8.10 所示,测定在平衡管中进行。

平衡管的构造如图 8.11 所示。它由液体储管 A、B 和 C 组成,管内装有被测液体。若在 A、C 管液面上方的空间内充满了该液体纯物质的饱和蒸气,而且当 B、C 两管的液面处于同一水平时,该液体纯物质的蒸气压 p(也就是作用于 C 管液面上的压力)正好与 B 管液面上的外压 $p_{外}$ 相等。所以,该液体纯物质的蒸气压就可由外接 U 形压力计测得。

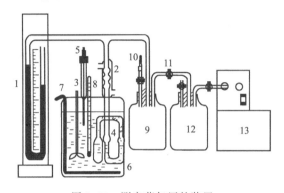

图 8.10　测定蒸气压的装置

1—U 形压力计；2—冷凝管；3—搅拌器；4—平衡管；

5—水银接点温度计；6—恒温水浴；7—电加热器；

8—精密温度计；9—缓冲瓶 1；10—进气活塞；

11—抽气活塞；12—缓冲瓶；13—真空泵

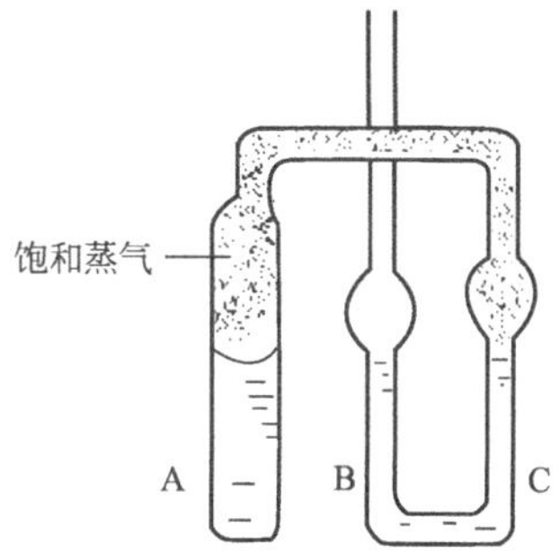

图 8.11　平衡管

在上述测定中,必须保证在 A、C 管液面上方的封闭空间内完全是被测液体的蒸气。如果在这个封闭空间内同时有其他气体存在(例如在测定开始前就有空气存在),则压力计的示值将是被测液体的蒸气压与其他气体的分压之和。况且,液面上有其他气体存在对被测液体的蒸气压有微小的影响。所以,把 A、C 管液面上方封闭空间内的空气排除干净,是本实验的操作重点之一。

采用静态法测定蒸气压适用于蒸气压比较大的液体。

3) 仪器与试剂

静态法测定蒸气压的装置 1 套；SHB-3 循环水多用真空泵 1 台；乙酸甲酯（A. R.）。

4) 实验步骤

(1) 读取当日室温与大气压

(2) 加料和安装　从装置中取下平衡管 4,从其顶端加料,加入的乙酸甲酯的量约占 A 管体积的 2/3,并在 B、C 管内保留一定量的乙酸甲酯,然后放回原处加以固定,必须使恒温水浴的水面高出平衡管 2cm 以上。

(3) 检查气密性　先打开缓冲瓶 12 的进气活塞,再开启真空泵,关闭缓冲瓶 12 的进气活塞,打开冷凝管 2 的冷却阀门。关闭进气活塞 10,开启抽气活塞 11 进行减压,在系统的压力降到 200mmHg❶ 左右的真空度后,再关闭抽气活塞 11,这时系统处于真空下,仔细观

---

❶　1mmHg=133.322Pa。

察 U 形压力计 1 的汞柱高度是否改变，若汞柱高度恒定不变（开始时可能有微小变化，其后要求做到 2min 内保持不变），则表示系统的封闭性良好。若汞柱高度不恒定，则表示系统漏气，必须查出原因予以排除。

（4）排除平衡管内的空气　将水银接点温度计 5 调整到 25℃ 左右（可以取略高于室温的某个温度为第一测定点，如在夏季可以取 30℃）。开启电子继电器，启动搅拌器，调节其转速使之产生良好的搅拌效果。由于系统处在真空下，乙酸甲酯的温度很快超出了它的沸点，而不断有气泡自 B 管向上冒出，这时乙酸甲酯在剧烈沸腾，乙酸甲酯蒸气夹带着 A、C 管液面上方封闭空间内的空气不断冒出，使平衡管内的空气被排出，乙酸甲酯蒸气则在冷凝管内凝聚，回流到平衡管内，在 U 形管内形成液封。维持沸腾 3min 左右，空气基本上被排除干净。

（5）第一组数据的测定　打开缓冲瓶的进气活塞 10，然后用手轻轻挤压 10 处橡胶管内玻璃球，当有微量空气进入 B 管上部，B 管液面随系统真空度的减小略微跌落。缓慢进行上述操作，直至 B 管液面与 C 管液面基本处于同一水平（注意上述操作每次进入的空气不可太多，以免发生空气倒灌。如果发生空气倒灌，则必须重新排除空气）。当两液面处在同一水平时，准确读取精密温度计 8 的示值 $t_{精密}$，同时记录 U 形压力计的示值（左右两侧的汞柱高），至此就完成第一组数据的测定。

（6）多组数据的测定　将水银接点温度计逐次调高 2℃ 左右，照第一组数据测定的操作步骤，测定另外 5 个温度（例如 30℃、35℃、40℃、45℃ 及 50℃）下的数据。注意在升温过程中，要逐次放入少量空气，既要防止液体暴沸，又要避免空气倒灌。

（7）结束实验　实验结束后，先打开缓冲瓶 12 的进气活塞，当真空泵的真空度指针回到原位，关闭真空泵，拔掉真空泵、加热器、搅拌器、电子继电器电源，最后再读一次大气压。

5）注意事项

① 平衡管中 A、C 管液面上方的空气必须排除。

② 抽气的速度要适中，避免平衡管内液体沸腾过于剧烈，致使 B 管内待测液被抽尽。

③ 在升温时，需随时注意调节进气活塞 10，使 B、C 两管的液面保持等位，不发生沸腾，也不能使液体倒灌入 A 管中。

6）数据记录和处理

（1）数据记录（表 8.4）

表 8.4　记录表格

室温：_____；

大气压力（实验前）：_____；　　　　大气压力（实验后）：_____；

大气压力（平均值）：_____。

$t_{精密}$/℃	U 形压力计示值		
	$p_{左侧}$/mmHg	$p_{右侧}$/mmHg	Δp_t/mmHg

表 8.4 中 Δp_t 为某温度时 U 形压力计示值。

（2）数据处理

① 将数据整理后填入表8.5。

表 8.5　数据整理表

$t_{精密}/℃$	T/K	$\frac{1}{T}\times 10^3/K^{-1}$	$\Delta p_t/mmHg$	$p/mmHg$	$\ln(p/mmHg)$

表 8.5 中 p 为乙酸甲酯的饱和蒸气压，它是大气压力 $p_{大气}$ 与 U 形压力计压差 Δp 读数的差值：

$$\Delta p = p_左 + p_右$$
$$p = p_{大气} - \Delta p$$

② 以 $\ln p$ 对 $\frac{1}{T}$ 作图，求算直线的斜率 m、乙酸甲酯的摩尔汽化焓 $\Delta_{vap}H_m$ 以及正常沸点 T_b。

7）思考题

① 为什么在测定前必须把平衡管储管内的空气排除干净？如果在操作过程中发生空气倒灌，应如何处理？

② 升温过程中如液体急剧汽化，应如何处理？

③ 如何由 U 形压力计两侧汞柱的高度差来求得被测液体的蒸气压？

8）应用

蒸气压是液体纯物质的一个基本属性，蒸气压以及其随温度的变化率的测定，可用于物质沸点、熔点、溶解度、汽化焓的讨论。

本实验使用了真空技术，包括真空的产生、真空的测量、真空的控制以及真空系统的检漏等。真空技术及超高真空技术被广泛地应用于生产和科研工作中。

8.2.5　凝固点下降法测定物质的摩尔质量

1）实验目的

① 掌握凝固点下降法测定物质的摩尔质量的原理与技术；

② 掌握贝克曼温度计的使用方法。

2）实验原理

在稀溶液中，如果溶质 B 与溶剂 A 不生成固溶体，溶液的凝固点下降值 ΔT_f 与溶质 B 的质量摩尔浓度 b_B 成正比，即：

$$\Delta T_f = T_f^* - T_f = K_f b_B \tag{8.9}$$

式中，T_f^* 为纯溶剂的凝固点；T_f 为溶液的凝固点；K_f 为溶剂的凝固点下降常数。因

$$b_B = \frac{m_B}{M_B m_A} \tag{8.10}$$

将式（8.10）代入式（8.9），得

$$M_B = K_f \frac{m_B}{\Delta T_f m_A} \tag{8.11}$$

式中，m_A、m_B 分别为溶剂 A 和溶质 B 的质量；M_B 为溶质 B 的摩尔质量。若已知 m_A、m_B 和 K_f，测得 ΔT_f，便可利用式（8.11）求得 M_B。

纯溶剂和溶液在冷却过程中，其温度随时间而变化的冷却曲线如图 8.12 所示。纯溶剂的冷却曲线 ［图 8.12(a)］ 中的虚线下面的部分表示发生了过冷现象，即溶剂冷至凝固点以下仍无固相析出。这是由于开始结晶出的微小晶粒的饱和蒸气压大于同温度下普通晶体和液体的饱和蒸气压，所以往往产生过冷现象，即液体的温度要降到凝固点以下才析出固体，由于析出固体放出凝固热，随后温度再上升到凝固点。

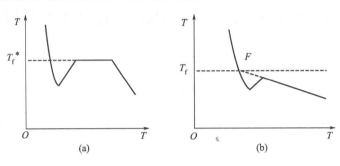

图 8.12　纯溶剂（a）和溶液（b）的冷却曲线

溶液的冷却情况与此不同，当溶液冷却到凝固点时，开始析出固态纯溶剂。随着溶剂的析出，溶液的浓度相应增大，所以溶液的凝固点随着溶剂的析出而不断下降，在冷却曲线上得不到温度不变的水平线段，如图 8.12(b) 所示。因此，在测定浓度一定的溶液的凝固点时，析出的固体越少，测得的凝固点才越准确。同时过冷程度应尽量减小，一般可采用在开始结晶时，加入少量溶剂的微小晶体作为晶种的方法，以促使晶体生成，或者用加速搅拌的方法促使晶体成长。当有过冷情况发生时，溶液的凝固点应从冷却曲线上待温度回升后外推而得[图 8.12(b)]。

3）仪器与试剂

凝固点降低实验装置 1 套；分析天平 1 台；SWC-Ⅱ 精密数字温度温差仪 1 台；压片机 1 台；$-20\sim20℃$ 普通温度计 1 支；$25cm^3$ 移液管 1 支；$600cm^3$ 烧杯 1 个；碎冰；分析纯的葡萄糖。

4）实验步骤

（1）安装实验装置　按图 8.13 将凝固点测定仪安装好。注意测定管、小搅拌棒和温差测量仪的探头都必须清洁、干燥。温差测量仪的探头、温度计与搅拌棒间应有一定空隙，防止搅拌时发生摩擦。

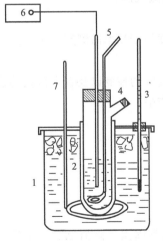

图 8.13　凝固点降低实验装置图

1—冰浴槽（最好用杜瓦瓶）；

2—空气套管；3—普通温度计；

4—被测物加入口；5—小搅拌棒；

6—精密温差测量仪；

7—大搅拌器

（2）调节冰水浴的温度　在冰浴槽中加入约 1/3 的自来水，然后加入适量碎冰，再加入粗盐，使冰水浴的温度为 $-3.5℃$ 左右。实验时，应经常搅拌冰水并间断地补充少量的碎冰，使冰水浴的温度基本保持不变。

（3）纯溶剂（水）凝固点的测定　准确移取 25mL 蒸馏水，小心注入测定管中。首先测定纯溶剂水的近似凝固点，将盛有蒸馏水的测定管直接插入冰水浴中，上下移动小搅拌棒，使水逐步冷却。当有固体析出时，观察精密温差测量仪的读数，温度回升出现稳定值，此稳定的温度就是水的近似凝固点。记录纯溶剂（水）的近似凝固点。

取出测定管，用手温热，并不断搅拌，使管中的固体完全熔化。再将测定管直接插入冰水浴中，缓慢搅拌，使水较快地冷却。当温度降至高于近似凝固点 0.5℃时，迅速取出测定管，擦干后插入空气套管中，缓慢搅拌（每秒一次），使环已烷的温度均匀下降。当温度低于近似凝固点 0.2～0.3℃时应急速搅拌（防止过冷超过 0.5℃），促使固体析出。当固体析出时，温度开始上升，立即改为缓慢搅拌，注意观察精密温差测量仪的读数，直至稳定，此稳定的温度为纯溶剂水的凝固点。重复测定三次，要求纯溶剂水的凝固点的绝对平均误差小于±0.03℃。

（4）溶液凝固点的测定　取出测定管，使管中的水熔化。用分析天平称量约 1.5g 的葡萄糖并压片，放入测定管中搅拌，使葡萄糖片全部溶解。用"步骤（3）"中方法测定溶液的凝固点，先测近似凝固点，再精确测定凝固点。但溶液的凝固点是取过冷后温度回升所达到的最高温度。重复测定三次，要求其绝对平均误差小于±0.03℃。

5）数据记录和处理

① 水的密度，$\rho=1000kg \cdot m^{-3}$ 然后算出所用水的质量 W_A。

② 将实验数据填入表 8.6 中。已知水的 $K_f=1.86kg \cdot K \cdot mol^{-1}$，由式（8.11）计算葡萄糖的摩尔质量 M_B。

表 8.6　数据记录表

室温 $t=$ ____ ℃；水的体积 $V=$ ____ cm^3；水的密度 $\rho=$ _____ $g \cdot cm^{-3}$

物　　质	质量/g	凝固点 T/K		凝固点降低值 $\Delta T/K$	摩尔质量
		测量值	平均值		
水				—	—
葡萄糖					

6）注意事项

① 冰浴的温度不能过低，否则过冷程度太大，温度回升不上去，测得值偏低。

② 准确称取溶质的质量。

③ 测定溶液凝固点时，析出晶体越少越准确。

7）思考题

① 根据什么原则考虑加入溶质的量？太多太少影响如何？

② 为什么要使用外套管？

③ 溶剂的凝固点和溶液的凝固点的读取法有何不同？为什么？

④ 为什么测定纯溶剂的凝固点时，过冷程度大一些对测定结果影响不大，而测定溶液凝固点时却必须尽量减少过冷程度？

8.2.6　二组分体系气液平衡相图的绘制

1）实验目的

① 掌握用沸点仪测沸点的方法。

② 绘制环己烷-乙醇体系的沸点-组成图。

③ 确定环己烷-乙醇的恒沸组成和恒沸点。

④ 了解阿贝折光仪的构造原理，掌握其使用方法。

2）实验原理

常温下，两液体物质按任意比例互溶而形成的混合物，称为完全互溶双液系。对于纯态液体，外压一定时，其沸点是一定的，而对于双液系，外压一定时，其沸点还与组成有关，并且在沸点时，平衡的气液两相组成不同。在一定外压下，表示沸点与平衡时气液两相组成之间的关系曲线，称为沸点-组成图，即 $T\text{-}x$ 图。如果在定压下将液态混合物蒸馏，测定馏出物（气相）和蒸馏液（液相）的组成，就可得到平衡时气液两相的组成，并绘制出沸点-组成图。

完全互溶的双液系的沸点-组成图可分为三种情况：

① 沸点介于两纯组分沸点之间，如图 8.14(a) 所示。

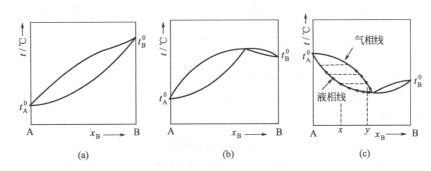

图 8.14　完全互溶双液系的沸点-组成图

② 存在最高恒沸点，相应组成为最高恒沸组成，如图 8.14（b）所示，如丙酮-氯仿系统。

③ 存在最低恒沸点，相应组成为最低恒沸组成，如图 8.14（c）所示，如水-乙醇和苯-乙醇系统等属于此类。

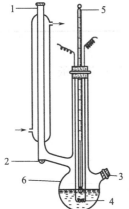

图 8.15　沸点仪
1—冷凝管；2—小槽
（气相）；3—支管；
4—电阻丝；5—温度计；
6—沸点仪的圆底烧瓶

本实验采用的环己烷（B）-乙醇（A）体系，其沸点-组成图属于具有最低恒沸点的类型。在 101.3kPa 下，环己烷的沸点为 80.75℃，乙醇的沸点为 78.37℃，最低恒沸点为 $t=64.8$℃，最低恒沸点混合物的组成（摩尔分数）为 $x_B=0.55$。

沸点用沸点仪测定。沸点仪装置如图 8.15 所示。

平衡时，气液两相组成的分析，可使用阿贝折光仪测定，因为折射率与浓度有关。利用附表"环己烷-乙醇二组分体系的折射率-组成对照表"查出对应于样品折射率的组成。

3）仪器和试剂

沸点仪一套；温度计（50～100℃分度为 0.01℃）1 支；阿贝折光仪 1 台；稳流电源 1 台；超级恒温槽 1 台；试管架；小试管若干；长颈吸管两根；吸耳球一个；环己烷（A.R.）；无水乙醇（A.R.）；

4）实验步骤

① 读取当日大气压力。

② 开启超级恒温槽。调节水的温度到（30.0±0.1）℃，供阿贝

折光仪使用。

③ 配制一系列组成不同的环己烷（B）-乙醇（A）液态混合物，质量分数（为乙醇含量）分别为 3%、10%、20%、30%、60%、80%、90% 的环己烷-乙醇溶液，倒入沸点仪的圆底烧瓶中（液面高度不能超过圆底烧瓶的取液口的底部），测各个组成下的沸点及气相和液相折射率。

④ 在接通电源之前首先检查沸点仪，注意电阻丝要靠近烧瓶底部中心（不要贴壁），既不能露出液面，也不能与温度计的水银球靠得太近；温度计水银球的位置要 2/3 浸入液面。检查橡皮塞是否塞紧。变压器是否在 0 刻度。

⑤ 打开冷凝水，接通电源，调节变压器小于 20V，使溶液缓慢加热至沸腾。当蒸气在冷凝管中开始冷凝时，再调节冷凝水的流量及电压大小，注意保持蒸气在冷凝管中的回流高度在 2cm 左右，为了使测得的点均匀分布，以便绘制出温度组成图，待温度计的读数稳定 3min 后，看温度计显示的数值是否在表 8.7 所示的温度范围。如果在，记录温度值；如果不在，按照表中的调节方法进行调节，直到在该范围为止，记录数据。

表 8.7　适宜温度范围

系统组成（质量分数 w_B）	沸点范围		
3%	72～74℃	} 温度高,加乙醇	
10%	68～70℃		
20%	较 30% 高 0.2℃ 左右		} 温度低,放气相样
30%	实际测得的沸点（不用调温）		
60%	66～68℃	} 温度高,加环己烷	
80%	69～71℃		
90%	71～73℃		

⑥ 存气相样，即逆时针稍微旋转三通，使圆底烧瓶的支管中存液，当快要存满时，关闭调压器，停止加热。

⑦ 取液相样和气相样。用一支洁净干燥的长滴管自温度计的支管口处吸取液体，置于干燥洁净的小试管中，用另一干燥洁净的小试管，接三通处所存的气相样，按照试管架上的标注放置样品。在阿贝折光仪上，分别测其折射率。

依照上述方法测定其他样品的沸点及气液相的折射率（每个样品都应测三次，取平均值）。

⑧ 测纯环己烷或者纯乙醇折射率，然后与文献值相比较，其差值作为所用折光仪的零点误差，进行校正。

⑨ 试验结束后，关闭电源及水源。

5）数据记录和处理

① 记录表格（表 8.8）

表 8.8　数据记录表

室温_____　　　　大气压_____

样品编号	$t_{精密}$ /℃	气　　相				液　　相			
		折射率		查得组成		折射率		查得组成	
		读数	平均			读数	平均		
1									
2									
3									
⋮									

② 对沸点作压力校正。液体的沸点与大气压力有关。为了将实验大气压力下的沸点数据换算成正常沸点，可以由特鲁顿（Trouton）规则及克劳修斯-克拉贝龙方程导出压力校正的公式：

$$\Delta t_{压力} = \frac{273.15 + t_{精密}}{10} \times \frac{101325 - p/\text{Pa}}{101325}$$

式中，$\Delta t_{压力}$ 为压力校正值；$t_{精密}$ 为实验大气压力下样品的沸点；p 为实验大气压力。

③ 经校正后系统的正常的沸点应为：

$$t_b = t_{精密} + \Delta t_{压力}$$

④ 根据气、液相的折射率，在附表中查出相应的气液组成，列于表 8.9 中。

表 8.9　数据整理表

样品编号	$t_{精密}/℃$	$\Delta t_{压力}/℃$	$t_b/℃$	气相组成	液相组成
1					
2					
3					
⋮					

⑤ 绘制环己烷-乙醇体系在 101325Pa 下的 $t\text{-}x$ 图，找出最低恒沸点及恒沸混合物的组成。

6）注意事项

① 使用沸点仪时，电阻丝不能露出液面，一定要被液体所浸没，否则通电加热会引起有机液体的燃烧。通过电流不能太大，所加电压不能大于 20V，只要能使液体沸腾即可。

② 一定要使系统达到气液平衡，即温度读数最后要稳定。

③ 只能在停止加热后才可取样分析。

④ 取样及分析样品时动作要迅速，以防止由于蒸发而改变成分。每份样品需读数 3 次，取其平均值。

⑤ 阿贝折光仪使用时，棱镜上不能触及硬物（如滴管），拭擦棱镜需用擦镜纸，或用洗耳球吹干。

⑥ 试验过程中注意观察温度，使之保持在 (30.0±0.1)℃。

⑦ 取样前，小试管和取液口都要用洗耳球吹干。

⑧ 实验过程中，必须在冷凝管中通入冷却水，以使气相全部冷凝。

7）思考题

① 测沸点时，沸点仪是否需要洗净、烘干？为什么？

② 环己烷-乙醇的共沸点是 68.24℃，共沸组成为 $x_B = 0.55$。试根据本实验结果，分析产生实验误差的原因。

③ 如何判断气液两相达到平衡？

④ 在常压下，用普通精馏的方法能否实现水和酒精的完全分离？

⑤ 平衡时，气液两相温度是否应该一样？实际是否一样？

附表　30℃下环己烷-乙醇二组分系统的折射率-组成对照表

折射率	0	1	2	3	4	5	6	7	8	9
1.357	0.000	0.001	0.002	0.003	0.005	0.006	0.007	0.008	0.009	0.010
1.358	0.012	0.013	0.014	0.015	0.016	0.017	0.018	0.020	0.021	0.022
1.359	0.023	0.024	0.025	0.026	0.028	0.029	0.030	0.031	0.032	0.033
1.360	0.035	0.036	0.037	0.038	0.039	0.040	0.041	0.042	0.044	0.045
1.361	0.046	0.047	0.048	0.049	0.051	0.052	0.053	0.054	0.055	0.056
1.362	0.057	0.059	0.060	0.061	0.062	0.063	0.064	0.065	0.067	0.068
1.363	0.069	0.070	0.071	0.072	0.073	0.074	0.076	0.077	0.078	0.079
1.364	0.080	0.081	0.082	0.084	0.085	0.086	0.087	0.088	0.089	0.090
1.365	0.092	0.093	0.094	0.095	0.096	0.097	0.098	0.100	0.101	0.102
1.366	0.103	0.104	0.105	0.106	0.108	0.109	0.110	0.111	0.112	0.113
1.367	0.114	0.116	0.117	0.118	0.119	0.120	0.121	0.122	0.124	0.125
1.368	0.126	0.127	0.128	0.129	0.130	0.132	0.133	0.134	0.135	0.136
1.369	0.137	0.138	0.139	0.141	0.142	0.143	0.144	0.145	0.146	0.147
1.370	0.149	0.150	0.151	0.152	0.153	0.154	0.155	0.157	0.158	0.159
1.371	0.160	0.161	0.162	0.164	0.165	0.166	0.167	0.169	0.170	0.171
1.372	0.172	0.173	0.175	0.176	0.177	0.178	0.180	0.181	0.182	0.183
1.373	0.184	0.186	0.187	0.188	0.189	0.191	0.192	0.193	0.194	0.195
1.374	0.197	0.198	0.199	0.200	0.201	0.203	0.204	0.205	0.206	0.208
1.375	0.209	0.210	0.211	0.212	0.214	0.215	0.216	0.217	0.219	0.220
1.376	0.221	0.222	0.224	0.225	0.226	0.228	0.229	0.230	0.232	0.233
1.377	0.234	0.236	0.237	0.238	0.239	0.241	0.242	0.243	0.245	0.246
1.378	0.247	0.249	0.250	0.251	0.253	0.254	0.255	0.257	0.258	0.259
1.379	0.261	0.262	0.263	0.265	0.266	0.267	0.269	0.270	0.271	0.272
1.380	0.274	0.275	0.276	0.278	0.279	0.280	0.282	0.283	0.284	0.286
1.381	0.287	0.288	0.290	0.291	0.293	0.294	0.295	0.297	0.298	0.299
1.382	0.301	0.302	0.304	0.305	0.306	0.308	0.309	0.310	0.312	0.313
1.383	0.315	0.316	0.317	0.319	0.320	0.322	0.323	0.324	0.326	0.327
1.384	0.328	0.330	0.331	0.333	0.334	0.335	0.337	0.338	0.339	0.341
1.385	0.342	0.344	0.345	0.346	0.348	0.349	0.350	0.352	0.353	0.355
1.386	0.356	0.358	0.359	0.361	0.362	0.364	0.365	0.367	0.368	0.370
1.387	0.371	0.373	0.374	0.376	0.378	0.379	0.381	0.382	0.384	0.385
1.388	0.387	0.388	0.390	0.391	0.393	0.395	0.396	0.398	0.399	0.401
1.389	0.402	0.404	0.405	0.407	0.408	0.410	0.411	0.413	0.415	0.416
1.390	0.418	0.419	0.421	0.422	0.424	0.425	0.427	0.428	0.430	0.431
1.391	0.433	0.435	0.436	0.438	0.440	0.441	0.443	0.444	0.446	0.448
1.392	0.449	0.451	0.453	0.454	0.456	0.458	0.459	0.461	0.463	0.464
1.393	0.466	0.467	0.469	0.471	0.472	0.474	0.476	0.477	0.479	0.481
1.394	0.482	0.484	0.485	0.487	0.489	0.490	0.492	0.494	0.495	0.497
1.395	0.499	0.500	0.502	0.504	0.505	0.507	0.508	0.510	0.512	0.513
1.396	0.515	0.517	0.518	0.520	0.522	0.524	0.525	0.527	0.529	0.531
1.397	0.532	0.534	0.536	0.538	0.539	0.541	0.543	0.545	0.546	0.548
1.398	0.550	0.552	0.553	0.555	0.557	0.559	0.560	0.562	0.564	0.565
1.399	0.567	0.569	0.571	0.572	0.574	0.576	0.578	0.579	0.581	0.583
1.400	0.585	0.586	0.588	0.590	0.592	0.593	0.595	0.597	0.599	0.600
1.401	0.602	0.604	0.606	0.608	0.610	0.611	0.613	0.615	0.617	0.619
1.402	0.621	0.623	0.625	0.626	0.628	0.630	0.632	0.634	0.636	0.638
1.403	0.640	0.641	0.643	0.645	0.647	0.649	0.651	0.653	0.655	0.657
1.404	0.658	0.660	0.662	0.664	0.666	0.668	0.670	0.672	0.673	0.675
1.405	0.677	0.679	0.681	0.683	0.685	0.687	0.688	0.690	0.692	0.694

折射率	0	1	2	3	4	5	6	7	8	9
1.406	0.696	0.698	0.700	0.702	0.704	0.706	0.708	0.710	0.712	0.714
1.407	0.716	0.718	0.720	0.722	0.724	0.726	0.728	0.730	0.732	0.734
1.408	0.736	0.738	0.740	0.742	0.744	0.746	0.749	0.751	0.753	0.755
1.409	0.757	0.759	0.761	0.763	0.765	0.767	0.769	0.771	0.773	0.775
1.410	0.777	0.779	0.781	0.783	0.785	0.787	0.789	0.791	0.793	0.795
1.411	0.797	0.799	0.801	0.803	0.806	0.808	0.810	0.812	0.814	0.816
1.412	0.819	0.821	0.823	0.825	0.827	0.829	0.832	0.834	0.836	0.838
1.413	0.840	0.842	0.845	0.847	0.849	0.851	0.853	0.855	0.857	0.860
1.414	0.862	0.864	0.866	0.868	0.870	0.873	0.875	0.877	0.879	0.881
1.415	0.883	0.886	0.888	0.890	0.892	0.894	0.896	0.899	0.901	0.903
1.416	0.905	0.907	0.910	0.912	0.914	0.916	0.919	0.921	0.923	0.925
1.417	0.928	0.930	0.932	0.934	0.937	0.939	0.941	0.943	0.946	0.948
1.418	0.950	0.952	0.955	0.957	0.959	0.961	0.963	0.966	0.968	0.970
1.419	0.972	0.975	0.977	0.979	0.981	0.984	0.984	0.988	0.990	0.993
1.420	0.995	0.997	1.000							

8.2.7 液相反应平衡常数的测定

1) 实验目的

① 利用分光光度计测定低浓度下铁离子与硫氰根离子生成硫氰合铁络离子的液相反应平衡常数。

② 通过实验了解热力学平衡常数的数值与反应物起始浓度无关。

③ 学会使用 722 型分光光度计。

2) 实验原理

Fe^{3+} 与 SCN^- 在溶液中可生成一系列的配离子，并共存于同一平衡体系中。但当 Fe^{3+} 和 SCN^- 的浓度很低，且 $[Fe^{3+}] \gg [SCN^-]$ 时，反应主要生成 $Fe(SCN)^{2+}$：

$$Fe^{3+} + SCN^- \Longrightarrow Fe(SCN)^{2+}$$

无色　　　无色　　　　橙红色

既反应被控制在仅仅生成最简单的 $Fe(SCN)^{2+}$ 配离子，其平衡常数表达式为

$$K_c = \frac{[Fe(SCN)^{2+}]}{[Fe^{2+}][SCN^-]}$$

K_c 仅是温度的函数。若温度不变，改变铁离子（或硫氰酸根离子）浓度，溶液的颜色改变，平衡发生移动，但平衡常数 K_c 值保持不变。

在此反应体系中，$Fe(SCN)^{2+}$ 配离子因吸收 475nm 波长的光而显橙红色；其他离子均无色，不吸收任何波长的光。所以，该反应体系的吸光度与 $Fe(SCN)^{2+}$ 络离子浓度的关系服从朗伯-比耳定律。用分光光度计测定该反应平衡体系的吸光度，即可计算出平衡时硫氰合铁络离子的浓度以及平衡时 Fe^{3+} 和 SCN^- 的浓度，进而求出该反应的平衡常数 K_c。

3) 仪器和药品

722 型分光光度计 1 台；50mL 烧杯 6 个；移液管（5mL、10mL、15mL）各三个；容量瓶（50mL、100mL、500mL）各一个；4×10^{-4} mol·L^{-1} 的 NH_4SCN 溶液；0.1mol·L^{-1} 的 $FeNH_4(SO_4)_2$ 溶液；0.04mol·L^{-1} 的 $FeNH_4(SO_4)_2$ 溶液 [此溶液可由 0.1mol·L^{-1} 的 $FeNH_4(SO_4)_2$ 溶液取出 20mL，在 50mL 容量瓶中加蒸馏水稀释得到]。

4) 实验步骤

① 不同浓度样品的配制。取四个 50mL 的烧杯，洗净、烘干，编成 1、2、3、4 号。用 5mL 移液管向各烧杯中分别注入 4×10^{-4} mol·L^{-1} 的 NH_4SCN 溶液 5mL；在 1 号烧杯中直接注入 0.1mol·L^{-1} 的 $FeNH_4(SO_4)_2$ 溶液 5mL；在 2 号烧杯中直接注入 0.04mol·L^{-1} 的 $FeNH_4(SO_4)_2$ 溶液 5mL；另取未编号的 50mL 烧杯一个，注入 0.04mol·L^{-1} 的 $FeNH_4(SO_4)_2$ 溶液 10mL，加 15mL 蒸馏水稀释，取此溶液（即 Fe^{3+} 浓度为 0.016mol·L^{-1}）5mL，注入 3 号烧杯中；再取上述稀释液（即 Fe^{3+} 浓度为 0.016mol·L^{-1}）10mL 加到另一个未编号的烧杯中，再加 15mL 蒸馏水稀释，取此溶液（即 Fe^{3+} 浓度为 6.4×10^{-3} mol·L^{-1}）5mL 加到 4 号烧杯中。

此时，1、2、3、4 号烧杯中，SCN^-、Fe^{3+} 的初始浓度达到表 8.10 所示数值（单位为 mol·L^{-1}）。

表 8.10　各烧杯中的离子浓度

烧 杯 号	1	2	3	4
SCN^- 离子浓度	2×10^{-4}	2×10^{-4}	2×10^{-4}	2×10^{-4}
Fe^{3+} 离子浓度	0.05	0.02	0.008	0.0032

② 将 722 型分光光度计调整好。并把波长调到 475nm 处；洗净比色皿，第一只盛蒸馏水作空白溶液，其余分别盛各样品溶液，测定各样品溶液的吸光度，各测定三次，取其平均值。（注意：比色皿应用蒸馏水洗涤三次，再用所盛溶液洗涤三次。）

5) 数据记录和处理

室温_____℃；大气压_____Pa；波长_____nm；比色皿厚度_____cm。

将所测得的数据填入表 8.11，并计算平衡常数 K_c 值及其平均值。

表 8.11　数据记录表

编号	$[Fe^{3+}]_{始}$ /mol·L^{-1}	$[SCN^-]_{始}$ /mol·L^{-1}	吸光度 E_i	吸光度比 $\dfrac{E_i}{E_1}$	$[Fe(SCN)^{2+}]_{平}$ /mol·L^{-1}	$[Fe^{3+}]_{平}$ /mol·L^{-1}	$[SCN^-]_{平}$ /mol·L^{-1}	K_c
1				—	—	—		
2								
3								
4								

$\overline{K_c} =$

表 8.11 中数据按下列方法计算：

① 对 1 号溶液，Fe^{3+} 与 SCN^- 反应达到平衡时，可认为 SCN^- 全部生成硫氰合铁配离子，所以硫氰合铁配离子的平衡浓度即为反应开始时硫氰酸根离子的浓度，既有

$$[Fe(SCN)^{2+}]_{平1} = [SCN^-]_{始}$$

② 对 2、3、4 号溶液，根据朗伯-比尔定律，溶液吸光度与溶液浓度成正比，以 1 号溶液的吸光度为基础，因此有

$$\frac{[Fe(SCN)^{2+}]_{平i}}{[Fe(SCN)^{2+}]_{平1}} = \frac{E_i}{E_1}$$

所以

$$[Fe(SCN)^{2+}]_{平_i}=\frac{E_i}{E_1}[Fe(SCN)^{2+}]_{平_1}=\frac{E_i}{E_1}[SCN^-]_{始}$$

$$[Fe^{3+}]_{平_i}=[Fe^{3+}]_{始_i}-[Fe(SCN)^{2+}]_{平_i}$$

$$[SCN^-]_{平_i}=[SCN^-]_{始}-[Fe(SCN)^{2+}]_{平_i}$$

则

$$K_c=\frac{[Fe(SCN)^{2+}]_平}{[Fe^{2+}]_平[SCN^-]_平}$$

6) 实验注意事项

① 本实验必须严格控制 SCN^- 浓度为 $4\times10^{-4}\,mol\cdot L^{-1}$，以保证仅有 $Fe(SCN)^{2+}$ 络离子生成。这是做好本实验的关键。所以 NH_4SCN 溶液可以一组学生配 500mL，供多组学生使用，这样便于准确称量，否则 $[SCN^-]$ 不准确，影响测量结果。

② 实验中配制各号样品溶液要体积准确，混合均匀，移液管不要用错。

7) 文献值

$$Fe^{3+}+SCN^-=\!\!\!=\!\!\!=Fe(SCN)^{2+}, \quad K_c(298K)=140, \quad \Delta_rH_m=-6.276kJ\cdot mol^{-1}$$

8) 思考题

① 在什么情况下，才可用分光光度计测定溶液浓度？

② 实验中 $[Fe(SCN)^{2+}]_平$ 是如何计算出来的？

8.2.8　电导法测定醋酸的电离常数

1) 实验目的

① 用电导法测定醋酸的电离平衡常数。

② 了解电导的基本概念。

③ 掌握 DDS-11A 型电导率仪的使用方法。

2) 实验原理

醋酸是弱酸，在水中部分电离，达到电离平衡时，其电离平衡常数 $K_c^\ominus$ 与浓度 c 及电离度 α 有如下关系：

$$HAC=\!\!\!=\!\!\!=H^++AC^-$$

反应前　　　　　　　　　c　　　　0　　　0

平衡时　　　　　　$c(1-\alpha)$　　$c\alpha$　　$c\alpha$

$$K_c^\ominus=\frac{\alpha^2}{1-\alpha}\times\frac{c}{c^\ominus} \tag{8.12}$$

式中，c 的单位为 $mol\cdot L^{-1}$，$c^\ominus=1mol\cdot L^{-1}$。在一定温度下，$K_c^\ominus$ 是一个常数。在稀溶液范围内，醋酸在浓度为 c 时的电离度 α 等于它的摩尔电导率 Λ_m 与其无限稀释摩尔电导率 Λ_m^∞ 之比，即

$$\alpha=\frac{\Lambda_m}{\Lambda_m^\infty} \tag{8.13}$$

不同温度下醋酸溶液无限稀释摩尔电导率 Λ_m^∞ 见"7) 文献值①"。将式(8.13)代式(8.12)得

$$K_c^\ominus=\frac{\Lambda_m^2}{\Lambda_m^\infty(\Lambda_m^\infty-\Lambda_m)}\times\frac{c}{c^\ominus} \tag{8.14}$$

由上式可知，只要测得浓度为 c 的醋酸溶液的摩尔电导率 Λ_m，就可由上式计算出 $K_c^\ominus$。Λ_m

与溶液浓度 c 及电导率 κ 之间的关系为

$$\Lambda_{\mathrm{m}} = \frac{\kappa}{c} \tag{8.15}$$

注意上式中的 c 的单位为 $\mathrm{mol \cdot m^{-3}}$，$\kappa$ 的单位为 $\mathrm{S \cdot m^{-1}}$。本实验采用电导率仪测定浓度为 c 的醋酸溶液的电导率 κ，然后由上式求出 Λ_{m}，再代入式(8.13)求出 α，再利用式(8.14)求得 $K_{c}^{\ominus}$。

3）仪器与试剂

恒温槽 1 套；100mL 容量瓶 2 个；DDS-11A 型电导率仪 1 台；100mL 锥形瓶 4 个；铂黑电导电极 1 支；小滴管 1 支；50mL 移液管 2 支；$0.01000\mathrm{mol \cdot L^{-1}}$ KCl 标准溶液；$0.1000\mathrm{mol \cdot L^{-1}}$ 醋酸溶液。

4）实验步骤

（1）调节恒温槽温度　调节恒温槽温度在 （25±0.1）℃。

（2）电导电极常数的校正

① 用少量 $0.01000\mathrm{mol \cdot L^{-1}}$ 的 KCl 标准溶液洗涤锥形瓶和电导电极三次后，往该锥形瓶中加入 $0.01000\mathrm{mol \cdot L^{-1}}$ 的 KCl 标准溶液约 80mL，然后插入电导电极，并使电极铂片浸入液面下 2cm 左右，这就组成了电导池。将电导池置于 25℃ 的恒温槽中，恒温 10min。

② 25℃时，$0.01000\mathrm{mol \cdot L^{-1}}$ 的 KCl 标准溶液的电导率为 $0.1413\ \mathrm{S \cdot m^{-1}}$。所以，将电导率仪的量程选择开关拨到"$\times 10^3$"红点挡；将高低周开关拨到"高周"位置；将校正测量开关拨到"校正"位置。接通电导率仪的电源，预热几分钟。

③ 将电极常数调节旋钮调节到所用电极上标明的电极常数值处，调节校正调节器使表头指针满度指示。将校正测量开关拨到"测量"位置，测 $0.01000\mathrm{mol \cdot L^{-1}}$ 的 KCl 标准溶液的电导率。若测得的电导率数值不等于 $0.1413\mathrm{S \cdot m^{-1}}$，则说明所用电极上标出的电极常数不准确，需要执行下一步骤④，校正电极常数。

④ 将校正测量开关拨到"校正"位置，微调电极常数旋钮的位置，然后调节校正调节器使表头指针满度指示。将校正测量开关扳到"测量"位置，测溶液的电导率。若测得的电导率仍不等于 $0.1413\mathrm{S \cdot m^{-1}}$，重复步骤④，直到测量值等于 $0.1413\mathrm{S \cdot m^{-1}}$ 为止。

电极常数旋钮的位置一旦确定，在以后测量过程中不得变动。

（3）测定醋酸溶液的电导率

① 用少量 $0.1000\ \mathrm{mol \cdot L^{-1}}$ 醋酸溶液洗涤锥形瓶和电导电极三次后，往该锥形瓶中加入 $0.1000\ \mathrm{mol/L}$ 醋酸溶液约 80mL，然后插入电导电极，并使电极铂片浸入液面下 2cm 左右。将电导池置于 25℃ 的恒温槽中，恒温 10min，测量其电导率，重复测三次。

② 用移液管从电导池中移取 $0.1000\mathrm{mol \cdot L^{-1}}$ 醋酸溶液 50mL，放入 100mL 容量瓶中，加蒸馏水稀释至刻线，即得 $0.0500\mathrm{mol \cdot L^{-1}}$ 醋酸溶液。按上述方法测定该醋酸溶液的电导率。

③ 用同样方法将 $0.0500\mathrm{mol \cdot L^{-1}}$ 的醋酸溶液稀释成 $0.0250\mathrm{mol \cdot L^{-1}}$，然后测其电导率。

（4）实验结束　实验结束后，关闭电源。拆下电极，用蒸馏水淋洗电极，然后将电极浸在蒸馏水中。将锥形瓶中溶液倒掉，刷洗所用的玻璃仪器。

5）数据记录和处理

计算各浓度醋酸的摩尔电导率 Λ_m、电离度 α 和标准电离常数 $K_c^{\ominus}$，将原始数据和处理结果填入表 8.12。

表 8.12　数据记录表

恒温槽温度 $t=$＿＿℃，恒温槽温度下 Λ_m^{∞}（HAc）$=$＿＿＿＿＿ S・m^2・mol^{-1}

$c/\text{mol}\cdot\text{L}^{-1}$	$\kappa/\text{S}\cdot\text{m}^{-1}$	$\Lambda_m/\text{S}\cdot\text{m}^2\cdot\text{mol}^{-1}$	α	$K_c^{\ominus}$
0.1000				
0.0500				
0.0250				

6）注意事项

① 电极要轻拿轻放。冲洗电极时，切忌触碰铂黑，以免铂黑脱落，引起电极常数的改变。

② 由 DDS-11A 型电导率仪测得电导率的单位是 μS・cm，所以在处理实验数据时必须将其换算到 SI 制 S・m^{-1}。

7）文献值

① 不同温度下醋酸溶液的 Λ_m^{∞} 见表 8.13。

表 8.13　不同温度下醋酸溶液的 Λ_m^{∞}

$t/℃$	$\dfrac{\Lambda_m^{\infty}\times10^2}{\text{S}\cdot\text{m}^2\cdot\text{mol}^{-1}}$	$t/℃$	$\dfrac{\Lambda_m^{\infty}\times10^2}{\text{S}\cdot\text{m}^2\cdot\text{mol}^{-1}}$	$t/℃$	$\dfrac{\Lambda_m^{\infty}\times10^2}{\text{S}\cdot\text{m}^2\cdot\text{mol}^{-1}}$
0	2.603	23	3.784	28	4.079
18	3.486	24	3.841	29	4.125
20	3.615	25	3.908	30	4.182
21	3.669	26	3.960	50	5.32
22	3.738	27	4.009		

其他不同温度下醋酸的无限稀释摩尔电导率 Λ_m^{∞} 可由下列公式近似计算得出：

$$\Lambda_m^{\infty}(\text{HAc})=\Lambda_m^{\infty}(\text{H}^+)+\Lambda_m^{\infty}(\text{Ac}^-)$$

$$\Lambda_m^{\infty}(\text{H}^+)=350\times10^{-4}\,[1+0.0139(t/℃-25)]$$

$$\Lambda_m^{\infty}(\text{Ac}^-)=40.8\times10^{-4}\,[1+0.0238(t/℃-25)]$$

② 不同温度下醋酸的标准电离平衡常数见表 8.14。

表 8.14　不同温度下醋酸的标准电离平衡常数

$t/℃$	5	15	25	35	50
$K^{\ominus}\times10^5$	1.698	1.746	1.754	1.73	1.63

8）思考题

① 为什么测定溶液的电导率是要在恒温槽中进行？

② 醋酸的无限稀释摩尔电导率可用哪几种方法来求得？

附表　**KCl 溶液电导率**

$t/℃$	$\dfrac{\kappa\{KCl(1mol\cdot dm^{-2})\}}{S\cdot m^{-1}}$	$\dfrac{\kappa\{KCl(0.1mol\cdot dm^{-3})\}}{S\cdot m^{-1}}$	$\dfrac{\kappa\{KCl(0.02mol\cdot dm^{-3})\}}{S\cdot m^{-1}}$	$\dfrac{\kappa\{KCl(0.01mol\cdot dm^{-3})\}}{S\cdot m^{-1}}$
0	6.541	0.715	0.1521	0.0776
5	7.414	0.822	0.1752	0.0896
10	8.319	0.933	0.1994	0.1020
15	9.252	1.048	0.2243	0.1147
16	9.441	1.072	0.2294	0.1173
17	9.631	1.095	0.2345	0.1199
18	9.822	1.119	0.2397	0.1225
19	10.014	1.143	0.2449	0.1251
20	10.207	1.167	0.2501	0.1278
21	10.400	1.191	0.2553	0.1305
22	10.594	1.215	0.2606	0.1332
23	10.789	1.239	0.2659	0.1359
24	10.984	1.264	0.2712	0.1386
25	11.180	1.288	0.2765	0.1413
26	11.377	1.313	0.2819	0.1441
27	11.574	1.337	0.2873	0.1468
28		1.362	0.2927	0.1496
29		1.387	0.2981	0.1524
30		1.412	0.3036	0.1552
35		1.539	0.3312	
36		1.564	0.3368	

8.2.9　电池电动势的测定及其应用

1）实验目的

① 掌握对消法测定电池的电动势的原理。

② 掌握 UJ-25 型电势差计、检流计及标准电池的使用方法。

③ 了解可逆电池电动势的应用。

2）实验原理

原电池是由两个"半电池"组成，每一个半电池中包含一个电极和相应的电解质溶液。不同的半电池可以组成各种各样的原电池。半电池也称为电极。电池的书写习惯是左方为负极，右方为正极。负极进行氧化反应（即失电子反应），正极进行还原反应（即得电子反应），而整个电池反应是电池中两个电极反应的总和。如果用盐桥消除了液接电势和忽略接触电势，则电池电动势 E 等于正极电极电势减负极电极电势，即

$$E = E_+ - E_- = E_阴 - E_阳$$

通过测定在恒温恒压下可逆电池的电动势，可求算出某些反应的 $\Delta_r G_m$、$\Delta_r H_m$、$\Delta_r S_m$ 等热力学函数、电解质的平均活度系数、难溶盐的溶度积和溶液的 pH 等数据。

例如通过电动势的测定，求 AgCl 的溶度积 $K_{sp}^{\ominus}$，可设计如下电池：

$$Ag(s)\,|\,AgCl(s)\,|\,KCl(b)\,\|\,AgNO_3(b')\,|\,Ag$$

该电池的负极反应 $\qquad Ag(s) + Cl^-(b) \longrightarrow AgCl(s) + e$

$$\underline{\quad 正极反应\quad Ag^+(b') + e \longrightarrow Ag(s)\quad}$$

电池反应 $\quad Ag^+(b') + Cl^-(b) \longrightarrow AgCl(s)$

该电池的电动势

$$E_{MF} = K_{MF}^{\ominus} - \frac{RT}{F}\ln\frac{1}{\alpha(Ag^+)\alpha(Cl^-)} \tag{8.16}$$

因为
$$E_{MF}^{\ominus}=\frac{RT}{F}\ln\frac{1}{K_{sp}^{\ominus}} \tag{8.17}$$

将式(8.17)代入式(8.16)得

$$\ln K_{sp}^{\ominus}=\ln[\alpha(Ag^+)\alpha(Cl^-)]-\frac{FE_{MF}}{RT} \tag{8.18}$$

若已知 Ag^+ 和 Cl^- 的活度，测得电池电动势由上式就能求出 $AgCl$ 的溶度积 $K_{sp}^{\ominus}$。

例如通过电动势的测定，求溶液的 pH，可设计如下电池：

$$饱和甘汞电极\|待测溶液(pH=?)，Q，H_2Q|Pt$$

该电池的正极是醌氢醌电极，其电极反应为

$$Q+2H^++2e\longrightarrow H_2Q$$

因为 $\alpha(Q)=\alpha(H_2Q)$，所以醌氢醌电极的电极电势为

$$E(Q/H_2Q)=E^{\ominus}(Q/H_2Q)-\frac{2.303RT}{F}pH$$

此电池的电动势

$$E=E(Q/H_2Q)-E(甘汞)=E^{\ominus}(Q/H_2Q)-\frac{2.303RT}{F}pH-E(甘汞)$$

所以
$$pH=\frac{E(Q/H_2Q)-E(甘汞)-E}{\dfrac{2.303RT}{F}} \tag{8.19}$$

式中，醌氢醌电极的标准电极电势和饱和甘汞电极的电极电势与温度的关系如下：
$$E^{\ominus}(Q/H_2Q)=0.6994-7.4\times10^{-4}(T/K-298.15) \tag{8.20}$$
$$E(甘汞)=0.2415-7.61\times10^{-4}(T/K-298.15) \tag{8.21}$$
只要测得电动势，就可通过式(8.19)求得待测溶液的 pH。

电池电动势不能用伏特计直接测量。因为当把伏特计与电池接通后，由于电池放电，不断发生化学反应，电池中溶液的浓度将不断改变，因而电动势值也会发生变化。另一方面，电池本身存在内电阻，所以伏特计所量出的只是两极间的电势差，而不是电池的电动势，只有在没有电流通过时的两极间电势差才是电池真正的电动势。电势差计是可以利用对消法原理进行电势差测量的仪器，即能在电池无电流（或极小电流）通过时测得其两极的电势差，这时的电势差就是电池的电动势。

另外，当两种电极与不同电解质溶液接触时，在溶液界面上总有液体接界电势存在。在电动势测量时，常应用"盐桥"使原来产生显著液体接界电势的两种溶液彼此不直接接界，降低液体接界电势到毫伏数量级以下。用得较多的盐桥有 $KCl(3mol\cdot L^{-1}$或饱和)、KNO_3、NH_4NO_3 等溶液。

3) 仪器与试剂

(1) 仪器　UJ-25 型电位差计 1 台；饱和甘汞电极 1 支；电位差计稳压电源 1 台；光亮铂电极 1 支；标准电池 1 个；银电极 1 支；检流计 1 台；银-氯化银电极 1 支；饱和 KNO_3 盐桥 2 个；50mL 烧杯 4 个。

(2) 试剂　KNO_3 饱和溶液；$0.100mol\cdot kg^{-1}$ KCl 标准溶液；KCl 饱和溶液；$0.100mol\cdot kg^{-1}$ $AgNO_3$ 标准溶液；待测 pH 溶液；醌氢醌（A. R.）。

4）实验步骤

（1）电极（即半电池）制备

① 银电极

a. 银电极用浓氨水浸洗后，用蒸馏水洗净。然后浸在含有少量 $NaNO_3$ 的稀 HNO_3 溶液中片刻，取出用蒸馏水冲洗。

b. 用少量 $0.100 mol \cdot kg^{-1}$ $AgNO_3$ 标准溶液冲洗处理好的银电极和小烧杯三次后，将大约 30mL 的 $0.100 mol \cdot kg^{-1}$ $AgNO_3$ 标准溶液倒入小烧杯，插入处理好的银电极。

② 氯化银电极　用少量 $0.100 mol \cdot kg^{-1}$ KCl 标准溶液冲洗氯化银电极和小烧杯三次后，将大约 30mL 的 $0.100 mol \cdot kg^{-1}$ KCl 标准溶液倒入小烧杯，插入处理好的氯化银电极。

③ 醌氢醌电极　用少量待测 pH 溶液冲洗铂电极和小烧杯三次后，将大约 30mL 的待测 pH 溶液倒入小烧杯，再加入少量的醌氢醌粉末，用玻璃棒搅拌，使其溶解达到饱和，然后插入铂电极。

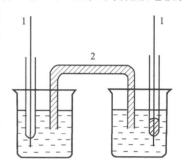

④ 饱和甘汞电极

a. 摘下饱和甘汞电极的胶帽，使电极管内充满 KCl 饱和溶液（管内应有 KCl 晶体）。

b. 用少量 KCl 饱和溶液冲洗小烧杯三次后，将大约 30mL 的 KCl 饱和溶液倒入小烧杯，插入饱和甘汞电极。

图 8.16　电池组成图

1—电极；2—盐桥

（2）电池的组合

按图 8.16，组成下列两个电池：

a. 饱和甘汞电极‖待测溶液（pH＝?），Q，H_2Q｜Pt 此电池用饱和 KNO_3 盐桥

b. Ag（s）｜AgCl（s）｜KCl（0.1mol/kg）‖$AgNO_3$（0.1mol/kg）｜Ag

此电池所用的饱和 KNO_3 盐桥的两个支管标有记号，将标"负号"的一端插入 KCl 溶液。

（3）电池电动势的测量

① 按照 UJ-25 型电势差计的线路图 8.17，连接好测量线路，注意正负极不能接错。

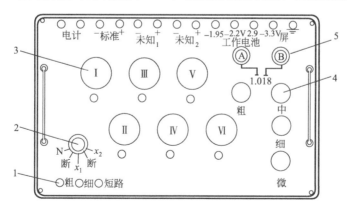

图 8.17　UJ-25 型电势差计面板示意图

1—电计按钮（共三个）；2—转换开关；3—电势测量旋钮（共六个）；

4—工作电流调节旋钮（共四个）；5—标准电池温度补偿旋钮

② 测室温，利用标准电池电动势与温度的关系式，计算出室温下标准电池的电动势值，

然后校正电位差计的工作电流。

③ 分别测量这两个电池的电动势。

由于新制备的电池的电动势不稳定，故应每隔 5min 测一次，连续测数次。若在 10min 内，连续三次的测量值变化小于 0.0005V，就可认为该电池的电动势是稳定的，以这三次测量值的平均值作为该电池的电动势。

（4）实验完毕

关闭电源，拆除连线，将仪器复原，检流计必须处于短路位置。将玻璃仪器洗干净。

用蒸馏水冲洗盐桥的两端支管，然后插在 KNO_3 饱和溶液中保存，以免管口干结。注意，标"负号"的支管一定要放在标"负号"的盛放 KNO_3 饱和溶液烧杯中。

用蒸馏水冲洗饱和甘汞电极（注意不能让蒸馏水进入电极管内），擦干电极管，盖上胶帽。

5）数据记录和处理

（1）数据记录（表 8.15）

表 8.15　数据记录表

室温_____　大气压_____

电　　池	电动势 E_{MF}/V			
	第一次	第二次	第三次	平均值
甘汞-醌氢醌				
AgCl-Ag				

（2）数据处理

① 根据式(8.20)和式(8.21)，计算室温下醌氢醌电极的标准电极电势和饱和甘汞电极的电极电势。

② 根据式(8.19)，计算待测溶液的 pH。

③ 已知室温下 $0.100mol \cdot kg^{-1}$ KCl 溶液中氯离子的平均离子活度系数为 0.769，$0.100mol \cdot kg^{-1}$ $AgNO_3$ 溶液中银离子的平均离子活度系数为 0.731。根据式(8.18)，计算 AgCl 的溶度积。

6）实验注意事项

① 电势差计使用时，一定要先按"粗"按钮，待检流计光点调到零附近后，再按"细"按钮，以免检流计偏转过猛而被打坏。此外，按下电计按钮的时间要短，不超过 1s，以防止过多电量通过标准电池或被测电池，造成严重的极化现象，破坏被测电池的电化学可逆状态。

② 由于工作电池的电动势会发生变化，所以每次测量之前都应校正工作电流。

③ 在测量过程中，若检流计光点一直往一边偏转，这可能是由于：a. 电极的正、负极接错；b. 线路接触不良或断路；c. 工作电池电压太低或太高。此时应进行排查，排除故障后再重新进行实验。

④ 实验过程中若发现检流计中光点振荡不已时，可按电势差计上的"短路"按钮。

7）思考题

① 电势差计、标准电池、工作电池和检流计各起什么作用？

② 为什么不能用电压表直接测量原电池的电动势？

③ 选择"盐桥"液应注意什么问题。

8.2.10 蔗糖水解反应速率常数的测定

1) 实验目的

① 测定蔗糖在酸中水解的速率常数和半衰期。

② 了解旋光仪的基本原理,学会正确使用旋光仪。

2) 实验原理

蔗糖水溶液在有氢离子存在时发生水解反应:

$$C_{12}H_{22}O_{11} + H_2O \longrightarrow C_6H_{12}O_6 + C_6H_{12}O_6$$

$$\text{蔗糖} \qquad\qquad \text{葡萄糖} \qquad \text{果糖}$$

$$[\alpha]_D^{20} \quad +66.6° \qquad\qquad +52.5° \qquad -91.9°$$

蔗糖水解反应为准一级反应,其速率方程可写成:

$$\ln \frac{c_{A,0}}{c_A} = kt$$

$$\ln c_A = -kt + \ln c_{A,0} \tag{8.22}$$

式中,$c_{A,0}$ 为蔗糖的初浓度;c_A 为反应进行到 t 时刻蔗糖的浓度。$\ln c_A$-t 呈线性,其直线斜率为 $-k$。

蔗糖、葡萄糖、果糖都是旋光物质,这里的 $[\alpha]_D^{20}$ 表示在 20℃时用钠光作光源测得的旋光度。正值表示右旋,负值表示左旋。由于蔗糖的水解是能进行到底的,又由于生成物中果糖的左旋远大于葡萄糖的右旋,所以生成物呈左旋光性。随着反应的进行,系统逐渐由右旋变为左旋,直至左旋最大。设反应开始测得的旋光度为 α_0,经 t(min)后测得的旋光度为 α_t,反应完毕后测得的旋光度为 α_∞。当测定是在同一台仪器、同一光源、同一长度的旋光管中进行时,则浓度的改变正比于旋光度的改变,且比例常数相同。

$$(c_{A,0} - c_\infty) \propto (\alpha_0 - \alpha_\infty)$$

$$(c_A - c_\infty) \propto (\alpha_t - \alpha_\infty)$$

又 $$c_\infty = 0$$

所以 $$c_{A,0}/c_A = (\alpha_0 - \alpha_\infty)/(\alpha_t - \alpha_\infty) \tag{8.23}$$

将式(8.23)代入式(8.22)得

$$\ln(\alpha_t - \alpha_\infty) = -kt + \ln(\alpha_0 - \alpha_\infty) \tag{8.24}$$

式中,$(\alpha_0 - \alpha_\infty)$ 为常数。用 $\ln(\alpha_t - \alpha_\infty)$ 对 t 作图,所得直线的负斜率即为速率常数 k。

3) 仪器与试剂

旋光仪一台;恒温槽一个;天平或台秤一台;秒表一块;50mL 容量瓶一个;锥形瓶若干;烧杯若干;移液管若干;蔗糖(A. R.);3mol·L^{-1} HCl 溶液。

4) 实验步骤

(1) 旋光仪零点的校正 蒸馏水为非旋光性物质,可用其校正仪器的零点($\alpha = 0$ 时仪器对应的刻度)。

先洗净样品管,将管一端加上盖子,并在管内灌满蒸馏水,使液体形成一凸面,在样品管另一端加上盖子,此时管内不应有气泡存在,旋上套盖,使玻璃片紧贴于水面,勿使漏水。旋盖时用力不能太猛,旋盖不宜太紧。用滤纸将样品管外擦干,用镜头纸擦镜玻璃片。

转动检偏镜,使视场内观察到明暗相等的三分视野,此时观察检偏镜的旋角 α 是否为零,重复三次,如为零则无零位误差;不为零,说明有零位误差,记下检偏镜的旋角 α,重复三次,取其平均值。此平均值即为零点,用来校正仪器的系统误差。

（2）溶液的配制　用天平称取 10g 蔗糖溶于蒸馏水中，倒入 50mL 容量瓶中，并稀释至刻度。如溶液不清应过滤一次。

（3）旋光度的测定　用移液管量取蔗糖溶液 25mL 放入干燥的锥形瓶中，用移液管移取 25mL、3mol·L^{-1} 的 HCl 溶液快速置入锥形瓶中，与蔗糖溶液混合，当盐酸加入一半时开始记时，以此标志反应的开始，震荡摇匀。用待测液荡洗旋光管 2～3 次后，立即装满旋光管，盖好旋盖并擦净，放入旋光仪，测量不同时刻的旋光度。将锥形瓶中剩余溶液置于 60℃ 恒温槽中，恒温 1h 以上。

从记时开始，间隔 5min 测四个数据。后间隔 10min 测三个数据，最后一个数据间隔 15min。

（4）α_∞ 的测定　反应完毕后，将旋光管内的反应液倒掉，取出 60℃ 恒温槽中的溶液，放置室温，用该溶液荡洗旋光管 2～3 次后，装满旋光管，盖好旋盖并擦净，放入旋光仪，测其旋光角 α_∞。

实验完毕后一定要洗净样品管并擦干，以免酸腐蚀样品管的金属旋盖。

5）数据记录及处理（表 8.16）

室温＿＿＿大气压＿＿＿＿旋光仪零点校正值＿＿＿α_∞＿＿＿

表 8.16　数据记录

t/min	α_t/rad	$(\alpha_t-\alpha_\infty)/\text{rad}$	$\ln(\alpha_t-\alpha_\infty)$

以 $\ln(\alpha_t-\alpha_\infty)$ 对 t 作图，由直线斜率计算速率常数 k（表 8.17）。

6）注意事项

在进行反应终了液制备时，水浴温度不可过高，否则会发生副反应，使溶液颜色变黄。加热过程中应避免溶液蒸发，使糖的浓度改变，从而影响 α 的测定。

7）文献值

8）思考题

① 为什么蔗糖可用台式天平称量？

② 混合蔗糖溶液和盐酸溶液时，应将盐酸溶液加到蔗糖溶液中却不可将蔗糖溶液加到盐酸溶液中去。为什么？

③ 蔗糖水解速率与哪些因素有关？速率常数与哪些因素有关？

④ 如在实验中，未进行旋光仪零点的校正，对实验结果有何影响？为什么？

⑤ 本实验中的 α_∞ 能否估算？请将估算值与实测值进行比较，并分析差异原因。

⑥ 分析本实验产生误差的主要原因，并提出减少误差的实验方案。

表 8.17　蔗糖水解的速率常数

$c_{\text{HCl}}/\text{mol}\cdot\text{dm}^{-3}$	$10^3 k/\text{min}^{-1}$		
	298.2K	308.2K	318.2K
0.0502	0.4169	1.738	6.213
0.2512	2.255	9.35	35.86
0.4137	4.043	17.00	60.62
0.9000	11.16	46.76	148.8
1.214	17.455	75.97	

8.3 常用仪器

8.3.1 6402 型电子继电器

6402 型电子继电器的线路图见图 8.18，250V 交流电压通过继电线圈加到 6P1 电子管的板极 A 和阴极 C 之间，灯丝 D 加热后，阴极 C 下向板极发射出电子流，使回路处于半波整流工作状态。此时继电线路有较大电流通过而产生磁性，从而将衔铁吸下，回路接通，电加热器加热。当恒温槽加热达到所需恒定温度时，水银接点温度计中的水银与金属丝接通，在栅极 G 上加上一个负电势，向板极发射的电子流大大减弱，此时通过继电器的电流大大减低，磁性消失，弹簧将衔铁拉脱，回路断开，电加热器停止加热。当由于热量损失等原因使温度再次低于所恒定的温度时，上述继电器控制过程将自动重复进行。在继电器内并联一个 16μF 电容，可在半波整流中起充放电作用，使继电器稳定处在直流工作状态。

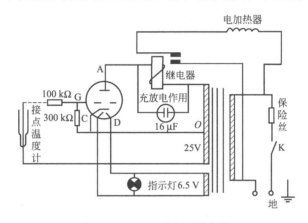

图 8.18 6402 型电子继电器

电子继电器灵敏度很高，在控温装置中经常采用，由于水银接点温度计是接在栅极-阴极回路中，栅极电流甚微，一般不大于 30μA，当接点接通或断开时，不致产生火花使接点氧化而影响控温精度。

8.3.2 温度温差仪

SWC-Ⅱ精密数字温度温差仪是一种多功能电子数字式仪器，它不但具有精密水银温度计和贝克曼水银温度计双重功能，而且可以与记录仪配接，完成温度温差的自动跟踪测量。作为精密温度计使用时，温度测量范围为 −50～+15℃，分辨率为 0.01℃；作为精密温差计使用时，可在 −50～+150℃ 范围内测量 19.999℃ 的温差，分辨率为 0.001℃；与记录仪配接的最大输出信号为 5MV。

1）测量原理

该仪器以工业铂电阻作为测温传感器（探头），其原理如图 8.19 所示。

铂电阻 $R_r I_0$，信号的大小将随 R_r 阻值的变化而变化。由于 R_r 与温度的关系本身为非线性的影响，会给测量带来误差，图 8.19 中线性补偿电路即为消除这

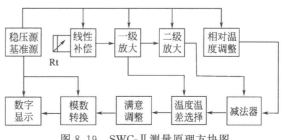

图 8.19 SWC-Ⅱ测量原理方块图

一误差而设计的。经线性补偿后的电压信号输入第一级放大器进行放大，再送入模数转换后进行数字显示。温差的测量因要求其分辨率比温度测量高十倍，所以又进行第二级放大，用减法器完成任意温度下"零"点的设置后，送给数字显示系统。图 8.19 中满度调整的目的是消除传感器 R_t 制造的误差；温度、温差选择的功用，是对温度、温差测量的转换作用。

2）仪器的使用

（1）准备工作　SWC-Ⅱ精密数字温差仪外形（面板图）如图 8.20 所示。

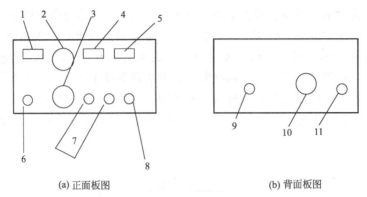

(a) 正面板图　　　　　　　　　　　　　　(b) 背面板图

图 8.20　SWC-Ⅱ精密数字温度温差仪面板示意图

1—读数显示；2—温差零点粗调；3—温差零点细调；4—温度温差测量转换开关；
5—电源的开关；6—保持按钮；7—探头芯线端子；8—探头地线端子；
9—电源插座；10—记录输出信号调整；11—记录输出插孔

① 按要求接好正、负双电源，并与电源插座 9 连接。

② 将探头引线对应 7、8 连接。

③ 打开电源开关 5，将探头插入被测物中。

（2）温度测量

① 将转换开关 4 置于"温度"位置。

② 观察读数显示 1 所显示的数字，即是探头所处位置被测物的温度。

（3）温差测量

① 将转换开关置于"温差"位置。反复仔细调节 2、3 旋钮，使数字显示值为 0.000。

② 当数字显示值发生变化时，说明探头处相对于 2、3 调整时的温度值发生了变化，该读数即为两个温度的差值。

（4）保持　当温度、温差值变化很快时，为读取某一时刻准确读数，可按下保持按钮 6，此时数字显示 1 所显示的读数即为按下保持按钮时刻的测量值。松开按钮 6 时，仪器继续显示被测体系的读数变化。

（5）记录　当需要记录时，可将 0～5mV 的记录仪与仪器的记录输出插孔 11 连接。根据温度或温差变化的最大值，调整旋钮 10 确定记录笔的初始位置，使记录仪按测试要求进行温度或温差的自动记录。

3）使用注意事项

① 不准在探头未接入前打开仪器电源，以免损坏仪器。

② 配接记录仪前，应将仪器的记录输出信号调整旋钮 10 按标明的方向旋到底，以免损坏记录仪。

③ 本仪器使用正、负双电源，不可选用三端正、负稳压电源。

8.3.3　阿贝折光仪

1) 折射率与浓度的关系

折射率是物质的特性常数，纯物质具有确定的折射率，但如果混有杂质其折射率会偏离纯物质的折射率，杂质越多，偏离越大。纯物质溶解在溶剂中，折射率也会发生变化。当溶质的折射率小于溶剂的折射率时，浓度越大，混合物的折射率越小；反而亦然。所以，物理化学实验中，常应用阿贝折光仪测定物质的折射率来确定物质的浓度或纯度，如环己烷-乙醇二组分系统的组成、糖溶液的浓度等。

2) 阿贝折光仪的结构原理

光从介质 A 进入介质 B 时，光的方向会发生改变，这一现象叫光的折射。根据折射定律，波长一定的单色光在温度不变的条件下，其入射角 α 和折射角 β 与这两种介质的折射率 n_A 和 n_B 有如下关系：

$$\frac{\sin\alpha}{\sin\beta} = \frac{n_B}{n_A} \tag{8.25}$$

如果介质 A 是真空，规定 $n_A = 1$；$n_B = \dfrac{\sin\alpha_{真空}}{\sin\beta}$；$n_B$ 称为介质 B 的绝对折射率。如果介质 A 为空气，因为 $n_A = 1.0029$，则有

$$\frac{\sin\alpha_{空气}}{\sin\beta} = \frac{n_B}{1.0029} = n'_B \approx n_B \tag{8.26}$$

n'_B 称为介质 B 对空气的相对折射率。因 n_B 与 n'_B 相差很小，所以通常就以 n'_B 作为介质 B 的绝对折射率，但在精密测定时，必须进行校正。

折射率以符号 n 表示，由于与温度和波长有关，所以在 n 的右下角和右上角分别注明测定时所用光的波长和介质温度，如 n_D^{25}，表示 25℃ 时该介质对钠光 D 线（黄色，$\lambda = 589.6\text{nm}$）的折射率。

阿贝折光仪就是根据临界折射现象设计的，测量原理如图 8.21 所示。

被测样品置于测量棱镜的 F 面上，而棱镜的折射率 $n_P = 1.85$ 大于试样的折射率，如果入射光线 a 正好沿着棱镜与试样的界面 F 方向射入，其折射光为 a'，即入射角 $\alpha_a = 90°$，对应的折射角即为临界角 β_c。因光线自光疏介质进入光密介质，因而不可能有比 β_c 更大的折射角，这样大于临界角的区域构成了暗区，小于临界角的区域构成亮区。因此 β_c 具有特征意义，根据式(8.25)，可得待测样品的折射率

$$n = n_P \frac{\sin\beta_c}{\sin 90°} = n_P \sin\beta_c \tag{8.27}$$

显然，如果已知棱镜的折射率 n_P，并在温度、单色光波长都保持恒定的条件下，只要测出临界角 β_c，就可计算出被测样品的折射率 n。

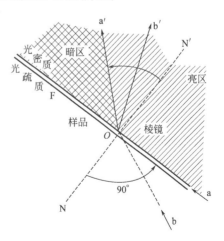

图 8.21　阿贝折射仪测量原理图

通常用阿贝折光仪测量物质的折射率。阿贝折光仪的外形见图 8.22，其光路图见

图 8.23。

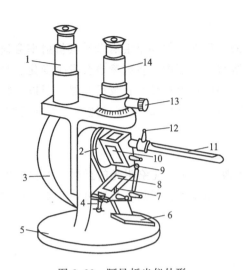

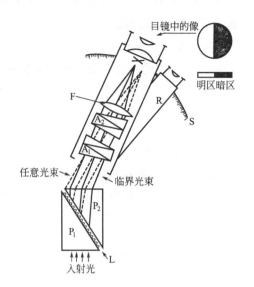

图 8.22　阿贝折光仪外形

1—读数望远镜；2—转轴；3—刻度盘罩；4—锁钮；

5—底座；6—反射镜；7—加液槽；8—辅助棱镜

（开启状态）；9—铰链；10—测量棱镜；11—温度计；

12—恒温水入口；13—消色散手柄；14—测量望远镜

图 8.23　阿贝折光仪光路图

P1—辅助棱镜；P2—测量棱镜；

A、A2—阿密西棱镜；F—聚焦棱镜；

L—试样液层；R—转动臂；S—标尺

　　阿贝折光仪的主要部分是由两块折射率为 1.75 的直角玻璃棱镜组成的棱镜组。两块棱镜在其对角线上重叠，之间留有微小缝隙，其中可以铺展一层极薄的待测液层，入射光线经反射镜 6 反射至辅助棱镜 8 后，在其磨砂面上发生漫反射，以各种角度通过试液层，在试液与测量棱镜的界面发生折射（小于临界角的部分有光线通过，是亮区；大于临界角的部分无光线通过，是暗区），所有折射光线的折射角都落在临界角 β_c 之内，具有临界角 β_c 的光线从测量棱镜出来反射到目镜上，此时，若将目镜的十字线调节到适当位置，则会看到目镜上呈半明半暗状态。实验时，转动读数手柄，调节棱镜组的角度，使明暗分界线正好落在目镜十字线的交叉点上，这时从读数标尺上就可读出试液的折射率。

　　为了方便，阿贝折光仪的光源是日光而不是单色光，日光通过棱镜时要发生色散，使临界线模糊，因而在测量望远镜的镜筒下面设计了一套消色散棱镜（阿米西棱镜），旋转消色散手柄 13，就可使色散现象消除。

　　3）阿贝折光仪的使用方法

　　(1) 安装　将阿贝折光仪放在光亮处，但避免置于直曝的日光中，用超级恒温槽将恒温水通入棱镜夹套内，其温度以折射仪器上温度计读数为准。

　　(2) 加样　松开锁钮，开启辅助棱镜，使其磨砂斜面处于水平位置，滴几滴丙酮于镜面，可用镜头纸轻轻揩干。滴加几滴试样于镜面上（滴管切勿触及镜面），合上棱镜，旋紧锁钮。若液样易挥发，可由加液小槽直接加入。

　　(3) 对光　转动镜筒使之垂直，调节反射镜使入射光进入棱镜，同时调节目镜的焦距，使目镜中十字线清晰明亮。

　　(4) 读数　调节读数螺旋，使目镜中呈半明半暗状态。调节消色散棱镜至目镜中彩色光带消失，再调节读数螺旋，使明暗界面恰好落在十字线的交叉处。若此时呈现微色散，继读调节消色散棱镜，直到色散现象消失为止。这时可从读数望远镜中的标尺上读出折射率 n_D。为减少误差每个样品需重复测量三次，三次读数的误差应不超过 0.002，再取其平均值。

4）注意事项

① 使用时必须注意保护棱镜，切勿用其他纸擦拭棱镜，擦拭时注意指甲不要碰到镜面，滴加液体时，滴管切勿触及镜面。保持仪器清洁，严禁油手或汗触及光学零件。

② 不能使用阿贝折光仪测量酸性、碱性物质和氟化物的折射率，若样品的折射率不在 1.3～1.7 范围内，也不能用阿贝折光仪测定。

③ 液体的折射率与温度有关。在测定中，折光仪不要直接被日光照射，或靠近热的光源，以免影响测定温度。

④ 使用完毕后要把仪器全部擦拭干净（小心爱护），流尽金属套中恒温水，拆下温度计，并将仪器放入箱内，箱内放有硅胶干燥剂。

8.3.4　721 型分光光度计

1）基本原理

（1）物质对光的选择性吸收　　光是一种电磁波，具有波粒二象性，波长越短，能量越高。可见光的波长大约在 380～780nm 之间。不同波长的光具有不同的颜色。当可见光的波长逐渐变短时，光的颜色按照红、橙、黄、绿、青、蓝、紫的顺序递变。也就是说红光波长最长能量最低，而紫光波长最短能量最高。具有单一波长的光称为单色光。由不同波长的光组合而成的光称为复合光。白光（即日光）是复合光，它是由红、橙、黄、绿、青、蓝、紫等各种色光按一定比例混合而成的。当物质选择性地吸收了白光中某种波长的光时，它就会呈现出与之互补的那种光的颜色。例如，硫酸铜溶液吸收白光中的黄色光而呈蓝色；高锰酸钾溶液吸收白光中的绿色光而呈紫色。各种物质呈现不同的颜色正是选择性吸收不同波长的光造成的。

如果用不同波长的单色光照射一定浓度的吸光物质的溶液，测量该溶液对各单色光的吸收程度（即吸光度），以波长 λ 为横坐标，吸光度 A 为纵坐标作图，可得到一条吸收曲线。其中吸光度最大处之波长叫做最大吸收波长，常用 λ_{max} 表示。显然，在最大吸收波长测量溶液的吸光度，灵敏度最高。由于物质对光的选择吸收与物质分子结构有关，故每种物质具有自己特征的光吸收曲线。图 8.24 是三个不同浓度的 1,10-邻二氮菲亚铁溶液的光吸收曲线。可以看出，溶液的浓度愈大，吸光度愈大，且 λ_{max} 均在 510nm 处。因此，根据物质对不同波长单色光的吸收程度不同，可以对物质进行定性和定量分析，这就是分光光度法。

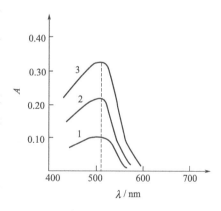

图 8.24　1,10-邻二氮杂菲亚
铁溶液的吸收曲线

1—0.0002mg Fe^{2+}·mL^{-1}；

2—0.0004mg Fe^{2+}·mL^{-1}；

3—0.0006mg Fe^{2+}·mL^{-1}

（2）光的吸收定律　　当一束平行的单色光通过均匀的、不散射的溶液时，光的一部分被吸收，一部分透过溶液。设入射光强度为 I_0，吸收光强度为 I_a，透过光强度为 I_t（图 8.25），则

$$I_0 = I_a + I_t$$

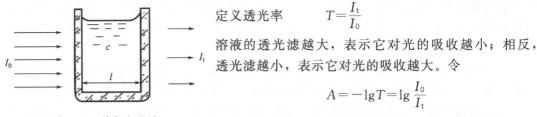

图 8.25　单色光通过
盛溶液的比色皿

定义透光率　　　$T=\dfrac{I_t}{I_0}$

溶液的透光滤越大，表示它对光的吸收越小；相反，透光滤越小，表示它对光的吸收越大。令

$$A=-\lg T=\lg\dfrac{I_0}{I_t}$$

A 称为吸光度（消光度或光密度）。当入射光全部透过溶液时，$I_t=I_0$，$T=1$（或 100%），$A=0$；当入射光全部被溶液吸收时，$I_t\to0$，$T\to0$，$A\to\infty$。

　　实验和理论推导都已证明：一束平行单色光通过含有吸光物质的溶液时，溶液的吸光度 A 与吸光物质的浓度 c 和吸收池厚度 l 成正比，即

$$A=\varepsilon lc$$

这就是光的吸收定律，也称为朗伯-比尔定律。式中，c 的单位为 $mol\cdot L^{-1}$；l 的单位为 cm；ε 称为摩尔吸光系数，单位为 $L\cdot(cm\cdot mol)^{-1}$。摩尔吸光系数 ε 是吸光物质的特征常数，其值与吸光物质的性质、入射光波长及温度有关。ε 越大，表示该吸光物质的吸光能力越强，用于吸光光度测定的灵敏度越高。

　　2）分光光度计的基本结构

　　测量溶液对不同波长单色光吸收程度的仪器称为分光光度计。它包括光源、单色器、吸收池、接受器和测量系统五个组成部分。

　　图 8.26 为分光光度计组成示意图。由光源发出的复合光，经棱镜或光栅单色器色散为测量所需要的单色光，然后通过盛有吸光溶液的比色皿，透射光照射到接受器上。接受器是一种光电转换元件如光电池或光电管，它使透射光转换为电信号。在测量系统中对此电信号进行放大和其他处理，最后在显示仪表上显示吸光度和透射率的数值。

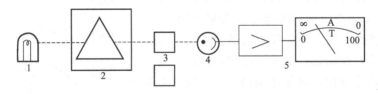

图 8.26　分光光度计组成示意图
1—光源；2—单色器；3—比色皿；4—接受器；5—测量系统

　　为了能够准确测出待测物质的吸光度，必须扣除比色皿壁、溶剂和所加试剂对光吸收的影响。为此，首先要用一个比色皿盛空白溶液（除待测物质外，其他试剂都加入）作为参比，置于仪器光路中，用相应的调节器将显示仪表读数调到透射率 $T=100\%$，即吸光度 $A=0$；然后再将盛待测溶液的比色皿送入仪器光路，这样测出的吸光度才能反映待测物质对光的吸收。

　　分光光度计的种类和型号繁多，如国产 721 型、7210 型、7230 型、7550 型等。不同型号仪器的光学系统大体相似，只是适用的波长范围及测量系统不尽相同。

　　3）721 型分光光度计的使用方法及注意事项

　　721 型分光光度计的外观如图 8.27 所示。

（1）使用方法

① 接通电源前，显示电表 8 的指针应在 "0" 位，否则旋转校正螺丝加以调节。调节波长选择旋钮 1，选定所需单色光波长。将灵敏度选择钮 5 拨到 "1" 挡。

灵敏度选择钮 5 共有 5 挡，其中 "1" 挡灵敏度最低，依次逐渐提高。选择的原则是：当空白溶液置于光路能调节至 $T = 100\%$ 的情况下，应尽量使用灵敏度较低的挡，以提高仪器的稳定性。在改变灵敏度挡后，应重新校正 "0T" 和 "100%T"。

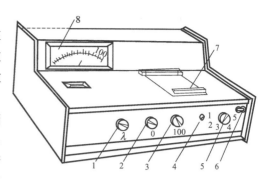

图 8.27　721 型分光光度计外观
1—波长选择旋钮；2—调 0T 旋钮；
3—调 100%T 旋钮；4—比色皿架拉杆；
5—灵敏度选择钮；6—电源开关；
7—比色皿暗箱盖；8—显示电表

② 接通电源，打开电源开关 6（指示灯亮），打开比色皿暗箱盖 7（光闸门自动关闭），预热 20min。

③ 旋转调 0T 旋钮 2 使电表指针在 $T = 0$（$A = \infty$）位置。

④ 将四个比色皿中一个装入空白溶液，其余三个装入待测溶液，依次放入比色皿架中。为了便于测定，盛放空白溶液的比色皿应放在比色皿架的第一个格内，并使空白溶液在光路中。

盖上比色皿暗箱盖（光闸门自动打开），此时选定的单色光透过空白溶液照射到光电管上，旋转调 "100%T" 旋钮 3，使电表指针在 $T = 100\%$（$A = 0$）位置。如电表指针达不到 $T = 100\%$ 的位置，可适当增加灵敏度档次。

按上述方法反复调节 "0T" 和 "100%T"，直至稳定不变。

⑤ 将比色皿架拉杆轻轻地拉出一格，使第二个比色皿内的待测溶液进入光路，此时电表的读数即为该待测溶液的吸光度（或透光率）。然后依次测量第二、第三个待测溶液的吸光度（或透光率）。

⑥ 测量完毕，关闭电源开关，拔下电源插头。取出比色皿，在暗箱中放入干燥剂袋，盖好暗箱盖。罩好仪器罩。

比色皿用蒸馏水洗净后，用镜头纸擦干，然后放回比色皿盒内。

（2）注意事项

① 仪器连续使用时间不应超过 2h。如使用时间较长，则应中途间歇 0.5h 后再继续使用。

② 应轻轻地打开或关闭比色皿暗箱盖，防止损坏光闸门开关。

③ 不测量时应打开比色皿暗箱盖，让光路自动切断，避免光电管过度 "疲劳" 导致读数漂移。

④ 如果大幅度改变测定波长，在调 0T 和 100%T 后，需稍等片刻（钨丝灯在急剧改变亮度后需要一段热平衡时间），待指针稳定后重新调 0T 和 100%T。

⑤ 每台仪器所配套的比色皿不能与其他仪器的比色皿单个互换使用。取用比色皿时，应用手持比色皿毛玻璃面，不准直接用手触摸透光面。测量时，先用待测溶液冲洗比色皿 2～3 次，然后加入待测溶液（加入溶液量以三分之二比色皿高为宜）。要用镜头纸擦干比色皿外壁。

8.3.5　DDS-11A 型电导率仪

测量电解质溶液的电导率时，目前广泛使用 DDS-11A 型电导率仪，它的测量范围广，操作简便，当配上适当的组合单元后，可达到自动记录的目的。

1）测量范围及套用电极

（1）测量范围　$0\sim10^5\mu s\cdot cm^{-1}$，分 12 个量程。

（2）配套电极　DJS-1 型光亮铂电极；DJS-1 型铂黑电极；DJS-10 型铂黑电极。量程范围与配套电极列在表 8.18 中。

表 8.18　量程范围与配套电极

量　程	电导率	测量频率	配套电极
1	$0\sim0.1$	低周	DJS-1 型光亮铂电极
2	$0\sim0.3$	低周	DJS-1 型光亮铂电极
3	$0\sim1$	低周	DJS-1 型光亮铂电极
4	$0\sim3$	低周	DJS-1 型光亮铂电极
5	$0\sim10$	低周	DJS-1 型光亮铂电极
6	$0\sim30$	低周	DJS-1 型铂黑电极
7	$0\sim100$	低周	DJS-1 型铂黑电极
8	$0\sim300$	低周	DJS-1 型铂黑电极
9	$0\sim1000$	高周	DJS-1 型铂黑电极
10	$0\sim3000$	高周	DJS-1 型铂黑电极
11	$0\sim10^4$	高周	DJS-1 型铂黑电极
12	$0\sim10^5$	高周	DJS-10 型铂黑电极

2）使用方法

DDS-11A 型电导率仪的面板图如图 8.28 所示。

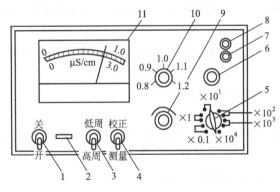

图 8.28　DDS-11A 型电导率仪的面板图

1—电源开关；2—指示灯；3—高低周开关；
4—校正测量开关；5—量程选择开关；
6—电容补偿旋钮；7—电极插口；
8—10mV 输出插口；9—校正调节器；
10—电极常数调节旋钮；11—表头

① 接通电源前，观察表头指针是否指零，若不指零，则应调节表头螺丝，使其指零。

② 将校正测量开关 4 拨到"校正"位置，将量程选择开关 5 拨到最大测量挡（$\times10^5$）。

③ 打开电源开关，预热数分钟，调节校正调节器 9 使表针满度指示。

④ 根据待测液体电导率的大小选用不同电极。将电极插头插入电极插口 7，旋紧插口上的紧固螺丝，再将电极浸入待测溶液中。

⑤ 根据所用电极的电极常数（电极上已表明），调节电极常数调节旋钮 10 到相应位置。例如，所用电极的电极常数为

0.95，则应将电极常数调节旋钮调到"0.95"处。

⑥ 量程选择：若已知待测液体电导率范围，将量程选择开关 5 拨到相应的测量挡。

若预先不知道待测液体电导率范围，应先将校正测量开关 4 拨到"测量"位置，然后将量程选择开关 5 由最大测量挡（$\times 10^5$）逐挡下拨，同时注意观察表针变化。当表针从左向右转动到表盘正中偏右位置，则此时量程选择开关 5 所处的挡即为待测液体所需的测量挡。注意，将量程选择开关 5 逐挡下拨时，动作应缓慢，并密切注视表针变化，以防选择的测量挡偏小使表针打弯。

⑦ 测量频率选择：若待测液体的电导率小于 $300\mu S \cdot cm^{-1}$（即量程选择开关 5 在 1～8 挡）时，将高低周开关 3 拨到"低周"位置，即选用"低周"测量；若待测液体的电导率大于 $300\mu S \cdot cm^{-1}$（即量程选择开关 5 在 9～12 挡）时，将开关 3 拨到"高周"位置。

⑧ 校正 将校正测量开关 4 拨到"校正"位置，调节校正调节器 9 使表针满度指示。

⑨ 测量 将校正测量开关 4 拨到"测量"位置，这时表针所指示的读数乘以量程选择开关 5 的倍率，即为待测液体的实际电导率。当量程选择开关 5 在黑点挡时，读表头上面的黑色刻度（0～1）；当量程选择开关 5 在红点挡时，读表头下面的红色刻度（0～3）。例如，量程开关在黑点挡（$\times 10^3$），表头指针在 0.5，则被测液体的电导率为 $0.5 \times 1000\mu S \cdot cm^{-1} = 500\mu S \cdot cm^{-1}$。

每次测量之前，都要校正。改变测量挡或测量频率后，要重新校正，然后测量。

3）注意事项

① 每次测量之前，用待测溶液淋洗电极三次后，再将电极完全浸入待测溶液中进行测量。

② 因为电导率不仅与溶液组成有关，还与温度有关。所以测量电导率时，应保持待测系统温度的恒定。

③ 电极插头和引线不能潮湿，否则测不准。

④ 电极常数应定期进行复查和标定。

8.3.6 检流计

检流计是检测微小电流的一种仪表，主要用在平衡式直流电测仪器如电势差计、电桥中作示零仪器，以及在光-电测量、差热分析等实验中测量微弱的直流电流。目前实验室中使用最多的是磁电式多次反射光点检流计。现简略介绍其构造、原理及使用方法。

1）原理及结构

检流计的结构如图 8.29 所示。当检流接通电源后，由灯泡、透镜和光栅构成的光源 6 发射出一束光，投影在平面镜 3 上，又反射到反射镜 8、$8'$ 上，最后成像在标尺 5 上，形成光点。光点上的准丝在标尺上的位置，反映了活动线圈 2 的偏转程度。

当被测电流经簧片 1 的张丝通过线圈 2 时，产生的磁场在永久磁铁磁场的作用下，产生旋转力矩使动圈偏转，而动圈偏转又使张丝产生扭力

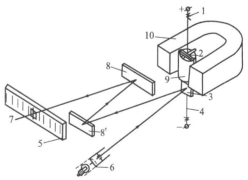

图 8.29 磁电式多次反射光点检流计的结构

1—弹簧片；2—活动线圈；3—平面镜；4—张丝；5—标尺；6—光源；7—光点；8、$8'$—反射镜；9—铁芯；10—永久磁铁

而形成反力矩，当二力矩相等时，动圈就停留在某一偏转角度上。其转动的角度与流经动圈的

电流强弱有关。因平面镜随动圈而转动，所以标尺上的光点移动的距离与电流的大小成正比。

检流计有零位调节机构（图 8.29 中未画出）。它可在没有电流通过线圈时，将光点的位置调节到标尺 5 的任意位置上，作为零点。当检流计作为示零仪器时，应将光点调节在标尺的正中作零点。

2）使用方法及注意事项

① 检流计中活动线圈 2 及平面镜 3 是靠张丝 4 悬挂的，因此极易受外界振动的影响。剧烈振动可振断张丝。所以，应将检流计放在稳固的位置。实验过程中，应轻手轻脚，尽量减少振动。

② 检查电源开关所指示的电压是否与所使用的电源电压一致（特别注意不要将 220V 电源插入 6V 插孔内，以防烧坏线圈），然后接通电源。

③ 旋转零点调节器，将光电调至零位。

④ 用导线将输入接线柱与配套仪器连接。

⑤ 检流计面板上的分流器开关有"直接"、"×1"、"×0.1"及"×0.01"四挡。"直接"挡灵敏度最高，"×0.01"挡灵敏度最低。测量时先将分流计开关拨到灵敏度最低挡（×0.01 挡），然后逐渐增大灵敏度进行测量。

⑥ 检流计使用完毕后或移动检流计时，必须将分流计开关置于"短路"处，以防振动损坏检流计。

8.3.7　标准电池

标准电池是一种电动势非常稳定、温度系数很小的可逆电池。通常在直流电势差计中用作标准参考电压（一般能重现到 0.1mV）。

实验室中常用的标准电池为韦斯顿（Weston）标准电池。它分为饱和式和不饱和式两类。这里仅介绍饱和式标准电池。

1）构造

饱和式标准电池的外壳是一 H 型玻璃管，其结构如图 8.30 所示。它的正极是 Hg 的糊状物，为了与引出的导线（铂丝）保持良好的接触，下方放少许 Hg。负极是含 12.5% Cd 的汞齐。在糊状物和汞齐的上方放有 $CdSO_4 \cdot \frac{8}{3} H_2O$ 晶体和它的饱和溶液。管的顶端加以封闭。

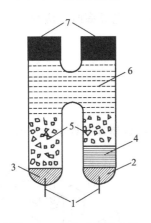

图 8.30　饱和式标准电池
结构示意图

1—铂丝；2—纯汞；3—镉汞齐；

4—Hg_2SO_4；5—$CdSO_4 \cdot \frac{8}{3} H_2O$；

6—$CdSO_4$ 饱和溶液；7—塞子

电极反应和电池反应分别为：

正极　　　　　　　$Hg_2SO_4(s) + 2e \Longrightarrow 2Hg(l) + SO_4^{2-}$

负极　　$Cd（汞齐）+ SO_4^{2-} + \frac{8}{3} H_2O \Longrightarrow CdSO_4 \cdot \frac{8}{3} H_2O(s) + 2e$

电池反应　　　　$Cd（汞齐）+ Hg_2SO_4(s) + \frac{8}{3} H_2O \Longrightarrow 2Hg(l) + CdSO_4 \cdot \frac{8}{3} H_2O(s)$

电池表达式为

$$Cd(12.5\%汞齐) \mid CdSO_4 \cdot \frac{8}{3} H_2O(cr) \mid CdSO_4(aq,sat) \mid CdSO_4 \cdot \frac{8}{3} H_2O(cr) \mid Hg_2SO_4(s) \mid Hg(l)$$

标准电池电动势与温度的关系式为

$$E_t = \{1.018646 - [40.6(t/℃-20) + 0.95(t/℃-20)^2 - 0.01(t/℃-20)^3] \times 10^{-6}\} V$$

式中，t 为测量时室内环境温度，℃，E_t 为温度 t 时的标准电池的电动势（V）。由上式可知，在 20℃时标准电池的电动势 $E_{20}=1.018646V$。

2）使用注意事项

① 机械振动会破坏标准电池的平衡，故使用和搬动时应避免振动，绝对不允许倒置或倾斜放置。若标准电池受到振动、摇晃，应静止 5h 以上再使用。

② 因 $CdSO_4 \cdot \frac{8}{3}H_2O$ 在温度波动的环境中会反复不断溶解、再结晶，这会使原来微小的晶粒结成大颗粒而增加电池的内阻及降低电位差计中检流计回路的灵敏度。因此应尽可能将标准电池置于温度波动不大的环境中。

③ 光能使 $CdSO_4$ 变质，变质后的 $CdSO_4$ 将使电池的电动势对温度变化的滞后增大，故标准电池放置时应避免光照。

④ 使用时，为了保证标准电池的实际值等于电动势温度公式求出的计算值，必须把标准电池置于温度变化小于 0.1℃的恒温槽中。

⑤ 标准电池只是校验器（用于校正工作电流），不能作为电源使用。通过标准电池的电流不得超过 $1\mu A$，所以只能极短暂地间歇地使用标准电池。绝对不允许电池短路的现象出现。不准用万用表或伏特计直接测量标准电池的电动势，也不准手指同时触及电池正负极端钮的导电处，这样通过的电流可能超过 $10\mu A$。

⑥ 正负极不能接错。

8.3.8　UJ-25 型电势差计

直流电势差计是测量直流电压（或电动势）的仪器。可分为高阻型、低阻型两类。使用时可根据待测系统的不同选用不同类型的电势差计。一般来讲，高电阻系统选用高阻型电势差计，低电阻系统选用低阻型电势差计。不管电势差计的类型如何，其测量原理都是一样的。

UJ-25 型电势差计是高阻型电势差计，需与标准电池、检流计等配合使用，具有测量精确度高、量程广等优点，一般用于精密的电势差测量。当配用标准电阻时，还可以测量直流电流、电阻以及校验功率表。以下介绍 UJ-25 型电势差计测量电动势的原理、使用方法及注意事项。

1）测量原理

电势差计利用对消法测量电动势，在测量过程中几乎无电流通过被测电池，因此也几乎不消耗被测电池的能量。其基本原理见图 8.31。

图中 E_N 是标准电池电动势，其数值是已经精确知道的。E_x 为被测电动势，G 是灵敏检流计，用来做示零仪表。R_N 为标准电池的补偿电阻，滑线电阻 R 是被测电动势的补偿电阻，r 是调节工作电流的可调电阻，B 为工作电源，K 为转换开关。

由工作电源 B、可调电阻 r、电阻 R_N、R 组成的电路称为工作回路。通过电阻 R_N 及 R 的电流 I 称为电势差计的工作电流。

先将转换开关 K 扳向"1"的位置，然后调节 r，使通过检流计 G 的电流为零，这时标准电池电动势 E_N 与电阻 R_N 上的电压降相互对消，故有

$$E_N = IR_N$$

则工作电流

$$I = \frac{E_N}{R_N}$$

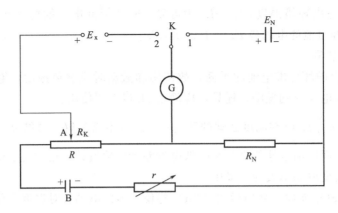

图 8.31　电势差计基本原理示意

工作电流调好后，将转换开关 K 扳到"2"的位置，移动电阻 R 上的滑动触头 A 使检流计 G 指零，此时滑动触头 A 在 R 上的读数为 R_K，表明被测电动势 E_x 与电阻 R_K 上的电压降相互对消，则有

$$E_x = IR_K = \frac{R_K}{R_N}E_N$$

所以当标准电池电动势 E_N 和标准电池电动势的补偿电阻 R_N 的数值确定时，只要正确读出 R_K 的值，就能正确测出未知电动势 E_x。

应用对消法测量电动势具有下列优点：

① 当被测电动势完全对消时，被测电动势不会因为接入电势差计而发生任何变化。

② 不需要测出工作电流的大小，只要测出 R_N 和 R_N 的值即可。

2）使用方法

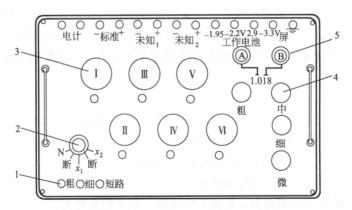

图 8.32　UJ-25 型电势差计面板示意图

1—电计按钮（共三个）；2—转换开关；3—电势测量旋钮（共六个）；
4—工作电流调节旋钮（共四个）；5—标准电池温度补偿旋钮

UJ-25 型电势差计的面板如图 8.32 所示。图中四个工作电流调节旋钮（"粗"、"中"、"细"、"微"）相当于图 8.31 中可调电阻 r，六个电势测量旋钮（Ⅰ～Ⅵ）相当于图 8.31 中滑线电阻 R。

（1）连接线路　首先将转换开关 2 扳到"断"的位置，电计按钮 1 全部松开，然后按图

8.32 将标准电池、工作电池、待测电池分别用导线连接在"标准"、"工作"、"未知 1"或"未知 2"接线柱上，注意正负极不要接错。再将检流计接在"电计"接线柱上。

(2) 校正工作电流

① 先读取标准电池上所附温度计的温度值，然后按下式计算出该温度 t 下标准电池电动势 E_t。

$$E_t = \{1.018646 - [40.6(t/℃-20)+0.95(t/℃-20)^2-0.01(t/℃-20)^3] \times 10^{-6}\}V$$

式中，t 的单位为℃；E_t 的单位为 V。

② 调节标准电池温度补偿旋钮 5，使其读数值与该温度下标准电池的电动势值一致。

③ 将转换开关 2 置于"N"的位置，按下"粗"电计按钮，依次调节"粗"、"中"工作电流调节旋钮（相当于图 8.31 中调节 r），使检流计光点在零附近。然后，松开"粗"按钮，按下"细"按钮，依次调节"细"、"微"旋钮，直至检流计光点指零，此时工作电流调节完毕。

(3) 测量未知电动势

① 松开全部按钮，若待测电动势接在"未知 1"，则将转换开关 2 置于"x_1"的位置。

② 按下"粗"电计按钮，依次调节"Ⅰ"、"Ⅱ"电势测量旋钮（相当于图 8.31 中移动电阻 R 上的滑动触头 A），使检流计光点在零附近。然后，松开"粗"按钮，按下"细"按钮，依次调节"Ⅲ"、"Ⅳ"、"Ⅴ"、"Ⅵ"电势测量旋钮，直至检流计光点指零。此时六个电势测量旋钮所示的电压值之和，即为被测电池的电动势。

3) 注意事项

① 由于工作电池的电动势会发生变化，所以每次测量之前都应校正工作电流。

② 通过标准电池或待测电池的电量越少，电极极化越少，则测量越准确。为了减少通过标准电池或待测电池的电量，我们应尽量缩短按下"粗"或"细"按钮的时间（不超过 1s）。

③ 校正工作电流或测量时，若发现检流计受到冲击，应迅速按下短路按钮，以保护检流计。

④ 不校正工作电流也不测量时，应将转换开关放在"断"的位置。

8.3.9 旋光仪

1) 旋光度与浓度的关系

许多物质具有旋光性。所谓旋光性就是指某一物质在一束平面偏振光通过时，能使其偏振方向转一个角度的性质。旋光物质的旋光度，除了取决于旋光物质的本性外，还与测定温度、光经过物质的厚度、光源的波长等因素有关，若被测物质是溶液，当光源波长、温度、厚度恒定时，其旋光度与溶液的浓度成正比。

(1) 测定旋光物质的浓度 配制一系列已知浓度的样品，分别测出其旋光度，作浓度-旋光度曲线，然后测出未知样品的旋光度，从曲线上查出该样品的浓度。

(2) 根据物质的比旋光度，测出物质的浓度 旋光度可以因实验条件的不同而有很大的差异，所以又提出了"比旋光度"的概念，规定：以钠光 D 线作为光源，温度为 20℃时，一根 10cm 长的样品管中，每 cm 溶液中含有 1g 旋光物质时所产生的旋光度，即为该物质的比旋光度，用符号 [α] 表示。

$$[\alpha] = \frac{10\alpha}{lc} \tag{8.28}$$

式中，α 为测量所得的旋光度值；l 为样品的管长，cm；c 为浓度，$g \cdot cm^{-3}$。

比旋光度 $[\alpha]$ 是度量旋光物质旋光能力的一个常数，可由手册查出，这样测出未知浓度的样品的旋光度，代入式(8.28)可计算出浓度 c。

2）旋光仪的结构原理

测定旋光度的仪器叫旋光仪，物理化学实验中常用 WXG-4 型旋光仪测定旋光物质的旋光度的大小，从而定量测定旋光物质的浓度，其光学系统见图 8.33。

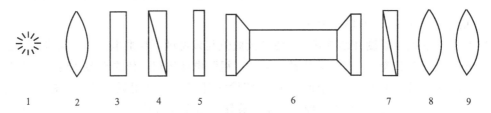

图 8.33　旋光仪的光学系统图
1—钠光灯；2—透镜；3—滤光片；4—起偏镜；5—石英片；
6—样品管；7—检偏镜；8,9—望远镜

旋光仪主要由起偏器和检偏器两部分构成。起偏器是由第一尼科尔棱镜构成，固定在仪器的前端，用来使各向振动的可见光产生偏振光。检偏器是由第二尼科尔棱镜组成，由偏振片固定在两保护玻璃之间，并随刻度盘同轴转动，用来测量偏振面的转动角度。

旋光仪就是利用检偏镜来测定旋光度的。如调节检偏镜使其透光的轴向角度与起偏镜的透光轴向角度互相垂直，则在检偏镜前观察到的视场呈黑暗，再在起偏镜与检偏镜之间放入一个盛满旋光物的样品管，则由于物质的旋光作用，使原来由起偏镜出来的偏振光转过了一个角度 α，这样视物不呈黑暗，必须将检偏镜也相应地转过一个 α 角度，视野才能重又恢复黑暗。因此检偏镜由第一次黑暗到第二次黑暗的角度差，即为被测物质的旋光度。

由于肉眼对鉴别黑暗的视野误差较大，为精确确定旋光角，常采用比较方法，即三分视野法。即在起偏镜后中部装一狭长的石英片，其宽度约为视野的三分之一，因为石英也具有旋光性，故在目镜中出现三分视野。如图 8.34 所示。当三分视野消失时，即可测得被测物质旋光度。

3）WXG-4 型旋光仪的使用方法

① 接通电源，开启钠光灯，约 5min 后，调节目镜焦距，使三分视野清晰。

② 仪器零点校正。在样品管中装满蒸馏水（无气泡），调节检偏镜，使三分视野消失，记下角度值，即为仪器零点，用于校正系统误差。

③ 测定旋光度。在样品管中装入试样，调节检偏镜，使三分视野消失，读取角度值，将其减去（或加上）零点值，即为被测物质的旋光度。

④ 双游标读数法。考虑到仪器可能有偏心差，在刻度盘上开有 A、B 两个游标窗，可由两个游标窗中读得的数据取平均即为样品的旋光度。

⑤ 测量完毕后，关闭电源，将样品管取出洗净擦干放入盒内。

4）使用注意事项

① 仪器连续使用时间不宜过长，一般不超过 4h，如使用时间过长，中间应关闭电源开关 10～15min，待钠光灯冷却后再继续使用。

② 观察者的个人习惯特点对零位调节及旋光角的读数均会起相当作用，每个学生都要

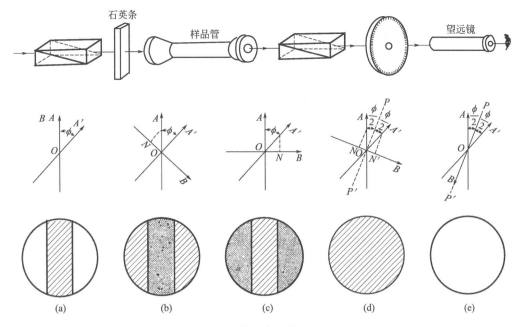

图 8.34 旋光仪三分视野图

作出自己的零位读数，不要用别人测量的数值。

③ 样品管装填好溶液后，不应有气泡，不应漏液。

④ 样品管用后要及时将溶液倒出，用蒸馏水洗涤干净，揩干。所有镜片均不能用手直接擦拭，应用软绒布或擦镜纸擦拭。

附　　录

附录1　国际单位制

国际单位制（Le Systeme International d'Unités）是我国法定计量单位的基础，一切属于国际单位制的单位都是我国的法定计量单位。国际单位制的国际简称为 SI。

国际单位制的构成：

国际单位制（SI）
- SI 制
  - SI 基本单位（见附表1）
  - SI 导出单位
    - 包括 SI 辅助单位在内的具有专门名称的 SI 导出单位（见附表2、附表3）
    - 组合形式的 SI 导出单位
- SI 单位的倍数单位（见附表4）

附表1　SI 基本单位

量的名称	单位名称	单位符号	量的名称	单位名称	单位符号
长度	米	m	热力学温度	开[尔文]	K
质量	千克（公斤）	kg	物质的量	摩[尔]	mol
时间	秒	s	发光强度	坎[德拉]	cd
电流	安[培]	A			

注：1. 圆括号中的名称，是其前面名称的同义词，下同。

2. 无方括号的量的名称与单位名称均为全称。方括号中的字在不致引起混淆的情况下，可以省略，去掉方括号中的字即为其名称的简称，下同。

附表2　包括 SI 辅助单位在内的具有专门名称的 SI 导出单位

量 的 名 称	名　称	符　号	用 SI 基本单位和 SI 导出单位表示
[平面]角	弧度	rad	$1rad=1m/m=1$
立体角	球面度	sr	$1sr=1m^2/m^2=1$
频率	赫[兹]	Hz	$1Hz=1s^{-1}$
力	牛[顿]	N	$1N=1kg\cdot m/s^2$
压力,压强,应力	帕[斯卡]	Pa	$1Pa=1N/m^2$
能[量],功,热量	焦[耳]	J	$1J=1N\cdot m$
功率,辐[射能]通量	瓦[特]	W	$1W=1J/s$
电荷[量]	库[仑]	C	$1C=1A\cdot s$
电压,电动势,电位,(电势)	伏[特]	V	$1V=1W/A$
电容	法[拉]	F	$1F=1C/V$
电阻	欧[姆]	Ω	$1\Omega=1V/A$
电导	西[门子]	S	$1S=1\Omega^{-1}$
磁通[量]	韦[伯]	Wb	$1Wb=1V\cdot s$
磁通[量]密度,磁感应强度	特[斯拉]	T	$1T=1Wb/m^2$
电感	亨[利]	H	$1H=1Wb/A$
摄氏温度	摄氏度	℃	$1℃=1K$
光通量	流[明]	lm	$1lm=1cd\cdot sr$
[光]照度	勒[克斯]	lx	$1lx=1lm/m^2$

附表 3   由于人类健康安全防护上的需要而确定的具有专门名称的 SI 导出单位

量 的 名 称	SI 导 出 单 位		
	名称	符号	用 SI 基本单位和导出单位表示
[放射性]活度	贝可[勒尔]	Bq	$1Bq=1s^{-1}$
吸收剂量 比授[予]能 比释放能	戈[瑞]	Gy$^\cdot$	$1\ Gy=1J\ /kg$
剂量当量	希[沃特]	Sv	$1Sv=1J\ /kg$

附表 4   SI 词头

因 数	词 头 名 称		符 号
	英 文	中 文	
10^{24}	Yotta	尧[它]	Y
10^{21}	Zeta	泽[它]	Z
10^{18}	Exa	艾[可萨]	E
10^{15}	Peta	拍[它]	P
10^{12}	Tera	太[拉]	T
10^{9}	Giga	吉[咖]	G
10^{6}	mega	兆	M
10^{3}	kilo	千	k
10^{2}	hecto	百	h
10^{1}	deca	十	da
10^{-1}	deci	分	d
10^{-2}	centi	厘	c
10^{-3}	milli	毫	m
10^{-6}	micro	微	μ
10^{-9}	nano	纳[诺]	n
10^{-12}	pico	皮[可]	p
10^{-15}	femto	飞[母托]	f
10^{-18}	atto	阿[托]	a
10^{-21}	zepto	仄[普托]	z
10^{-24}	yocto	幺[科托]	y

附录2 元素的相对原子质量表（1997）

元素符号	元素名称	相对原子质量	元素符号	元素名称	相对原子质量
Ac	锕		C	碳	12.011(1)
Ag	银	107.8682(2)	Ca	钙	40.078(4)
Al	铝	26.981539(5)	Cd	镉	112.411(8)
Am	镅		Ce	铈	140.115(4)
Ar	氩	39.948(1)	Cf	锎	
As	砷	74.92159(2)	Cl	氯	35.4527(9)
At	砹		Cm	锔	
Au	金	196.96654(3)	Co	钴	58.93320(1)
B	硼	10.811(5)	Cr	铬	51.9961(6)
Ba	钡	137.327(7)	Cs	铯	132.90543(5)
Be	铍	9.012182(3)	Cu	铜	63.546(3)
Bi	铋	208.98037 (3)	Dy	镝	162.50(3)
Bk	锫		Er	铒	167.26(3)
Br	溴	79.904(1)	Es	锿	

续表

元素符号	元素名称	相对原子质量	元素符号	元素名称	相对原子质量
Eu	铕	151.965(9)	Pb	铅	207.2(1)
F	氟	18.9984032(9)	Pd	钯	106.42(1)
Fe	铁	55.845(2)	Pm	钷	
Fm	镄		Po	钋	
Fr	钫		Pr	镨	140.90765(3)
Ga	镓	69.723(1)	Pt	铂	159.08(3)
Gd	钆	157.25(3)	Pu	钚	
Ge	锗	72.61(2)	Ra	镭	
H	氢	1.00794(7)	Rb	铷	85.4678(3)
He	氦	4.002602(2)	Re	铼	186.207(1)
Hf	铪	178.49(2)	Rh	铑	102.90550(3)
Hg	汞	200.59(2)	Rn	氡	
Ho	钬	164.93032(3)	Ru	钌	101.07(2)
I	碘	126.90447(3)	S	硫	32.066(6)
In	铟	114.818(3)	Sb	锑	121.760(1)
Ir	铱	192.217(3)	Sc	钪	44.955910(9)
K	钾	39.0983(1)	Se	硒	78.96(3)
Kr	氪	83.80(1)	Si	硅	28.0855(3)
La	镧	138.9055(2)	Sm	钐	150.36(3)
Li	锂	6.941(2)	Sn	锡	118.710(7)
Lf	铑		Sr	锶	87.62(1)
Lu	镥	174.967(1)	Ta	钽	180.9479(1)
Md	钔		Tb	铽	158.92534(3)
Mg	镁	24.3050(6)	Tc	锝	
Mn	锰	54.93805(1)	Te	碲	127.60(3)
Mo	钼	95.94(1)	Th	钍	232.0381(1)
N	氮	14.00674(7)	Ti	钛	47.867(1)
Na	钠	22.989768(6)	Tl	铊	204.3833(2)
Nb	铌	92.90638(2)	Tm	铥	168.93421(3)
Nd	钕	144.24(3)	U	铀	238.0289(1)
Ne	氖	20.179(6)	V	钒	50.9415(1)
Ni	镍	58.6934(2)	W	钨	183.84(1)
No	锘		Xe	氙	131.29(2)
Np	镎		Y	钇	88.90585(2)
O	氧	15.9994(3)	Yb	镱	173.04(3)
Os	锇	190.23(3)	Zn	锌	65.39(2)
P	磷	30.973762(4)	Zr	锆	91.224(2)
Pa	镤	231.03588(2)			

附录3　基本常数

量 的 名 称	符　号	数值及单位
自由落体加速度	g	$9.80665 m \cdot s^{-2}$
重力加速度		
真空介电常数	ε_0	$8.854188 \times 10^{-12} F \cdot m^{-1}$
（真空电容率）		
电磁波在真空中的速度	c, c_0	$299792458 m \cdot s^{-1}$
阿伏加德罗常数	L, N_A	$(6.0221367 \pm 0.0000036) \times 10^{23} mol^{-1}$
摩尔气体常数	R	$(8.314510 \pm 0.000070) J \cdot mol^{-1} \cdot K^{-1}$
玻耳兹曼常数	k	$(1.380658 \pm 0.000012) \times 10^{-23} J \cdot K^{-1}$
元电荷	e	$(1.60217733 \pm 0.00000049) \times 10^{-19} C$
法拉第常数	F	$(9.6485309 \pm 0.0000029) \times 10^4 C \cdot mol^{-1}$
普朗克常数	h	$(6.6260755 \pm 0.000004) \times 10^{-32} J \cdot s$

附录4　换算因数

1. 压力

非 SI 制单位名称	符　号	换算因数
磅力每平方英寸	lbf · in⁻²	1lbf · in⁻²＝6894.757Pa
标准大气压	atm	1atm＝101.325Pa
千克力每平方米	kgf · in⁻²	1 kgf · in⁻²＝9.80665 Pa
托	Torr	1Torr＝133.3224 Pa
工程大气压	at	1at＝98066.5 Pa
约定毫米汞柱	mmHg	1mmHg＝133.3224 Pa

2. 能量

非 SI 制单位名称	符　号	换算因数
英制热单位	lbf · in⁻²	1lbf · in⁻²＝6894.757Pa
15℃卡	cal₁₅	1cal₁₅＝4.1855
千克力每平方米	kgf · in⁻²	1kgf · in⁻²＝9.80665 Pa
托	Torr	1Torr＝133.3224 Pa
约定毫米汞柱	mmHg	1 mmHg＝133.3224 Pa

附录5　某些物质的临界参数

物　　质	临界温度 t_c/℃	临界压力 p_c/MPa	临界密度 ρ/kg·m⁻³	临界压缩因子 Z_c
He 氦	−267.96	0.227	69.8	0.301
Ar 氩	−122.4	4.87	533	0.291
H_2 氢	−239.9	1.297	31.0	0.305
N_2 氮	−147.0	3.39	313	0.290
O_2 氧	−118.57	5.043	436	0.288
F_2 氟	−128.84	5.215	574	0.288
Cl_2 氯	144	7.7	573	0.275
Br_2 溴	311	10.3	1260	0.270
H_2O 水	373.91	22.05	320	0.23
NH_3 氨	132.33	11.313	236	0.242
HCl 氯化氢	51.5	8.31	450	0.25
H_2S 硫化氢	100	8.94	346	0.284
CO 一氧化碳	−140.23	3.499	301	0.295
CO_2 二氧化碳	30.96	7.375	468	0.275
SO_2 二氧化硫	157.5	7.884	525	0.268
CH_4 甲烷	−82.62	4.596	163	0.286
C_2H_6 乙烷	32.18	4.872	204	0.283
C_3H_8 丙烷	96.59	4.254	214	0.285
C_2H_4 乙烯	9.19	5.039	215	0.281
C_3H_6 丙烯	91.8	4.62	233	0.275
C_2H_2 乙炔	35.18	6.139	231	0.271
$CHCl_3$ 氯仿	262.9	5.329	491	0.201
CCl_4 四氯化碳	283.15	4.558	557	0.272
CH_3OH 甲醇	239.43	8.10	272	0.224
C_2H_5OH 乙醇	240.77	6.148	276	0.240
C_6H_6 苯	288.95	4.898	306	0.268
$C_6H_5CH_3$ 甲苯	318.57	4.109	290	0.266

附录6 某些气体的范德华常数

气　　体	$a \times 10^3/Pa \cdot m^6 \cdot mol^{-2}$	$b \times 10^6/m^3 \cdot mol^{-1}$
Ar 氩	136.3	32.19
H_2 氢	24.76	26.61
N_2 氮	140.8	39.13
O_2 氧	137.8	31.83
Cl_2 氯	657.9	56.22
H_2O 水	553.6	30.49
NH_3 氨	422.5	37.07
HCl 氯化氢	371.6	40.81
H_2S 硫化氢	449.0	42.87
CO 一氧化碳	150.5	39.85
CO_2 二氧化碳	364.0	42.67
SO_2 二氧化硫	680.3	56.36
CH_4 甲烷	228.3	42.78
C_2H_6 乙烷	556.2	63.80
C_3H_8 丙烷	877.9	84.45
C_2H_4 乙烯	453.0	57.14
C_3H_6 丙烯	849.0	82.72
C_2H_2 乙炔	444.8	51.36
$CHCl_3$ 氯仿	1537	102.2
CCl_4 四氯化碳	2066	138.3
CH_3OH 甲醇	964.9	67.02
C_2H_5OH 乙醇	1218	84.07
$(C_2H_5)_2O$ 乙醚	1761	134.4
$(CH_3)_2CO$ 丙酮	1409	99.4
C_6H_6 苯	1824	115.4

附录7 某些气体的摩尔定压热容与温度的关系

$$C_{p,m} = a + bT + cT^2$$

物　　质	$\dfrac{a}{J \cdot mol^{-1} \cdot K^{-1}}$	$\dfrac{b \times 10^3}{J \cdot mol^{-1} \cdot K^{-2}}$	$\dfrac{c \times 10^6}{J \cdot mol^{-1} \cdot K^{-3}}$	$\dfrac{温度范围}{K}$
H_2 氢	26.88	4.347	−0.3265	273~3800
Cl_2 氯	31.696	10.144	−4.038	300~1500
Br_2 溴	35.241	4.075	−1.487	300~1500
O_2 氧	28.17	6.297	−0.7494	273~3800
N_2 氮	27.32	6.226	−0.9502	273~3800
HCl 氯化氢	28.17	1.810	1.547	300~1500
H_2O 水	29.16	14.49	−2.022	273~3800
CO 一氧化碳	26.537	7.6831	−1.172	300~1500
CO_2 二氧化碳	26.75	42.258	−14.25	300~1500
CH_4 甲烷	14.15	75.496	−17.99	298~1500
C_2H_6 乙烷	9.401	159.83	−46.229	298~1500
C_2H_4 乙烯	11.84	119.67	−36.51	298~1500
C_3H_6 丙烯	9.427	188.77	−57.488	298~1500
C_2H_2 乙炔	30.67	52.810	−16.27	298~1500

物　　质	$\dfrac{a}{J \cdot mol^{-1} \cdot K^{-1}}$	$\dfrac{b \times 10^3}{J \cdot mol^{-1} \cdot K^{-2}}$	$\dfrac{c \times 10^6}{J \cdot mol^{-1} \cdot K^{-3}}$	$\dfrac{温度范围}{K}$
C_3H_4 丙炔	26.50	120.66	−39.57	298～1500
C_6H_6 苯	−1.71	324.77	−110.58	298～1500
$C_6H_5CH_3$ 甲苯	2.41	391.17	−130.65	298～1500
CH_3OH 甲醇	18.40	101.56	−28.68	273～1000
C_2H_5OH 乙醇	29.25	166.28	−48.898	298～1500
$(C_2H_5)_2O$ 二乙醚	−103.9	1417	−248	300～400
$HCHO$ 甲醛	18.82	58.379	−15.61	291～1500
CH_3CHO 乙醛	31.05	121.46	−36.58	298～1500
$(CH_3)_2CO$ 丙酮	22.47	205.97	−63.521	298～1500
$HCOOH$ 甲酸	30.7	89.20	−34.54	300～700
$CHCl_3$ 氯仿	29.51	148.94	−90.734	273～773

附录8　某些物质的标准摩尔生成焓、标准摩尔生成吉布斯函数、标准摩尔熵及摩尔定压热容

（标准压力 $p^{\ominus} = 100kPa$，25℃）

物　　质	$\dfrac{\Delta_f H_m^{\ominus}}{kJ \cdot mol^{-1}}$	$\dfrac{\Delta_f G_m^{\ominus}}{kJ \cdot mol^{-1}}$	$\dfrac{S_m^{\ominus}}{J \cdot mol^{-1} \cdot K^{-1}}$	$\dfrac{C_{p,m}}{J \cdot mol^{-1} \cdot K^{-1}}$
$Ag(s)$	0	0	42.55	25.351
$AgCl(s)$	−127.068	−109.789	96.2	50.79
$Ag_2O(s)$	−31.05	−11.20	121.3	65.86
$Al(s)$	0	0	28.33	24.35
$Al_2O_3(\alpha，刚玉)$	−1675.7	−1582.3	50.92	79.04
$Br_2(l)$	0	0	152.231	75.689
$Br_2(g)$	30.907	3.110	245.463	36.02
$HBr(g)$	−36.40	−53.45	198.695	29.142
$Ca(s)$	0	0	41.42	25.31
$CaC_2(s)$	−59.8	−64.9	69.96	62.72
$CaCO_3(方解石)$	−1206.92	−1128.79	92.9	81.88
$CaO(s)$	−635.09	−604.03	39.75	42.80
$Ca(OH)_2(s)$	−986.09	−898.49	83.39	87.49
$C(石墨)$	0	0	5.740	8.527
$C(金刚石)$	1.895	2.900	2.377	6.113
$CO(g)$	−110.525	−137.168	197.674	29.142
$CO_2(g)$	−393.509	−394.359	213.74	37.11
$CS_2(l)$	89.70	65.27	151.34	75.7
$CS_2(g)$	117.36	67.12	237.84	45.40
$CCl_4(l)$	−135.44	−65.21	216.40	131.75
$CCl_4(g)$	−102.9	−60.59	309.85	83.30
$HCN(l)$	108.87	124.97	112.84	70.63
$HCN(g)$	135.1	124.7	201.78	35.86
$Cl_2(g)$	0	0	223.066	33.907
$Cl(g)$	121.679	105.680	165.198	21.840
$HCl(g)$	−92.307	−95.299	186.908	29.12
$Cu(s)$	0	0	33.150	24.435
$CuO(s)$	−157.3	−129.7	42.63	42.30
$Cu_2O(s)$	−168.6	−146.0	93.14	63.64

续表

物　　　质	$\dfrac{\Delta_f H_m^{\ominus}}{kJ \cdot mol^{-1}}$	$\dfrac{\Delta_f G_m^{\ominus}}{kJ \cdot mol^{-1}}$	$\dfrac{S_m^{\ominus}}{J \cdot mol^{-1} \cdot K^{-1}}$	$\dfrac{C_{p,m}}{J \cdot mol^{-1} \cdot K^{-1}}$
$F_2(g)$	0	0	202.78	31.30
$HF(g)$	-271.1	-273.2	173.779	29.133
$Fe(s)$	0	0	27.28	25.10
$FeCl_2(s)$	-341.79	-302.30	117.95	76.65
$FeCl_3(s)$	-399.49	-334.00	142.3	96.65
$Fe_2O_3($赤铁矿$)$	-824.2	-742.2	87.40	103.85
$Fe_3O_4($磁铁矿$)$	-1118.4	-1015.4	146.4	143.43
$FeSO_4(s)$	-928.4	-820.8	107.5	100.58
$H_2(g)$	0	0	130.684	28.824
$H(g)$	217.965	203.247	114.713	20.784
$H_2O(l)$	-285.830	-237.129	69.91	75.291
$H_2O(g)$	-241.818	-228.572	188.825	33.577
$I_2(s)$	0	0	116.135	54.438
$I_2(g)$	62.438	19.327	260.69	36.90
$I(g)$	106.838	70.250	180.791	20.786
$HI(g)$	26.48	1.70	206.594	29.158
$Mg(s)$	0	0	32.68	24.89
$MgCl_2(s)$	-641.32	-591.79	89.62	71.38
$MgO(s)$	-601.70	-569.43	26.94	37.15
$Mg(OH)_2(s)$	-924.54	-833.51	63.18	77.03
$Na(s)$	0	0	51.21	28.24
$Na_2CO_3(s)$	-1130.68	-1044.44	134.98	112.30
$NaHCO_3(s)$	-950.81	-851.0	101.7	87.61
$NaCl(s)$	-411.153	-384.138	72.13	50.50
$NaNO_3(s)$	-467.85	-367.00	116.52	92.88
$NaOH(s)$	-425.609	-379.494	64.455	59.54
$Na_2SO_4(s)$	-1387.08	-1270.16	149.58	128.20
$N_2(g)$	0	0	191.61	29.125
$NH_3(g)$	-46.11	-16.45	192.45	35.06
$NO(g)$	90.25	86.55	210.761	29.844
$NO_2(g)$	33.18	51.31	240.06	37.20
$N_2O(g)$	82.05	104.20	219.85	38.45
$N_2O_3(g)$	83.72	139.46	312.28	65.61
$N_2O_4(g)$	9.16	97.89	304.29	77.28
$N_2O_5(g)$	11.3	115.1	355.7	84.5
$HNO_3(l)$	-174.10	-80.71	155.60	109.87
$HNO_3(g)$	-135.06	-74.72	266.38	53.35
$HN_4NO_3(s)$	-365.56	-183.87	151.08	139.3
$O_2(g)$	0	0	205.138	29.355
$O(g)$	249.170	231.731	161.055	21.912
$O_3(g)$	142.7	163.2	238.93	39.20
$P(\alpha$-白磷$)$	0	0	41.09	23.840
$P($红磷,三斜晶系$)$	-17.6	-12.1	22.80	21.21
$P_4(g)$	58.91	24.44	279.98	67.15
$PCl_3(g)$	-287.0	-267.8	311.78	71.84
$PCl_5(g)$	-374.9	-305.0	364.58	112.80
$H_3PO_4(s)$	-1279.0	-1119.1	110.50	106.06
$S($正交晶系$)$	0	0	31.80	22.64
$S(g)$	278.805	238.250	167.821	23.673

物　　质	$\dfrac{\Delta_f H_m^{\ominus}}{kJ \cdot mol^{-1}}$	$\dfrac{\Delta_f G_m^{\ominus}}{kJ \cdot mol^{-1}}$	$\dfrac{S_m^{\ominus}}{J \cdot mol^{-1} \cdot K^{-1}}$	$\dfrac{C_{p,m}}{J \cdot mol^{-1} \cdot K^{-1}}$
$S_8(g)$	102.30	49.63	430.98	156.44
$H_2S(g)$	−20.63	−33.56	205.79	34.23
$SO_2(g)$	−296.830	−300.194	248.22	39.87
$SO_3(g)$	−395.72	−371.06	256.76	50.67
$H_2SO_4(l)$	−813.989	−690.003	156.904	138.91
$Si(s)$	0	0	18.83	20.00
$SiCl_4(l)$	−687.0	−619.84	239.7	145.31
$SiCl_4(g)$	−657.01	−616.98	330.73	90.25
$SiH_4(g)$	34.3	56.9	204.62	42.84
$SiO_2(\alpha 石英)$	−910.94	−856.64	41.84	44.43
$SiO_2(s,无定形)$	−903.49	−850.70	46.9	44.4
$Zn(s)$	0	0	41.63	25.40
$ZnCO_3(s)$	−812.78	−731.52	82.4	79.71
$ZnCl_2(s)$	−415.05	−369.398	111.46	71.34
$ZnO(s)$	−348.28	−318.30	43.64	40.25
$CH_4(g)$甲烷	−74.81	−50.72	186.264	35.309
$C_2H_6(g)$乙烷	−84.68	−32.82	229.60	52.63
$C_2H_4(g)$乙烯	52.26	68.15	219.56	43.56
$C_2H_2(g)$乙炔	226.73	209.20	200.94	43.93
$CH_3OH(l)$甲醇	−238.66	−166.27	126.8	81.6
$CH_3OH(g)$甲醇	−200.66	−161.96	239.81	43.89
$C_2H_5OH(l)$乙醇	−277.69	−174.78	160.7	111.46
$C_2H_5OH(g)$乙醇	−235.10	−168.49	282.70	65.44
$(CH_2OH)_2(l)$乙二醇	−454.80	−323.08	166.9	149.8
$(CH_3)_2O(g)$二甲醚	−184.05	−112.59	266.38	64.39
$HCHO(g)$甲醛	−108.57	−102.53	218.77	35.40
$CH_3CHO(g)$乙醛	−166.19	−128.86	250.3	57.3
$HCOOH(l)$甲酸	−424.72	−361.35	128.95	99.04
$CH_3COOH(l)$乙酸	−484.5	−389.9	159.8	124.3
$CH_3COOH(g)$乙酸	−432.25	−374.0	282.5	66.5
$(CH_2)_2O(l)$环氧乙烷	−77.82	−11.76	153.85	87.95
$(CH_2)_2O(g)$环氧乙烷	−52.63	−13.01	242.53	47.91
$CHCl_3(l)$氯仿	−134.47	−73.66	201.7	113.8
$CHCl_3(g)$氯仿	−103.14	−70.34	295.71	65.69
$C_2H_5Cl(l)$氯乙烷	−136.52	−59.31	190.79	104.35
$C_2H_5Cl(g)$氯乙烷	−112.17	−60.39	276.00	62.8
$C_2H_5Br(l)$溴乙烷	−92.01	−27.70	198.7	100.8
$C_2H_5Br(g)$溴乙烷	−64.52	−26.48	286.71	64.52
$CH_2CHCl(g)$氯乙烯	35.6	51.9	263.99	53.72
$CH_3COCl(l)$氯乙酰	−273.80	−207.99	200.8	117
$CH_3COCl(g)$氯乙酰	−243.51	−205.80	295.1	67.8
$CH_3NH_2(g)$甲胺	−22.97	32.16	243.41	53.1
$(NH_3)_2CO(s)$尿素	−333.51	−197.33	104.60	93.14

附录 9　某些有机化合物的标准摩尔燃烧焓

(标准压力 $p^{\ominus} = 100kPa$，25℃)

物　质	$\dfrac{-\Delta_c H_m^{\ominus}}{kJ \cdot mol^{-1}}$	物　质	$\dfrac{-\Delta_c H_m^{\ominus}}{kJ \cdot mol^{-1}}$
$CH_4(g)$甲烷	890.31	$C_2H_5CHO(l)$丙醛	1816.3
$C_2H_6(g)$乙烷	1559.8	$(CH_3)_2CO(l)$丙酮	1790.4
$C_3H_8(g)$丙烷	2219.9	$CH_3COC_2H_5(l)$甲乙酮	2444.2
$C_5H_{12}(l)$正戊烷	3509.5	$HCOOH(l)$甲酸	254.6
$C_5H_{12}(g)$正戊烷	3536.1	$CH_3COOH(l)$乙酸	874.54
$C_6H_{14}(l)$正己烷	4163.1	$C_2H_5COOH(l)$丙酸	1527.3
$C_2H_4(g)$乙烯	1411.0	$C_3H_7COOH(l)$正丁酸	2183.5
$C_2H_2(g)$乙炔	1299.6	$CH_2(COOH)_2(s)$丙二酸	861.15
$C_3H_6(g)$环丙烷	2091.5	$(CH_2COOH)_2(s)$丁二酸	1491.0
$C_4H_8(l)$环丁烷	2720.5	$(CH_3CO)_2O(l)$乙酸酐	1806.2
$C_5H_{10}(l)$环戊烷	3290.9	$HCOOCH_3(l)$甲酸甲酯	979.5
$C_6H_{12}(l)$环己烷	3919.9	$C_6H_5OH(s)$苯酚	3053.5
$C_6H_6(l)$苯	3267.5	$C_6H_5CHO(l)$苯甲醛	3527.9
$C_{10}H_8(s)$萘	5153.9	$C_6H_5COCH_3(l)$苯乙酮	4148.9
$CH_3OH(l)$甲醇	726.51	$C_6H_5COOH(s)$苯甲酸	3226.9
$C_2H_5OH(l)$乙醇	1366.8	$C_6H_4(COOH)_2(s)$邻苯二甲酸	3223.5
$C_3H_7OH(l)$正丙醇	2019.8	$C_6H_5COOCH_3(l)$苯甲酸甲酯	3957.6
$C_4H_9OH(l)$正丁醇	2675.8	$C_{12}H_{22}O_{11}(s)$蔗糖	5640.9
$CH_3OC_2H_5(g)$甲乙醚	2107.4	$CH_3NH_2(l)$甲胺	1060.6
$(C_2H_5)_2O(l)$二乙醚	2751.1	$C_2H_5NH_2(l)$乙胺	1713.3
$HCHO(g)$甲醛	570.78	$(NH_3)_2CO(s)$尿素	631.66
$CH_3CHO(l)$乙醛	1166.4	C_5H_5N吡啶	2782.4

附录 10　25℃时在水溶液中某些电极的标准电极电势

(标准压力 $p^{\ominus} = 100kPa$)

电　极	电　极　反　应	$E^{\ominus}/V$
	第　一　类　电　极	
$Li^+ \mid Li$	$Li^+ + e \Longrightarrow Li$	-3.045
$K^+ \mid K$	$K^+ + e \Longrightarrow K$	-2.924
$Ba^{2+} \mid Ba$	$Ba^{2+} + 2e \Longrightarrow Ba$	-2.90
$Ca^{2+} \mid Ca$	$Ca^{2+} + 2e \Longrightarrow Ca$	-2.76
$Na^+ \mid Na$	$Na^+ + e \Longrightarrow Na$	-2.7111
$Mg^{2+} \mid Mg$	$Mg^{2+} + 2e \Longrightarrow Mg$	-2.375
$Mn^{2+} \mid Mn$	$Mn^{2+} + 2e \Longrightarrow Mn$	-1.029
$OH^-, H_2O \mid H_2(g) \mid Pt$	$2H_2O + 2e \Longrightarrow H_2(g) + 2OH^-$	-0.8277
$Zn^{2+} \mid Zn$	$Zn^{2+} + 2e \Longrightarrow Zn$	-0.7630
$Cr^{2+} \mid Cr$	$Cr^{2+} + 2e \Longrightarrow Cr$	-0.74
$Fe^{2+} \mid Fe$	$Fe^{2+} + 2e \Longrightarrow Fe$	-0.439
$Cd^{2+} \mid Cd$	$Cd^{2+} + 2e \Longrightarrow Cd$	-0.4028
$Co^{2+} \mid Co$	$Co^{2+} + 2e \Longrightarrow Co$	-0.28
$Ni^{2+} \mid Ni$	$Ni^{2+} + 2e \Longrightarrow Ni$	-0.23

电　极	电　极　反　应	$E^{\ominus}/\text{V}$
第　一　类　电　极		
$Sn^{2+}\mid Sn$	$Sn^{2+}+2e\Longleftrightarrow Sn$	-0.1366
$Pb^{2+}\mid Pb$	$Pb^{2+}+2e\Longleftrightarrow Pb$	-0.1265
$Fe^{3+}\mid Fe$	$Fe^{3+}+3e\Longleftrightarrow Fe$	-0.036
$H^{+}\mid H_2(g)\mid Pt$	$2H^{+}+2e\Longleftrightarrow H_2(g)$	0.0000
$Cu^{2+}\mid Cu$	$Cu^{2+}+2e\Longleftrightarrow Cu$	0.3400
$OH^{-},H_2O\mid O_2(g)\mid Pt$	$O_2(g)+2H_2O+4e\Longleftrightarrow 4OH^{-}$	0.401
$Cu^{+}\mid Cu$	$Cu^{+}+e\Longleftrightarrow Cu$	0.522
$I^{-}\mid I_2(s)\mid Pt$	$I_2(s)+2e\Longleftrightarrow 2I^{-}$	0.535
$Hg_2^{2+}\mid Hg$	$Hg_2^{2+}+2e\Longleftrightarrow 2Hg$	0.7959
$Ag^{+}\mid Ag$	$Ag^{+}+e\Longleftrightarrow Ag$	0.7994
$Hg^{2+}\mid Hg$	$Hg^{2+}+2e\Longleftrightarrow Hg$	0.851
$Br^{-}\mid Br_2(l)\mid Pt$	$Br_2(l)+2e\Longleftrightarrow 2Br^{-}$	1.065
$H^{+},H_2O\mid O_2(g)\mid Pt$	$O_2(g)+4H^{+}+4e\Longleftrightarrow 2H_2O$	1.229
$Cl^{-}\mid Cl_2(g)\mid Pt$	$Cl_2(g)+2e\Longleftrightarrow 2Cl^{-}$	1.3580
$Au^{+}\mid Au$	$Au^{+}+e\Longleftrightarrow Au$	1.68
$F^{-}\mid F_2(g)\mid Pt$	$F_2(g)+2e\Longleftrightarrow 2F^{-}$	2.87
第　二　类　电　极（沉积物电极）		
$SO_4^{2-}\mid PbSO_4(s)\mid Pt$	$PbSO_4(s)+2e\Longleftrightarrow Pb+SO_4^{2-}$	-0.356
$I^{-}\mid AgI(s)\mid Ag$	$AgI(s)+e\Longleftrightarrow Ag+I^{-}$	-0.1521
$Br^{-}\mid AgBr(s)\mid Ag$	$AgBr(s)+e\Longleftrightarrow Ag+Br^{-}$	0.0711
$Cl^{-}\mid AgCl(s)\mid Ag$	$AgCl(s)+e\Longleftrightarrow Ag+Cl^{-}$	0.2221
$Cl^{-}\mid Hg_2Cl_2(s)\mid Hg$	$Hg_2Cl_2(s)+2e\Longleftrightarrow 2Hg+2Cl^{-}$	0.2672
$SO_4^{2-}\mid Hg_2SO_4(s)\mid Hg$	$Hg_2SO_4(s)+2e\Longleftrightarrow 2Hg+SO_4^{2-}$	0.6154
第　三　类　电　极（氧化还原电极）		
$Cr^{3+},Cr^{2+}\mid Pt$	$Cr^{3+}+e\Longleftrightarrow Cr^{2+}$	-0.41
$Sn^{4+},Sn^{2+}\mid Pt$	$Sn^{4+}+2e\Longleftrightarrow Sn^{2+}$	0.15
$Cu^{2+},Cu^{+}\mid Pt$	$Cu^{2+}+e\Longleftrightarrow Cu^{+}$	0.158
$MnO_4^{-},MnO_4^{2-}\mid Pt$	$MnO_4^{-}+e\Longleftrightarrow MnO_4^{2-}$	0.564
$H^{+},醌氢醌酸性溶液\mid Pt$	$C_6H_4O_2+2H^{+}+2e\Longleftrightarrow C_6H_4(OH)_2$	0.6993
$Fe^{3+},Fe^{2+}\mid Pt$	$Fe^{3+}+e\Longleftrightarrow Fe^{2+}$	0.770
$Ti^{3+},Ti^{+}\mid Pt$	$Ti^{3+}+2e\Longleftrightarrow Ti^{+}$	1.247
$H^{+},MnO_4^{-},Mn^{2+},H_2O\mid Pt$	$MnO_4^{-}+8H^{+}+5e\Longleftrightarrow Mn^{2+}+4H_2O$	1.491
$Ce^{4+},Ce^{3+}\mid Pt$	$Ce^{4+}+e\Longleftrightarrow Ce^{3+}$	1.61
$Co^{3+},Co^{2+}\mid Pt$	$Co^{3+}+e\Longleftrightarrow Co^{2+}$	1.808

参 考 文 献

[1] 天津大学物理化学教研室编. 物理化学. 第4版. 北京：高等教育出版社，2001.

[2] 王正烈编. 物理化学. 化学工业出版社. 北京：化学工业出版社，2001.

[3] 傅献彩等编. 物理化学. 第4版. 北京：高等教育出版社，1990.

[4] 王光信等编. 物理化学. 第2版. 北京：化学工业出版社，2001.

[5] 高职高专化学教材组编. 物理化学. 第2版. 北京：高等教育出版社，2000.

[6] 肖衍繁等编. 物理化学. 天津：天津大学出版社，1997.

[7] 郭炳琨等编著. 锂离子电池. 长沙：中南大学出版社，2002.

[8] 郭炳琨等编著. 化学电源. 长沙：中南大学出版社，2003.

[9] 李素婷编. 物理化学. 北京：化学工业出版社，2007.

[10] 关荐伊，崔一强编. 物理化学. 北京：化学工业出版社，2005.